地质遗迹资源保护与利用

杨 涛 编著

北 京
冶 金 工 业 出 版 社
2013

内 容 提 要

本书基于系统科学的可持续发展研究思路研究地质遗迹资源保护与利用，剖析了地质遗迹资源可持续利用系统——开放的复杂巨系统；基于自组织理论从管理与资源利用的耦合，剖析了构成要素包含"人的社会活动和人的意识"的地质遗迹可持续利用系统的发展演化，以及实施"人为的管理"来实现对系统动态过程的有效制约和控制，并通过贵州地质遗迹资源保护与利用实证研究，提出相关的战略实施策略，以实现地质遗迹资源的保护与可持续利用。

本书适合于从事地质公园建设与开发、地质遗迹资源研究、地质遗迹资源保护与利用、旅游开发、公共资源管理的人员阅读参考。

图书在版编目(CIP)数据

地质遗迹资源保护与利用/杨涛编著. —北京: 冶金
工业出版社, 2013.4
ISBN 978-7-5024-6197-3

Ⅰ.①地… Ⅱ.①杨… Ⅲ.①地质—资源保护—研究
Ⅳ.①P5

中国版本图书馆 CIP 数据核字 (2013) 第 056958 号

出 版 人 谭学余
地　　址 北京北河沿大街嵩祝院北巷 39 号, 邮编 100009
电　　话 (010)64027926　电子信箱 yjcbs@cnmip.com.cn
责任编辑 杨秋奎　王之光　美术编辑　彭子赫　版式设计　孙跃红
责任校对 石　静　责任印制　牛晓波
ISBN 978-7-5024-6197-3
冶金工业出版社出版发行；各地新华书店经销；北京慧美印刷有限公司印刷
2013 年 4 月第 1 版, 2013 年 4 月第 1 次印刷
169mm×239mm；12.75 印张；8 彩页；267 千字；192 页
45.00 元
冶金工业出版社投稿电话: (010)64027932　投稿信箱: tougao@cnmip.com.cn
冶金工业出版社发行部　电话:(010)64044283　传真:(010)64027893
冶金书店　地址:北京东四西大街 46 号(100010)　电话:(010)65289081(兼传真)
(本书如有印装质量问题, 本社发行部负责退换)

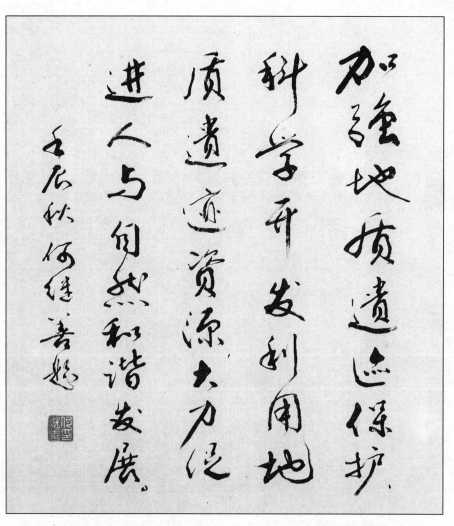

加强地质遗迹保护，科学开发利用地质遗迹资源大力促进人与自然和谐发展。

壬辰秋 何继善题

中国工程院院士、湖南省科协名誉主席何继善题词

前　言

　　地质遗迹是宝贵的自然遗产，是地质现象的真实记录。地质遗迹资源及其所构成的地质环境是地球自然资源、自然环境的基础和极其重要的组织部分，对地球上生物的分布以及人类社会和文明都有着深刻的影响。

　　地质遗迹不但是人类了解地球发展历史及寻找矿产资源、防治地质灾害等的实证资料，而且大部分还是促进和发展旅游业的主要资源因素。随着人们开发和利用自然资源的进步，物质生活水平的不断提高，人们对生活质量的要求也逐渐提高，旅游业不断发展，地质遗迹资源在旅游业中的地位和作用与日俱增，其利用所产生的经济效益、社会效益在旅游业产值中的比例也不断上升。地质遗迹资源在经济发展中的作用越来越受到世人的关注，特别是在国际倡导的地质遗产保护和合理利用下，地质遗迹资源的保护、利用与管理已经成为 21 世纪人口、资源、环境的一个重要内容，也是当今学术界研究的热点问题。

　　保护地质遗迹、开发利用地质遗迹资源，建立地质公园是当代人深思熟虑的选择，其意义极为深远，它是政府、团体和公众携手共同承担责任和利益分享的一项事业。我国地质公园的建设正处于起步和发展阶段，面临许多实际的困难和问题，急需科学的理论进行指导和解决。地质遗迹资源作为自然资源的重要组成部分，要实现可持续利用涉及两方面的问题：一是地质遗迹资源持续利用，保证未来经济建设与社会发展以及人类生活水平提高的需要；二是地质遗迹资源开发利用要适度，要保证地质遗迹资源与生态环境不遭受破坏。地质遗迹资源可持续发展系统是一个十分复杂的不断发展的区域性多层次的巨系统，它涉及地质遗迹资源及其保护与利用、人口、环境、经济、社会、科技等多要素。因此，对地质遗迹资源的认识不能仅仅停留在保护、开发、利用这样一个较低层次上，而更应该从发展特别是可持续发展的战略高度上认识地质遗迹资源，将单纯的资源开发利用观、保护观上升到资源可持续利用发展观，并通过资源的经济制度和社会制度创新促进地质遗迹资源利用的可持续发展。

　　本书课题研究是在对地质遗迹资源厘定和国内地质遗迹资源保护与利用实践总结的基础上展开的。研究过程有两个突破：一是研究方法的突破，地质遗迹资源可持续利用研究是一个综合性问题，涉及面广、包含的要素多、要素间关系复杂。本书的研究遵循综合集成方法，把研究涉及的多学科综合起来，将相关的理论与实践经验知识集成起来，按照系统的层次结构，从不同层面对资源可持续利用进行综合研究，保证了研究成果的系统性、可行性和指导性。二是研究思维的突破。20世纪70年代前后逐步发展起来的以非线性的复杂系统为研究对象的，以耗散结构理论、协同学、突变论以及超循环理论等为代表的系统自组织理论，给科学思维整体的发展提供了一些新的思维方法，形成了新的系统科学思维即系统自组织思维。研究中基于自组织理论分析了地质遗迹资源利用可持续发展系统，并在自组织思维方法的指导下探讨了贵州地质遗迹资源利用可持续发展的保障措施与发展对策。

　　本书课题研究主要取得以下几个方面的成果：

　　一是地质遗迹资源利用的实践总结。分析总结了国内外不同国家和地区对地质遗迹资源的保护与利用实践。国外最可贵的经验是：根据资源的公益性质确定资源功能（使命）的管理理念，然后建立与之相应的管理机制、经营机制、监督机制等，以保证管理手段、管理能力与管理目标相适应。国内最值得吸取和总结的经验是：从资源的直接利用变为间接利用，从单个资源分散式利用变为整体式利用，把资源优势转化成为特色经济优势，把资源的再生产与社会再生产结合以促进社会经济扩大再生产和整个社会产业结构的优化升级，把资源经济的发展与整个国民经济的发展协调起来，通过资源经济的高效增长和合理发展来促进整个国民经济和社会的发展。

　　二是地质遗迹资源可持续利用研究的方法论。基于系统科学的可持续发展研究思路，从资源内涵的演进与外延的拓展深入，通过树立资源的系统观，明确指出地质遗迹资源可持续利用系统是一个开放的复杂巨系统，是以地质遗迹和它们的结合为基本载体、涉及地质遗迹资源及其保护与利用、人口、环境、经济、社会、科技等多要素的一个十分复杂的不断发展的区域性多层次的巨系统。研究方法论的基础是"从定性到定量综合集成方法",并加以分析讨论,在此基础上提出地质遗迹资源可持续利用研究的方法论和一系列的研究方法。

三是地质遗迹资源可持续利用理论探讨。通过从系统论再认识可持续发展理论,研究地质遗迹资源可持续利用的内涵,从区域可持续发展系统深化了地质遗迹资源可持续利用理论;基于自组织理论研讨地质遗迹资源可持续利用系统耗散结构的特征与形成、地质遗迹资源可持续利用的协同效应、自组织能力建设,并提出了地质遗迹资源可持续系统自组织能力建设的内容;从管理与资源利用的耦合,深入探讨了地质遗迹资源可持续利用系统的发展演化,如何实施人为的"管理"来实现对系统动态过程的有效制约和控制,从"协同管理"、"协同发展战略"等方面拓宽了地质遗迹资源可持续利用理论的视野。

四是实证研究成果。在地质遗迹资源利用实践总结、方法论与理论研究成果的基础上,针对贵州地质遗迹资源可持续利用进行战略分析研究。通过系统分析与评价,明晰了贵州地质遗迹资源可持续利用的发展状态、发展趋势、发展能力;把涉及地质遗迹资源、保护与利用、人口、环境、经济、社会、科技等多要素的理论、知识、经验和模型、数据等进行有效系统综合和集成,指出贵州地质遗迹资源可持续利用的路径,并据此构建了战略模型。围绕地质遗迹资源可持续利用系统动态过程的有效制约和控制,从切实发挥实施主体的作用、要素保障、科学决策与管理、协同贵州旅游业的发展培育特色经济等四个方面提出了战略实施策略。

本书课题研究取得的主要成果,形成于 2008~2011 年笔者在中国科学院地球化学研究所矿床地球化学国家重点实验室做博士后期间,得到了胡瑞忠研究员、毕献武研究员的悉心指导,得到了贵州省有色金属和核工业地质勘查局物化探总队各位同仁的支持和帮助,在此表示衷心的感谢。

由于编著者水平所限,书中不妥之处,恳请广大读者及同行批评指正。

编著者

2012 年 12 月

目 录

附录　黔南州十大有影响的地质遗迹

后记

① 概　述

1.1　地质遗迹资源概念

概念是研究问题的基础，也是反映思维对象的本质属性和分子范围的思维形式。概念有两个逻辑特征，即内涵与外延。对其本质属性的反映就是概念的内涵，也就是说，撇开非本质属性，抽出本质属性概括而成。而本质属性是决定该对象之所以成为该对象并区别于其他对象的属性。外延是具有概念所反映的本质属性的对象，即分子范围。明确概念的内涵与外延，才能正确地运用概念。

什么是地质遗迹资源，目前在学术界还没有统一的定义。笔者基于对地质遗迹概念内涵和外延的分析，并在研究国内外相关文献的基础上，对地质遗迹资源做出如下定义：地质遗迹资源是指在地球演化的漫长地质历史时期中，由于内外动力的地质作用而形成、发展并保存下来的珍贵的、不可再生的，并能在现在和可预见的将来，可供人类开发利用并产生经济价值，以提高人类当前和将来福利的自然遗产。

1.1.1　地质遗迹资源概念的内涵

概念的内涵是对其本质属性的反映。地质遗迹资源是经过地质作用而形成的遗迹，是人类通往了解46亿年地球历史的必经之路，是获取地球演化变迁过程珍贵信息的唯一来源，是地球母亲赐予子民们的宝贵遗产，同时还是人类赖以生存的地质环境的重要组成部分，也是构成自然生态环境的基本格架，自然资源的有机组成之一。人类文明愈是高度发展，地质遗迹资源在人类的生活中的地位就愈重要。地质遗迹资源概念的内涵应该反映地质遗迹资源的地质属性、遗产属性和资源属性。

（1）地质属性。地质遗迹资源是由于地球内外地质营力作用而形成的，它们以一定的物质和形态反映了地质历史时期地球物质运动、生物进化及内外动力作用特征，生动地展示了地球和生命演进的崎岖历程。任何地质遗迹一旦遭到破坏，就意味着永远失去，不可能恢复。这一特点有别于生物资源中的珍稀或濒危物种（建立自然保护区后可以得到恢复），充分反映了地质遗迹的珍贵性。所以，任何人为因素的改造都会造成损坏，失去地质遗迹的本来意义；任何经过人工改造的地质体及其景观都不能称为地质遗迹。

尽管人们对地质遗迹的认识，由于理解角度不同，解释也不尽相同，但对地质遗迹资源所具有的地质属性确是肯定的。如，中国地质环境监测院设计编写的《中国自然保护区图说明书》中将"由于地质环境和地质资源是在漫长的地质历史时期中经过各种地质营力作用、雕琢而成的，是地质历史时期和地质营力作用的遗迹。它们往往具有发生变化就难以逆转和不可更新（再生）或难以更新（再生）的特点"称为地质遗迹。又如，《地质遗迹保护管理规定》（中华人民共和国地质矿产部令〔1995〕第 21 号）中将地质遗迹定义为"在地球演化的漫长地质历史时期，由于各种内外动力地质作用，形成、发展并遗留下来的珍贵的、不可再生的地质自然遗产"。

（2）遗产属性。所谓遗产就是来源于他人或者外界的、可以继承的、有价值的事物。遗产的特征可归纳为三点：1）遗产是有价值的；2）遗产来源于他人或外界；3）遗产是可以继承的。其中，遗产的价值性构成了遗产的基本属性和对遗产加以保护的根本原因；而遗产的可继承性又构成了遗产的特有属性和对遗产加以保护的可行性原因。地质遗迹资源是地球在亿万年的演化中形成的，由于地质遗迹是地壳在特定的物质、时空和动力条件下形成的产物，其物质组成、产状与形态均具有独特的不可替代的天然性，是珍贵的自然遗产。

何为"自然遗产"，《保护世界文化与自然遗产公约》把符合下列规定之一者称为自然遗产：1）从审美或科学角度看，具有突出的普遍价值的由物质和生物结构或这类结构群组成的自然面貌；2）从科学或保护角度看，具有突出的普遍价值的地质和自然地理结构以及明确划为受威胁的动物和植物生境区；3）从科学、保护或自然美角度看，具有突出的普遍价值的天然名胜或明确划分的自然区域。

《世界遗产公约行动指南》对自然遗产提出以下标准：1）构成代表地球演化史中重要阶段的突出例证，包括有生命的记录、在土地形式演变中重大的持续地质过程的记录，或重大的地貌或自然特征的记录；2）构成代表进行中的重要地质过程、生物演化过程以及人类与自然环境相互关系的突出例证；3）独特、稀有或绝妙的自然现象、地貌或具有罕见自然美的地带；4）尚存的珍稀或濒危动植物种的栖息地。

（3）资源属性。一般认为，资源是指对人有用或有使用价值的某种东西。根据《辞海》的解释，"资源"是"资财的来源，一般指天然的财富"。1972年，联合国环境规划署的定义为："所谓资源，特别是自然资源，是指在一定时间、地点、条件下能产生经济价值，以提高人类当前和将来的福利的自然环境因素和条件。"其基本特征是稀缺与效用。

地质遗迹资源具有社会开发利用价值，同时又具有稀缺性，因此是一种资源，可被人类开发利用，转变为社会效益和经济效益。随着科学技术水平的提高，人类驾驭自然资源的能力不断增强，同时人类物质生活水平也会不断提高，从而增加了追求精神生活的需要，因而人类对地质遗迹资源的需要会日渐上升。也就是说人类对地质遗迹资源的利用不断向深度和广度发展，利用地质遗迹资源的种类由少到多，开发利用的范围由小到大。

地质遗迹资源是一种自然资源，与其他种类的自然资源一样，它们既是自然物，又是自然环境的有机组成部分，其发展变化遵循着一定的自然规律，有许多共同的性质和特征。因此，地质遗迹资源具有自然资源共同特点，即地域性、可用性、整体性、有限性、可变性、分布的时空性等。同时，地质遗迹资源也具有自己独有的资源属性和特点，主要表现在以下几方面：

（1）区域性。地质遗迹资源存在于特定的地理环境中，是地理环境的重要构成因素，区域差异的客观性造成了不同地区的地质遗迹资源类型不同。

（2）观赏性。地质遗迹资源与其他资源最主要的区别就是它具有美学特征——观赏价值。形形色色的地质遗迹资源，既有雄、秀、险、奇、幽、旷等类型的形象美，又有动与静的形态美；既有色彩美，又有声色美。

（3）不可再生性。地质遗迹资源是一种不能再生的资源，它为一种现实的或一种消失的文明或文化传统展示了一种独特的至少是特殊的地质见证。地质遗迹资源不可能仿造，一旦被破坏便不复拥有。

（4）地质属性。地质遗迹资源是由于地球内外地质营力作用而形成的，因而具有地质属性。

（5）多样性。地质作用的复杂性，决定了地质遗迹资源的多样性。多种类的地质遗迹的复合、交叉，又使其显得形式多样又复杂，从而构成了丰富多彩的地质遗迹资源。

（6）知识性和趣味性。对自然地质遗迹的认识，不仅使人们获得审美趣味和享受，而且能使人们从中得到科学的启示和原理，即地质遗迹是寓知识性、趣味性于一体的。

（7）永续利用性。地质遗迹资源如果能做到合理保护是可以永续利用的，它不像矿产资源开采利用后不可再用。

1.1.2 地质遗迹资源概念的外延

外延是具有概念所反映的本质属性的对象。地质遗迹资源依其形成原因和自然属性，主要由以下要素构成：（1）有重要观赏和重大科学研究价值的地质地貌景观；（2）有重要价值的地质剖面和构造形迹；（3）有重要价值的古生物化石及其产地；（4）有特殊价值的矿物、岩石及其典型产地；（5）有特殊意义的水体；（6）有典型和特殊意义的地质灾害遗迹；（7）有某些珍贵稀有动植物的

"活化石"即所谓的"孑遗生物"。

地质遗迹可以划分为以下六种类型：（1）对追溯地质历史具有重大科学研究价值的典型层型剖面（含副层型剖面）、生物化石组合带地层剖面、岩性岩相建造剖面及典型地质构造剖面和构造形迹；（2）对地球演化和生物进化具有重要科学文化价值的古人类与古脊椎动物、无脊椎动物、微体古生物、古植物等化石与产地以及重要古生物活动遗迹；（3）具有重大科学研究和观赏价值的岩溶、丹霞、黄土、雅丹、花岗岩奇峰、石英砂岩峰林、火山、冰川、陨石、鸣沙、海岸等奇特地质景观；（4）具有特殊学科研究和观赏价值的岩石、矿物、宝玉石及其典型产地；（5）有独特医疗、保健作用或科学研究价值的温泉、矿泉、矿泥、地下水活动痕迹以及有特殊地质意义的瀑布、湖泊、奇泉；（6）具有科学研究意义的典型地震、地裂、塌陷、沉降、崩塌、滑坡、泥石流等地质灾害遗迹。以上六种类型即《地质遗迹保护管理规定》中对地质遗迹保护内容明确规定的六个方面。

1.2 地质遗迹资源的价值

地质遗迹资源是自然生态环境的重要组成部分，自然资源的有机组成之一，与土地资源、矿产资源、水利资源、生物资源、海洋资源一样，是人类的宝贵财富。地质遗迹资源价值和"自然价值"一样，所反映、概括和表达的是人类与客观世界结成的一种特定的实践－认识关系。人是实践与认识的主体，依据人的需要，地质遗迹资源具有四种价值，即资源价值、科学研究价值、审美价值、生态价值。

1.2.1 资源价值

资源只有对人来说才有意义，人与资源应该是最基本的关系，资源是人类社会的生产资料与劳动对象，人通过生产活动，即自己的劳动，直接或间接地从资源中获取生存所必需的物资与能量。人们越来越清楚地认识到，地质遗迹资源是满足和提高人类物质生活水平的财源，其在经济发展中的地位和作用近年来得到越来越普遍的重视，特别是国际倡导的世界遗产保护和合理利用使地质遗迹资源对人类社会经济增长的贡献日益提高，而成为世界的财富。

近几年来，我国旅游业的发展显示，地质遗迹资源在旅游业中的地位和作用与日俱增，其利用所产生的经济、社会效益在旅游业产值中的比例在不断上升，已经成为了我国经济发展的一个新增长点。

1.2.2 科学研究价值

自然是人类认识的客体。人类从事科学研究，一是为了认识自然和改造自然，满足人类的物质生活需要，为人类的生存和发展服务；二是为了满足人类的求知欲和好奇心等精神需要，把自然的本质和规律不断内化为人的知识和智力等本质力量，实现人的自我塑造，使人的本质日益丰富和完善。自然的属性及其发展规律是人类认识的永恒主题，具有永恒的科学研究价值。大量的地质遗迹为研究人类和自然界的发展提供了重要科学依据，诠释了困惑人类的一个又一个的"天问"。例如，某些的地质构造剖面及构造形迹，是地球组成物质、地球演化、地质作用及其产物的反映和忠实记录，为研究地球物质组成，重塑地球演化历史提供了丰富的材料和依据。再如，人们对地质灾害遗迹的时空分布、共生关系、发生顺序及其规律的研究，必将为我们提供地质灾害产生、发展及地质灾害群落、地质链的发展和演化提供了丰富的材料，其结果无疑将为我们防治地质灾害提供科学依据。

总之，人们从地质遗迹资源中得到了科学的启示，学习和掌握了有关的科学知识、科学方法、科学思想和科学精神，从而促进了科学与文化的传播。

1.2.3 审美价值

关于人的遗传密码的科学成果表明，人具有接触自然的需要。人与自然界其他的动物、植物和矿物本是同根同源的，因此人的先天性里就对自然的各种生物乃至山川河流具有亲切之感。地质遗迹资源的观赏性，充分展示了它的美学特征，形形色色的地质遗迹资源，既有雄、秀、险、奇、幽、旷等类型的形象美，又有动与静的形态美；既有色彩美，又有声色美。这些天然的状态或景观能够引起人们精神上的愉悦，可以陶冶人们的理想、信念、意志和情操，可以成为人们艺术创作的源泉，有利于人类智慧和个性的自由发展，因而地质遗迹资源具有审美价值。

1.2.4 生态价值

人类的产生、进化和发展都与自然生态系统息息相关。在人与资源的关系中，不容忽视资源与环境的关系。两者是互为依存、互为影响的。资源本身就是人类生存环境的一部分，而且是重要的组成部分，是环境能被人们直接利用的那部分，人类利用了资源也就利用了环境。环境的生态功能主要是指生物圈与大气圈、水圈、土壤圈、岩石圈之间通过物质循环、能量流动、信息传递，从而实现了生物群落的形成和演替。

自然生态系统是一个自组织系统，从岩石到尘土再到动植物种群的进化，都是自然史中的事件。自然物质在有适宜的条件让它进行自组织时，就能产生出奇迹。科学发展的历史证明，早在人类在地球上出现以前，自然就创造了生命。生命和精神现象本质上是建立在自然物质、能量、信息有序流动的基础上，是自然界存在与进化的结果，是地球创造出来的极其伟大的自然价值。只要回顾地球支持生命系统的形成和人类的孕育过程，对我们今天处于生态危机和反思中的人类来说，会更加惊叹自然界的神奇的创造机能。它告诉我们，地球生物圈有不依赖于人类存在和评价的固有价值，创造万物的生态系统仍然是"宇宙中最有价值的现象"，人只是这个系统所产生的最有价值的作品。

自然生态平衡是地球在几十亿年漫长的进化过程中逐渐形成的、由生物群落及其地理环境相互作用所构成的功能系统。生态平衡的改变，无论是自然原因还是人为原因引起的，对自然界来说都是"中性"的，都不过是演化过程中一个有根据的转变。但是对于人类来说，这种转变却不是"中性"的，它可能有益于人类也可能有害于人类。自然生态平衡是人类生存和发展的根本前提条件，各种自然物在生态系统中对生态平衡都具有不可替代的功能作用。地质遗迹资源是一种自然资源，也是自然生态系统的重要组成部分，因而具有生态价值。

1.3 地质遗迹资源保护与利用的意义

地质遗迹资源是提高人类生活质量的重要物质基础，其保护、利用与管理已经成为 21 世纪人口、资源、环境的一个重要内容，也是当今学术界研究的热点问题。

在全球兴起保护自然文化遗产（natural and culture heritage）的热潮中，国际地学界对地质遗迹（geological heritage）的保护越来越重视。为了更好地保护地质遗迹，2001 年联合国教科文组织通过了建立世界地质公园网络的决定，近期目标是每年在全世界建立 20 个世界地质公园，以期将来实现全球建立 500 个地质公园的远景目标，建立全球地质遗迹保护网络体系。

我国地域辽阔，地质地理条件复杂，神奇的大自然形成许许多多独特甚至是世界上罕见的地质景观，在世界地质遗迹宝库中享有盛名，故联合国教科文组织将我国列为世界地质公园网络计划试点国家之一，大大推动了我国地质遗迹资源的开发与保护工作。截至 2011 年 11 月，国土资源部一共公布 6 批共 218 家国家地质公园。在这 218 个国家公园中，先后有 27 家入选世界地质公园，为地质遗迹资源的保护与开发找到了一条有效的途径。已投入运营的地质公园，不仅在资源保护、环境治理、生态恢复等方面起到非常积极的作用，也带动了旅游业的发展，增强了地方的经济实力，增加了当地居民的就业机会，实现了地方的环境、经济、文化的协调发展。特别是地质公园的建设有别于其他主题公园，在带来经济效益和环境效益的同时，还建成秀美宜人的景区和内容充实的科学普及基地，在科学与广大民众之间架起一座桥梁。

第一，地质遗迹是宝贵的自然遗产，也是生态环境的重要组成部分，加快、加强地质遗迹保护与科学研究工作已经成了当今世界时代的强音。

第二，地质遗迹资源是提高人类生活质量的重要物质基础，是 21 世纪资源利用与保护的一个重要内容，是当今学术界研究的热点问题。随着人们开发和利用自然资源的进步，物质生活水平的不断提高，人们对生活质量的要求也逐渐提高，旅游业不断发展，地质遗迹资源在旅游业中的地位和作用与日俱增，其利用所产生的经济、社会效益在旅游业产值中的比例不断上升。在国际倡导的地质遗产保护和合理利用下，地质遗迹资源在经济发展中的作用越来越受到世人的关注。

第三，建立地质公园，这种保护性利用地质遗迹资源的方式在实践中还有许多值得深入研究的课题。保护地质遗迹，建立地质公园是当代人深思熟虑的选择，其意义极为深远，它是政府、团体和公众携手共同承担责任和分享利益的一项事业。我国地质公园的建设正处于起步和发展阶段，面临许多实际的困难和问题，亟需科学的理论进行指导和解决，尤其是对于那些有着丰富地质遗迹资源而又还未建和刚建地质公园的地区，更具有紧迫性和研究价值。

第四，地质遗迹资源可持续利用的方法论与理论研究，对于树立科学的可持续发展地质遗迹资源观，认识与把握有效保护、合理利用地质遗迹资源的关键问题、发展规律等有重要的理论意义。地质遗迹资源作为自然资源的重要组成部分，要实现可持续发展涉及两大方面的问题：一方面是地质遗迹资源持续利用，保证未来经济建设与社会发展以及人类生活水平提高的需要；另一方面是地质遗迹资源开发利用要适度，要保证地质遗迹资源与生态环境不遭受破坏。地质遗迹资源利用可持续发展系统是一个十分复杂的不断发展的区域性多层次的巨系统，它涉及地质遗迹资源及其保护与利用、人口、环境、经济、社会、科技等多要素。因此，对地质遗迹资源的认识不能仅仅停留在保护、开发、利用这样一个较低层次上，而更应该从发展特别是可持续发展的战略高度上认识地质遗迹资源，将单纯的资源开发利用观、保护观上升到资源可持续发展观，并通过资源的经济制度和社会制度创新促进地质遗迹资源的可持续发展。

1.4 国内外研究现状

1.4.1 国际地质遗迹资源的保护与研究概况

随着社会经济的发展带来对生态环境和各种自然资源的破坏，人们开始认识到赖以生存的生态环境和自然资源的重要性，联合国教科文组织设立了地质遗产工作组，专门负责全球地质遗产保护工作。世界许多国家和地区对地质遗迹的保护工作十分重视，其中美国、加拿大、英国、德国等发达国家的地质遗迹保护管理工作处于领先地位，这些国家制定了严格的法规体系，采取了一系列行之有效的保护措施。国际上地质遗迹保护的通行做法大多是建立自然保护区和国家地质公园。

人类对地质遗迹的认识、保护和利用经历了漫长的过程，仍处于探索阶段，无论在理论研究领域，还是在实践研究领域，尚未形成完整成熟的研究体系。以地质遗迹保护与地质公园建设历程为脉络，地质遗迹资源的保护与利用可分为三个发展阶段。

1.4.1.1 第一阶段（19 世纪初至 20 世纪中期）

随着工业文明的进一步发展，人类对自然环境的干扰和破坏日益严重，自然保护区工作开始兴起，各国分散建立自然保护区和国家公园保护地质遗迹。

1872 年，为了保护蒙大拿州与怀俄明州交界处的黄石火山自然景观，美国建立了世界上第一个国家公园——黄石国家公园，主要保护区内的间歇性喷泉、温泉地热景观、地质景观及生物多样性，公布了《黄石公园法案》（路桂景，2008），开创了地质遗迹系统保护的先河，并逐渐制定了利于保护的法律法规。随后，澳大利亚、加拿大、日本等 100 多个国家纷纷效仿，相继建立起 1500 多个国家公园。

国家公园的建立把人类保护地球遗迹由分散的社会努力上升为国家行为，但这时并没有形成有计划的地质公园建设，地质公园融合于国家公园建设之中，虽对重要地质遗迹起到了一定作用，但其所涵盖的内容过于庞杂，无国际组织的统一协调指导，没有统一的评定标准，没有国际上承认的评估审查和检查机构。各国国家公园包括的保护对象各异，内容大相径庭，没有统一的规划要求，所以不同国家之间难以开展对比研究与合作。其功能以保持维护对象的原始面貌，供当代人和后代欣赏为主，没有强调科学意义与文化价值的研究，也没有突出公众教育和科学普及的任务。

1.4.1.2 第二阶段（20 世纪中期至 20 世纪 90 年代）

联合国教科文组织（UNESCO）地学部、地科联、地理联合会等国际组织的发起和推动，地质遗迹资源保护的全球性活动开始展开。这一阶段的工作发展十分不平衡，保护工作与合理开发利用彼此脱节，难以成为各地方政府参与和居民支持的影响广泛的行动。

1948 年，联合国教科文组织（UNESCO）在巴黎创立了世界保护联盟（IUCN），设立了国家公园与自然保护专业委员会（CNPPA/IUCN），制定了国家公园标准，正式纳入了优美的地学景观保护促进科学发展的内容。

1972 年，UNESCO 通过了《世界遗产公约》，成立了世界遗产委员会，1978 年开始建立包含地质性质遗产的《世界遗产名录》，其宗旨在于保护具有突出和普遍价值的地质地貌、地质过程、生物多样性、生物居住地以及反映人类历史进程的文化多样性，代表文化、社会艺术、科学、技术、工业的某项发展和独特风格。至 2011 年 6 月，第 35 届世界遗产委员会大会在巴黎联合国教科文组织总部闭幕,《世界遗产名录》收录的全世界遗产总数已增至 938 项。全球共有 725 项世界文化遗产（含文化遗产）, 183 项自然遗产, 28 项文化与自然双重遗产。全球遗产分布于 153 个国家。

1989 年 9 月, 在华盛顿召开第 29 届国际地质大会期间, UNESCO、IUGS（国际地质科学联合会）、IGCP（国际地质对比计划）和 IUCN 决定共同合作,并制订一个计划, 组建"地质遗迹（含化石）工作组", 隶属于世界遗产委员会, 专门负责全球地质遗迹保护工作。经过近 30 年的发展, 全球共有 185 个国家成为世界遗产公约签约国, 145 个国家的 878 个遗产地进入世界遗产名录, 其中自然遗产地 174 个, 约占 20%, 文化遗产地 679 个占 76.2%, 混合遗产地 25个, 占 3.8%, 而这些遗产地中, 以地质遗迹为主要内容的就更是凤毛麟角了,在全球数以万计, 代表 46 亿年地球演化史的地质遗产所占比例实在微不足道,难以承担保护全球地质遗产的重任。

1991 年 1 月, 在巴黎教科文总部召开特别工作会议, 任务是对各国推荐的具有全球重大价值的地质遗址进行鉴别, 形成一个临时性的全球名录。同年 6 月来自 30 多个国家的 150 余位地球科学家通过了《国际地球记忆权利宣言》（International declaration of the rights of the memory of the Earth）, 着重阐述了地球生命和环境演化与地球演化的密切关系, 其演化留下的地质遗迹的研究既可了解过去, 又可预测未来, 失而不能复得。该宣言宣称:"现在我们应该学会保护地球的记录, 学会了解地球的过去, 去读在人类出现以前写下的这部书, 那是我们的地质遗产……任何形式的发展都应该尊重这些珍奇独特的遗产"引起各国、各界的广泛关注, 国际地质科学联合会（IUGS）在 1989 年成立的地质遗产工作组。也加强了各国 Geosites 登录的推动（EDER, 1999）。例如: 英国关于地质遗迹执行了三大计划:（1）NSGSD（the national scheme of geological site documentation）统一地质遗迹登录办法, 经整理建立咨询库;（2）SSSI（sites of special scientific interest）"具有特殊科学意义的地质遗迹", 由英国自然署负责办理, 目前已经登记遗产地 2000 多处;（3）RIGS（regionally important geological and geomorphologic sites）区域性重要地质及地貌, 由民间团体办理, 自然署提供经费资助。同时, 出版有定期刊物《地球遗产》, 交流信息和保护技术, 介绍各种地质遗迹, 推动科普与国际合作。

1.4.1.3　第三阶段——地质公园的建立阶段

地质遗迹资源的保护虽然引起了社会和各国政府的重视, 保护区不仅耗资不菲, 而且当地居民世代赖以生存的资源不再允许开采, 所以保护难度很大。为此, 1996 年联合国教科文组织地学部（UNESCO division of earth science）和 IUGS 又提出了创建世界地质公园的建议, 把地质遗迹保护与支撑地方经济发展和扩大当地居民就业紧密结合起来, 以弥补世界自然文化遗产在地质景观保护方面的不足和 IUGS 保护地质遗迹工作难以引起地方政府的重视和当地居民的积极参与不足。

1996 年在北京召开的第 30 届国际地质大会上设置了地质遗迹保护专题并组织了讨论（赵逊等，2002）。正是在这个讨论会上，法国的马丁尼（Guy Martini）和希腊的佐罗斯（Nickolus Zoulos）等地质学家提出率先在欧洲建立欧洲地质公园，形成地学旅游网络的建议，以解决欧洲居民旅游目的地太集中、亟待分流，经济发展来自环境方面的挑战日益严重，推动科学普及、提高大众科学素养的要求呼声很高等问题，以保护地质遗迹景观资源，这个建议得到了欧盟的支持。随即法国普罗旺斯高地地质公园（Reserve Géologique de Haute Provence）、德国埃菲尔山脉地质公园（Vulkaneifel Geopark）、希腊莱斯沃斯石化森林地质公园（Petrified Forest of Lesvos）、西班牙马埃斯特地质公园（Maestrazgo Cultural Park）成为欧洲地质公园的 4 个首创成员。到 1999 年又吸收了爱尔兰的 Copper Coast，英国的 Marble Arch and Cuilcagh Mountain，德国的 Naturpark Nordlicher Teutoburger Wald and Wiehengebirge，法国的 Astrobleme Rochechouart-Chassenon，西班牙的 Cabode Gata-Nijar 和希腊的 Psiloritis Krete 自然历史博物馆等 6 个公园总共 10 个公园组成了欧洲地质公园网络，每年轮流主持欧洲地质公园交流会，编辑并发行刊物，组织参展和宣传活动。到 2008 年 1 月，欧洲地质公园网络共吸收了来自 13 个欧洲国家的 32 个地质公园成员，这些地质公园始终围绕着保护地质遗迹景观资源、增加对旅游者的吸引力和促进当地经济实力进行建设。

欧洲地质公园走出了建立国际性的世界地质公园的第一步（Eder，1999），为地质公园走向国际积累了经验。1998 年 11 月，UNESCO 第 29 次全体会议通过了建立世界地质公园网络体系的决议。

1999 年 2 月，联合国教科文组织在巴黎会议上正式提出了"创建具独特地质特征的地质遗址全球网络，将重要地质环境作为各地区可持续发展战略不可分割的一部分予以保护"的世界地质公园计划，并创立了地质公园（Geopark，Geological park）这一名词。地质公园建立的根本目的是通过对地质景观与地质遗迹的有效的保护和合理开发，确保资源的永续利用，保持和维护生态环境平衡，并且为公众提供科学研究和休闲场所，促进文化交流与合作，带动地方旅游经济的快速发展。同年 4 月，联合国教科文组织常务委员会第 156 次会议确定地质公园的选定准则，正式提出创建"世界地质公园计划（UNESCO Geopark Program）"。

2000 年，"世界地质公园计划"开始实施，计划每年建立 20 个，目标是在全球建立 500 家世界级地质公园，并建成全球地质遗迹保护体系。这一计划得到许多非政府组织以及成员国地质机构和地学家的极大关注。

2001 年 6 月，世界地质公园申报建设行动得到正式执行，"支持其成员国在独具地质特征的区域创建自然公园（地质公园）"的特别动议获得联合国教科文组织执行局的同意。

2002年，《世界地质公园网络工作指南》由联合国教科文组织正式发布，用以指导地质公园的建设和发展。国际社会对"世界地质公园计划"响应积极，不同等级的地质公园在各国纷纷建立，使地质遗迹在不同程度上得到了有效保护。

2004年6月第一届世界地质公园大会在中国北京举办，宗旨是地质遗迹保护与可持续发展。会上发表了《地质遗迹保护——北京宣言》。其中，指出"现在，已经到了强调在全球范围内善待和保护地质遗迹的时候了，地质遗迹必须得到保护，地质遗迹资源必须可持续的利用开发。"

世界各国在保护地质公园内地质遗迹和生态环境方面已达成共识。截至2010年年底，全世界已建有各类地质公园2000多个。联合国教科文组织地学部支持的世界地质公园网络（GGN）共有77个成员，分布在全球25个国家。地质公园的建设和发展有力地保护了地质遗迹景观资源和生态环境；同时，地质公园也成为公众了解地球科学、普及地学知识、进行地质科学研究的场所，是新兴的旅游目的地，通过开展旅游活动，为地方经济的发展做出了贡献。

地质公园的地质遗迹保护形式越来越显示出强大的生命力，在地质遗迹保护、地质环境优化、地学生态重建、地质景观开发、地球科学普及、地学旅游休闲、地学研究深化、地方经济发展等方面都产生了巨大的作用。截至2011年6月第35届世界遗产大会闭幕，《世界文化和自然遗产保护公约》缔约国已发展到187个，这次会议最终决定将25处遗址列入《世界遗产名录》，其中3处自然遗址，21处文化遗址以及1处混合遗址。此外，还有2处遗址被列入《世界濒危遗产名录》；1处遗址则从名录中删除。

国际地质遗迹保护及地质公园建设重大事件见表1-1。

表1-1　国际地质遗迹保护及地质公园建设重大事件

年份	事件及内容
1872年	美国建立起世界上第一家国家公园——黄石公园，以保护间歇性喷泉和独特地质景观及生物多样性
1948年	联合国教科文组织（UNESCO）在巴黎创立世界保护联盟（IUCN），设立国家公园与自然保护专业委员会（CNPPA/IUCN）
1972年	联合国教科文组织（UNESCO）通过了《世界自然文化遗产保护公约》，并开始着手建立世界自然文化遗产名录
1976年	11月，世界遗产委员会（World Heritage Committee）成立，由21名成员组成，负责《保护世界文化和自然遗产公约》的实施
1978年	世界遗产名录开始建立，现共有签约国187个

年份	事 件 及 内 容
1989 年	各国 Geosites 的登录受到国际地质科学联合会（IUGS）地质遗产工作组的推动，很多国家开始建立各级地质遗迹保护区
1989 年	联合国教科文组织、国际地科联（IUGS）、国际地质对比计划（IGCP）以及国际自然保护联盟（IUCN）在华盛顿成立了"全球地质及古生物遗址名录"计划，1996 年更名为"地质景点计划"，1997 年再更名为"地质公园计划"
1991 年	《国际地球记忆权利宣言》在法国 Digne 获得通过，其主要阐述地球生命和环境演化与地球演化的密切关系
1993 年	国际地质科学联合会（IUGS）Geosites 登录项目正式启动
1996 年	第 30 届国际地质大会在北京举办，讨论了欧洲地质公园（Eurogeopark）的建设问题，欧洲地质公园计划得到了欧盟的支持，2000 年 6 月，欧洲地质公园正式建立
1999 年	2 月，联合国教科文组织在巴黎召开第 29 届大会，创立了地质公园（Geopark, Geological park）这一名词，首次正式提出地质公园计划，提出"创建具有独特地质特征的地质遗址全球网络，将重要地质环境作为各地区可持续发展战略不可分割的一部分予以保护"。4 月，联合国教科文组织常务委员会第 156 次执行局会议正式提出创建"世界地质公园计划"确定地质公园的选定准则是"选择地质上有特色，同时兼顾景观优美，有一定历史文化内涵的地质遗迹建立地质公园"
2000 年	在巴西里约热内卢召开第 31 届国际地质大会期间，正式成立了联合国教科文组织世界地质公园专家顾问组。"世界地质公园计划"开始实施，计划每年建立 20 个，目标是在全球建立 500 家世界级地质公园，并建成全球地质遗迹保护体系
2001 年	联合国教科文组织支持其成员国提出的"创建具有独特地质特征区域的自然公园（也称地质公园）"的特别动议获得 UNESCO 执行局通过
2002 年	UNESCO 地学部正式发出《世界地质公园网络工作指南》
2003 年	联合国教科文组织决定将"联合国教科文组织世界地质公园网络办公室"设立在中国北京，其主要任务是建立世界地质公园联络中心，建设管理数据库和网站，以及编发世界地质公园通讯等
2003 年	4 月颁布《世界地质公园申报工作指南（试行)》
2004 年	6 月，"世界地质公园网络办公室"在中国正式运行。 第一届世界地质公园大会在北京召开，会议发表了保护地质遗迹的《北京宣言》，制定和通过了《世界地质公园大会》章程，并宣布了评选出的第一批 25 个世界地质公园
2005 年	随着 UNESCO 管理机构的调整，地学部并入生态部设立生态地学部，设立了世界地质公园局
2006 年	5 月 15 ~ 18 日，"第一届国际地质公园发展研讨会——科学与管理"在中国河南省焦作市召开
2007 年	6 月 12 ~ 15 日，"第二届国际地质公园发展研讨会——环境保护与教育"在中国庐山召开。本次会议主题为：加强地质公园在环境保护中的作用，加强国家地质公园与世界地质公园的网络建设，以科学研究带动地质公园建设，向公众推介地质公园

年份	事 件 及 内 容
2008 年	6 月 21～26 日，第三届联合国教科文组织世界地质公园大会在德国奥斯纳布吕克市召开。大会主题是："沟通地球遗迹"。会议目标是创建合适的方法以提升人们对地质遗迹的认识
2009 年	8 月 21～25 日，"第三届国际地质公园发展研讨会——地质遗迹的保护与合作"在中国泰山召开
2010 年	4 月 9～15 日，第四届世界地质公园大会在马来西亚兰卡威举行

1.4.2　国内地质遗迹资源的保护与研究进展

我国地质遗迹资源主要有以下保护形式：（1）国家地质公园；（2）独立的地质遗迹保护区；（3）含地质内容的自然保护区；（4）国家风景名胜区中的地质遗迹；（5）国家森林公园中的地质遗迹；（6）国家重点文物保护单位的古猿和古人类遗迹；（7）矿山公园。

地质遗迹的保护工作始于 20 世纪 70 年代末，但当时此项工作只是作为其他类型自然保护区的部分保护内容，到 1987 年 7 月，地质矿产部以《关于建立地质自然保护区规定（试行）的通知》，才把保护地质遗迹首次以部门法规的形式提了出来。从此，我国开始建立了一批地质自然保护区。

1995 年 5 月，地质矿产部又颁布了《地质遗迹保护管理规定》，进一步把建立地质公园作为地质遗迹保护区的一种方式出现在我国的部门法规之中，首次提出地质遗迹保护区的概念，逐步展开不同层次的地质遗迹登录工作，使我国地质遗迹资源保护工作得到了比较快的发展。

1999 年，国土资源部在威海召开会议，通过了全国地质遗迹保护十年规划，提出在全国范围内建立国家地质公园。

2000 年 9 月，国土资源厅下发了《关于申报国家地质公园的通知》，规定了国家地质公园的条件和要求、申请程序和申报材料，评审要求和标准等都有了系统而完善的规定，使我国国家地质公园的建设和管理一开始就纳入了法制化的轨道，并有了健康发展的保证。

从 2001 年 3 月 16 日公布首批 11 处国家地质公园开始，截至 2011 年 11 月，国土资源部一共公布六批共 218 家国家地质公园。2012 年 10 月，在葡萄牙阿洛卡举行的第十一届世界地质公园大会上，江西省三清山被联合国教科文组织正式列入世界地质公园名录，成为我国第 27 处世界地质公园。

目前，地质公园计划在中国的实施，已得到各级政府的支持和各地居民的普遍赞许，以国家地质公园和世界地质公园为核心，以省、市地质公园为网络成员的脉络清晰、层次分明的地质遗迹保护系统就在中华大地上渐次成形，有力地推动了地质遗产的保护，恢复地质生态环境，普及地球科学，支持地方经济的发展，支持了可持续发展。不仅促进了地质遗迹保护事业的发展，而且也反映了地质遗迹保护观念由过去的单一保护向保护与利用并重转变这一重要变化。一些省、市、自治区还结合实际，制定了地质遗迹保护方面的法律法规，如广西壮族自治区于 2002 年 7 月 1 日起实施了《广西壮族自治区钟乳石资源条例》。《古生物化石保护条例》已经于 2010 年 8 月 25 日国务院第 123 次常务委员会通过，自 2011 年 1 月 1 日起施行。我国的地质公园不仅涵盖了地层学遗迹、古生物遗迹、构造地质遗迹、地质地貌类型地质遗迹、冰川地质遗迹、火山地质遗迹、水文地质遗迹、地质工程遗迹、地质灾害遗迹等地学景观，而且还将灿烂的中华文明融入其中。

随着世界地质公园计划的深入开展，国家地质公园的建立，许多学者在理论上积极地进行了探讨，并取得了许多成果。其中内容主要涉及：

（1）发达国家的国家公园建设体系及地质遗迹保护研究。赵逊、赵汀探讨了欧洲地质公园网络建设对联合国教科文组织推介世界地质公园提供的积极示范意义，并在《世界地质公园工作指南》发布之后，又发表了关于该指南发布的意义的论文，对于国内地质公园建设具有指导性作用。赵汀、赵逊以 2004 年 6 月在中国北京召开的第一届世界地质公园大会和 2004 年 8 月在意大利佛罗伦萨举行的第 32 届国际地质大会为背景，研究了世界地质遗迹保护和地质公园建设的现状和展望，从地质遗产地学背景的研究、地质遗产的调查、地质遗迹保护方法和基础设施建设的讨论、地学旅游中的科学普及、地学旅游中人与环境的关系讨论等八个方面介绍了国外世界地质公园的研究情况，特别分析了欧洲地质公园和美国、加拿大等国的国家公园系统建设管理状况，对照各国近况，提出我国在地质遗产的研究和保护方面要保持世界领先地位，在相关法规建设，地学背景研究，人才培养等方面还有大量工作要做。郑敏、张家义在对美国国家公园管理机构和管理体系进行分析的基础上，分析了我国地质遗迹资源管理体制中存在的问题，并对其改革提出了建议。谢洪忠、刘洪江则从美国国家公园的地质旅游特色出发，比较了我国同美国在地质旅游认识、管理方面存在的差异，并总结了一些值得我们借鉴学习的经验。钱小梅、赵媛也列举了世界地质公园的开发建设对我国的借鉴。

（2）如何协调地质遗迹资源的保护与利用。彭永祥、吴成基以陕西省为例研究了地质遗迹资源保护与利用的协调性问题，将地质遗迹资源保护与利用划分为单一保护型、单一开发型、保护利用双差型及正在协调型四种类型，基本反映出目前主要是协调性问题，在此基础上提出了若干协调策略。李双应、邹永生等指出，地质公园在促进当地经济发展和增强地区知名度方面发挥着越来越重要的作用，保证地质公园良好的经济效益是保护好地质遗迹资源的关键，并强调国家地质公园的建设与旅游业的发展同步则是这个关键的前提。

（3）地质公园的概念、类型、功能价值、选址、范围的划定和地质基础等一系列基础理论问题。就地质公园的类型，后立胜、许学工（2003）从旅游价值角度将地质公园分为利普修学旅游价值主导型、自然美欣赏旅游价值主导型、多主导性不明显型。卢志明、郭建强（2003）从公园的性质的角度将地质公园分为地质地貌型、古生物化石型、典型地质构造型、地质灾害型、典型地层剖面型及水文地质遗址型。钱晓梅、赵媛（2004）从园区主要地质地貌景观资源角度将地质公园分为四大类，即地质构造大类、古生物大类、环境地质现象大类和风景地貌大类。李晓琴、刘开榜、覃建雄（2005）从保护利用的程度将地质公园分为保护型、限制开发型和开发利用型。李晓琴等提出了地质公园选址的4个原则，即典型性与稀有性、代表性与均衡性、原始性与兼容性、安全性与易达性。对范围的界定提出了点、线、面开放式管理模式，并对地质公园的规划进行了探讨，提出地质公园必须以地质遗迹为中心来规划景区、景点。地质公园的功能分区包括生态保护区、特别景观保护史迹保护区、风景游览区和发展控制区。

（4）结合个案探讨了地质公园的地学旅游资源调查与评价、旅游地开发与建设、旅游地功能布局、旅游产品设计、旅游地解说系统的建设和地质公园的规划编制等实践问题。许珊瑜从"地球遗产保育"角度，对金瓜石地质公园进行了概念性规划。赵立军通过对泥河湾地质景观的特征描述，提出了可持续发展的指导，以维护最佳生态环境为目标的地质公园规划原则及开发思路。林鹰在甘肃敦煌国家地质公园总体规划中，充分尊重地质演化的自然特征和属性，综合科普教育和旅游观光的要求，进行了合理布局，并根据保护和控制的不同要求，将雅丹地貌规划为地质景观区、景观保护区和外围综合活动区，将地质景观区再分成科普观光、生态保护、综合活动和雅丹探险4个功能区，在生态保护区内设管理服务区。范春提出了地质公园的开发模式，即单一资源导向模式、组合资源导向模式和市场导向模式，并提出地质公园的产品设计：地质博物馆、地质现场发掘、地质研讨、地质影视项目、地质探险、地质体育、地质游道（再现地质时间的游道设计）。后立胜等把国家地质公园的旅游定位为"高层次、高品位、高起点和低开发、低介入"，并提出了旅游开发的3个原则：目标控制、范围控制、行为控制。李晓琴等提出了地质公园生态旅游开发模式：功能分区开发模式、生态产品设计模式、解说教育系统、生态管理模式、投资机制模式、资源信息管理模式。地质旅游资源只有转化为旅游产品，才具有旅游价值，对地质公园旅游产品的开发，主要是根据各个公园的旅游基础设施、条件及旅游资源特色来进行设计，黄金火等还提出了保障措施。

（5）地质公园的保护和管理等问题。针对我国的实际情况，卢志明等提出借鉴九寨沟和黄龙的管理经验，"多套牌子，一套班子"的管委会做法，即达到行政上的垂直领导和规划设计的高度集中，所有利益相关者共同参与管理，所有权、管理权和经营权分离。武艺等运用 LAC 理论对国家地质公园的规划管理中资源保护与旅游开发中的问题进行了讨论。吴成基等根据陕西翠华山国家森林公园的实际情况提出了地质公园的内部管理模式和外部管理模式。彭永祥根据地质遗迹保护利用的不协调问题提出了地质公园保护利用协调的纵向 3 种理论模式：目标决策型协调、管理型协调、技术型协调。李富兵在硕士毕业论文中应用 AR-CIMS 对克什克腾国家地质公园建立旅游信息系统进行了研究，建立了克什克腾国家地质公园的空间数据库和旅游信息数据库，确定旅游信息系统的开发模式，对系统地层型、遗迹型、岩浆型、构造型、地下水型五大类地质旅游资源的性质和成因特点进行设计和开发。何永彬、李玉辉以石林世界地质公园为例，探讨了世界地质公园开发建设对区域经济社会的影响，是第一篇关于地质公园影响研究的文献。郝俊卿以洛川黄土国家地质公园为例，从地质公园建设与当地经济互动关系角度出发，探讨如何进行地质遗迹的保护性利用，从而达到有效保护地质遗迹的最终目的。李晓琴等就地质公园的功能分区、产品设计、解说系统、科学管理、投资机制和资源信息管理六方面提出了地质公园生态旅游开发模式。

我国针对地质遗迹资源保护与利用的研究，起步较晚，研究时间短，目前仍存在许多不足。其中在理论方面，由于实证研究多于理论研究，理论创新少。基础理论研究严重滞后于实践的需要，特别是在许多重要问题上尚存在较大的分歧；在应用研究方面，大多停留在个案的描述、论证上，缺乏深层次的分析且多雷同；在研究方法上，大多引用地学和旅游学的一般研究方法，缺少多学科的交融、多领域的渗透；许多问题还没有找到很好的解决办法，例如地质遗迹资源的保护和利用的协调关系问题、资源的经济利益关系问题、资源产业发展问题，地质公园的管理体制问题等。

地质公园的建立，促进了地方经济的发展，使地质遗迹资源的价值越来越受到人们的普遍关注和重视，其在国民经济中的作用和地位日益提高，已成为新时期我国经济发展的新增长点。应该说，地质遗迹资源也是构成社会、经济、生态环境三大运行系统总资源的有机组成部分。然而，在这方面基于可持续发展战略，从系统的高度来进行地质遗迹资源可持续发展研究的少之又少。

我国地质遗迹保护及地质公园建设重大事件见表 1 - 2。

表 1 - 2　我国地质遗迹保护及地质公园建设重大事件

年份	事 件 及 内 容
1984 年	国务院以（84）国函字 148 号文件批准，在天津市蓟县境内建立中上元古界国家级自然保护区，主要保护对象为中上元古界标准剖面，填补了我国地质类自然保护区的空白
1987 年	7 月，地质矿产部以《关于建立地质自然保护区规定（试行）的通知》（地发〔1987〕311 号），把保护地质遗迹首次以部门法规的形式提出来

年份	事 件 及 内 容
1995 年	5 月,原地质矿产部又颁布了《地质遗迹保护管理规定》,进一步把建立地质公园作为地质遗迹保护区的一种方式出现在我国的部门法规之中,首次提出地质遗迹保护区的概念
1999 年	12 月,国土资源部在"全国地质地貌保护会议"上进一步提出了建立地质公园的工作
2000 年	8 月,国土资源部又下发了《关于国家地质遗迹(地质公园)领导小组机构及人员组成的通知》(国土资厅发〔2000〕68 号),同时成立了"国家地质遗迹(地质公园)评审委员会"。 　　9 月,国土资源部又下发了《关于申报国家地质公园的通知》(国土资厅〔2000〕77 号),随文附件有《国家地质公园申报表》、《国家地质公园综合考察报告提纲》、《国家地质公园总体规划工作指南(试行)》、《国家地质遗迹(地质公园)评审委员会组织和工作制度》和《国家地质公园评审标准》,随后,又建立了国家地质遗迹(地质公园)的评审机构并出台了组织办法。至此,建立国家地质公园的条件和要求,申请程序和申报材料,评审要求和标准等都有了系统而完善的规定,这就使我国国家地质公园的建设和管理一开始就纳入了法制化的轨道,为以后的健康发展提供了有力的保证
2001 年	3 月 16 日公布首批 11 处国家地质公园
2002 年	11 月,颁布了《中国国家地质公园建设技术要求和工作指南(试行)》
2004 年	第一批(2 月 13 日批准)被正式批准成为世界地质公园网络成员:1. 安徽黄山地质公园;2. 江西庐山地质公园;3. 河南云台山地质公园;4. 云南石林地质公园;5. 广东丹霞山地质公园;6. 湖南张家界砂岩峰林地质公园;7. 黑龙江五大连池地质公园;8. 河南嵩山地质公园
2005 年	第二批(2 月 11 日批准)被正式批准成为世界地质公园网络成员:9. 浙江雁荡山地质公园;10. 福建泰宁地质公园;11. 内蒙古克什克腾地质公园;12. 四川宜宾兴文石海地质公园
2006 年	第三批(9 月批准)被正式批准成为世界地质公园网络成员:13. 山东泰山地质公园;14. 河南王屋山—黛眉山地质公园;15. 海南雷琼地质公园;16. 北京房山地质公园;17. 黑龙江镜泊湖地质公园;18. 河南伏牛山地质公园
2008 年	第四批(1 月批准)被正式批准成为世界地质公园网络成员:19. 江西龙虎山地质公园;20. 四川自贡地质公园
2009 年	第五批(8 月批准)被正式批准成为世界地质公园网络成员:21. 内蒙古阿拉善沙漠地质公园;22. 陕西秦岭终南山地质公园
2010 年	第六批(10 月批准)被正式批准成为世界地质公园网络成员:23. 广西乐业—凤山地质公园;24. 福建宁德地质公园
2011 年	第七批(9 月批准)被正式批准为世界地质公园网络成员:25. 安徽天柱山地质公园;26. 香港天柱山地质公园
2011 年	11 月,国土资源部公布第六批 36 处国家地质公园
2012 年	10 月,江西省三清山地质公园作为第八批入选世界地质公园名录,成为我国第 27 处世界地质公园
2012 年	10 月 25 日,国家地质公园网络中心正式在京成立,根据国土资源部工作部署,世界地质公园网络办公室也将挂靠该中心。中国地质科学院作为依托单位,将协助国土资源部管理全国的国家地质公园和世界地质公园

② 地质公园建设和地质遗迹资源保护与开发

地质公园是以珍贵地质遗迹为主体，以有效保护、传播地学知识、发展当地经济为目标而提出的一种新型自然遗迹保护模式。这种模式有效缓解了发展中的人类与自然环境之间的激烈冲突（其本质是不同利益群体之间人与人的冲突），体现了一种可持续的发展理念，符合当前人类社会发展的基本思路。

2.1 保护与利用的有效方式——建立地质公园

人类在探索自然历史的过程中逐渐认识到保护地球遗产的重要性，又从保护地球遗产的长期过程中找到了最佳办法和最好途径，这就是建立"地质公园"。

1999 年 2 月，联合国教科文组织正式提出了"创建具独特地质特征的地质遗址全球网络，将重要地质环境作为各地区可持续发展战略不可分割的一部分予以保护"的地质公园计划，同时诞生了地质公园（Geopark）这一新的名词。为加强对地质公园进行保护和合理开发，联合国教科文组织常务委员于当年 4 月 15 日在巴黎召开的第 156 次会议提出创建世界地质公园计划（UNESCO Geopark Program）——每年建立 20 个，全球共建 500 个，并建立全球地质遗迹保护网络体系。

联合国教科文组织地学部在《世界地质公园网络工作指南》中，对"地质公园"定义如下：

（1）地质公园是一个有明确的边界线，并且有足够大的使其可为当地经济发展服务的地区。它是由一系列具有特殊科学意义、稀有性和美学价值的，能够代表某一地区的地质历史、地质事件和地质作用的地质遗迹（不论其规模大小）或者拼合成一体的多个地质遗迹所组成，它也许不只具有地质意义，还可能具有考古、生态学、历史或文化价值。

（2）这些遗迹彼此有联系并受到正式的公园式管理及保护，制定了采用地方政策以区域性社会经济可持续发展为方针的官方地质公园规划。

（3）世界地质公园支持文化、环境上可持续发展的社会经济发展，可以改善当地居民的生活和农村环境，能加强居民对居住地区的认同感和促进当地的文化复兴。

（4）可探索和验证对各种地质遗迹的保护方法。

（5）可用作教学的工具，进行与地学各学科有关的可持续发展教育、环境教育、培训和研究。

（6）世界地质公园始终处在所在国独立司法权的管辖之下。

在国内，比较完整的概念是国土资源厅发〔2000〕77号文件提出的，即"地质公园（Geopark）是以具有特殊的科学意义，稀有的自然属性，优雅的美学观赏价值，具有一定的规模和分布范围的地质遗迹景观为主体融合自然景观与人文景观并具有生态、历史和文化价值；以地质遗迹保护，支持当地经济、文化教育和环境的可持续发展为宗旨，为人们提供具有较高科学品位的观光游览、度假休闲、保健疗养、科学教育、文化娱乐的场所，同时也是地质遗迹景观和生态环境的重点保护区，地质研究与普及的基地。"

两者虽在表述上有所不同，但都突出了地质公园的两个基本属性：地质与公园的双重属性。地质属性是指地质遗迹的科学价值与生态价值；公园属性主要体现在地质遗迹的美学价值及由美学价值衍生出来的经济价值，其中地质属性是区别一般景区的显著特征。

2.1.1 地质公园的功能

地质公园可以提供人们追求的健康、美丽以及充满知识的环境，这使它具备了健康的、精神的、科学的、教育的、游憩的、环保的以及经济的等多方面的价值，因而也具备了以下功能：

（1）保护地质遗迹。地质公园以保护地质遗迹景观为前提，遵循开发与保护相结合的原则，严格保护地质自然遗产、保护原有景观特色，维护生态环境的良性循环，坚持可持续发展独特风格和地域特色的科学公园。地质公园根据其自身的特点，可以分为生态保护区、特别景观保护区、遗迹保护区、风景游览区和发展控制区。其中特别景观保护区（包括保护点和保护带）还可细分为一级、二级和三级保护区。通过功能分区，可以处理好公园的保护与开发的关系，保证地质公园内的地质景观、土地和生物资源几乎处于自然状态，把人类活动的影响限制在最小范围内。

（2）保护生物多样性。自然生态体系中的每一物种，都是长年演化的产物，其形成需上万年的时间。设立地质公园有利于保护大自然物种，提供基因库，并以此供子孙后代使用。

（3）提供人们游憩，繁荣地方经济。随着社会的进步，人们对于户外游憩的需求与日俱增，渴望重归自然。具有优美自然环境的地质公园无疑是现代都市生活最高品质的游憩场所。地质公园通过产业链的关联性，形成营业收入、居民收入、就业、投资等的乘数效应，对地方社会、经济、文化产生明显的影响。

（4）促进学术研究和国民教育。地质公园内的地质、地貌、气候、土壤、生物、水文等自然资源未经人类的干扰，对于研究地质和自然科学的人们，是极好的地质博物馆和自然博物馆。同时还可利用地质公园研究地球的演化、生物进化、生态体系、生物群落等，并为地质公园和生态环境的保护提供理论和技术支持。地质公园还能通过游客中心、展览馆、研究站、解说牌和一些产品项目等，在室内或野外进行地质遗迹介绍，提供国民教育的机会。

2.1.2 地质公园的分类

地质公园的类型划分是一个待研究的问题，按照不同的划分标准可以划分为不同的类型。

（1）按等级划分。根据批准政府机构的级别可分为世界地质公园（UNESCO Geopark）、国家地质公园（National Geopark）、省级地质公园（State Geopark）和县（市）级地质公园（County Geopark）四种类型。世界地质公园由联合国教科文组织批准和颁发证书；国家地质公园由所在国中央政府（目前中国由国土资源部代表中央政府）批准和颁发证书；省级地质公园由省级政府（目前中国由省国土资源厅、局代表省级政府）批准和颁发证书；县（市）级地质公园由县（市）级政府批准和颁发证书。

（2）按园区面积划分。根据园区面积，分为特大型、大型、中型、小型等四类地质公园。特大型地质公园园区面积大于 $100km^2$；大型地质公园园区面积为 $50\sim100km^2$；中型地质公园园区面积为 $10\sim50km^2$；小型地质公园园区面积小于 $10km^2$。

（3）按功能划分。地质公园是一种特殊的科学公园，应有较高的科研价值，但同时公园也应该成为广大游人观光游览了解丰富的地质遗迹知识的场所。按功能侧重点的差异，可将地质公园划分两类：一类是科研科考主导型地质公园——园中景观的地质科研价值极高，但美学观赏价值稍差，其主要任务是保护珍稀的地质遗迹；另一类是审美观光主导型地质公园——园中景观的美学观赏价值高，并且还有一定的科学研究价值，这类公园对普通游客来说具有强烈的吸引力，是地质公园的主体。

（4）按园区主要地质地貌景观资源划分。可分为四大类型：1）地质构造大类，如地层类、构造等类；2）古生物大类，如古生物类、古动物类、古人类、古生态群类、古生物遗迹或可疑生物遗迹等类；3）环境地质现象大类，如地震类、火山类、冰川类、陨石坑、地质灾害遗迹等类；4）风景地貌大类，如山石景观类、洞穴类、峡谷类、水景类等。

2.1.3 建立地质公园的意义

建立地质公园的意义主要包括:

(1) 保护地质遗迹、保护地质环境的重要组成部分。人类的历史与地球的历史紧密相连。地球环境的范围是宽泛的,从大气层到地表地下。它是我们人类生存的基础,有特殊意义的地质遗迹和地质体,是地球环境的重要组成部分,将这部分建成地质公园,纳入政府法律法规保护的范畴,就弥补了现行大自然保护方面的不足。现在一般只注意对大气、水、土壤和生物等地球环境的保护,若把那些具有特殊地学意义的地质遗迹和地质体也加以保护,我们对地球环境的各个组成要素的保护就完善了。

(2) 提高广大公众对地球价值的认知程度,为科学研究和科学知识普及提供了重要场所。地质公园的建立,要经过调查、评价、申报、评审和公布等过程。这些工作,本身就是对地球深入认识的过程。这就增强了明智地利用地球的能力,而力求在人类和地球之间取得平衡。地质公园建立后,通过媒体宣传,广大公众去旅游,就使这种对地球价值的认知程度得到量的扩大和质的升华,使人类对"世界上只有一个地球"、"地球是我们的母亲"等口号通过地质公园这个载体得到最好的诠释,从而使广大公众更加热爱我们的地球。

(3) 开辟了一种新的地质资源的利用方式,拓宽了旅游资源的范畴,提高了旅游活动的科技含量。直到 20 世纪 80 年代末期,人们才逐渐关注到地质遗迹资源对旅游业的重要性。因为地质遗迹不但有观赏和游览休闲价值,而且是不需移动位置,不需改变原有面貌和性质的、可持续利用的宝贵资源,国家地质公园的建立,是对地质遗迹资源利用的最好方式。地质公园的出现,以解释地质遗迹成因,探索大自然的奥秘,集知识性、科学性、趣味性为一体,在开展地质旅游、普及地质科学知识,提高我国旅游业科技含量,改善我国旅游业形象等方面起了积极作用。

(4) 推动地方经济发展和当地居民就业,通过建立地质公园,可以改变传统的生产方式和资源利用方式,有了地质遗迹作载体,有了良好的地质环境作依托,地方政府把地学旅游作为经济发展的增长点,减轻了地方财政保护地质遗迹开支的负担,提高了收入,增加了就业机会。

2.2 国内外地质公园的建设与发展

2.2.1 世界地质公园网络

2.2.1.1 世界地质公园网络的建立

20 世纪中叶到 90 年代前半期,地质遗迹的保护已经由各国的分散行动变为国际组织发起和推动的全球行动。

1989 年联合国教科文组织（UNESCO）、国际地科联（IUGS）、国际地质对比计划（IGCP）以及国际自然保护联盟（IUCN）在华盛顿成立了"全球地质及古生物遗址名录"计划，1996 年更名为"地质景点计划"，1997 年再更名为"地质公园计划"；1991 年 6 月在法国迪尼通过的《国际地球记忆权力宣言》再次强调了地球生命和环境演化遗留下的地质遗迹对全世界的重要性；1997 年联合国大会通过了 UNESCO 提出的"促使各地具有特殊地质现象的景点形成全球性网络"的计划及预算，也即从各国（地区）推荐的地质遗产地中遴选出具有代表性、特殊性的地区纳入地质公园计划；1999 年 4 月 UNESCO 第 156 次常务委员会会议提出了建立地质公园计划的决定；2001 年 6 月联合国教科文组织执行局决定（161 EX/Decisions 3.3.1），联合国教科文组织支持其成员国提出的创建独特地质特征区域或自然公园，建设全球国家地质公园网络。并于 2002 年 5 月颁布了《世界地质公园网络工作指南》（Network of National Geoparks seeking UNESCO's assistance）。至此，正式开始了世界地质公园的申报和评审工作。

2004 年 2 月，联合国教科文组织在巴黎召开的会议上首次将 25 个成员纳入世界地质公园网络，其中 8 个来自中国，17 个来自欧洲。这标志着全球性的"联合国教科文组织世界地质公园网络"正式建立。并决定由中国国土资源部在北京建立"世界地质公园网络办公室"（Global Geopark Network）。2004 年 6 月在中国北京召开了第一届世界地质公园大会。大会制定了《世界地质公园大会章程》，定名为世界地质公园大会（International Conference on Geopark，ICGP），并决定原则上每两年举行一次。从此世界地质公园（UNESCO Geopark）开始在全球走上轨道。

截至目前，联合国教科文组织支持的世界地质公园网络（GGN）共有 87 个成员，分布在全球 27 个国家，遍布欧洲、亚洲、南美洲、北美洲、大洋洲及中东地区。世界地质公园网络（GGN）成员名录见表 2 - 1。

表 2 - 1 世界地质公园网络（GGN）成员名录

序号	所在国家①	地质公园名称	入选时间
1	Austria（2）—奥地利	艾森武尔瑾地质公园（Nature Park Eisenwurzen）	2004 年
2		卡尔尼克阿尔卑斯地质公园（Carnic Alps Geopark）	2012 年
3	Brazil（1）—巴西	阿拉里皮地质公园（Araripe Geopark）	2006 年
4	Canada（1）—加拿大	石锤地质公园（Stonehammer Geopark）	2010 年
5	China（27）—中国	安徽黄山世界地质公园（Huangshan Geopark）	2004 年
6		黑龙江五大连池世界地质公园（Wudalianchi Geopark）	2004 年

序号	所在国家①	地质公园名称	入选时间
7		江西庐山世界地质公园（Lushan Geopark）	2004 年
8		河南云台山世界地质公园（Yuntaishan Geopark）	2004 年
9		河南嵩山世界地质公园（Songshan Geopark）	2004 年
10		湖南张家界砂岩峰林世界地质公园（Zhangjiajie Sandstone Peak Forest Geopark）	2004 年
11		广东丹霞山世界地质公园（Danxiashan Geopark）	2004 年
12		云南石林世界地质公园（Stone Forest Geopark）	2004 年
13		内蒙古克什克腾世界地质公园（Hexigten Geopark）	2005 年
14		浙江雁荡山世界地质公园（Yandangshan Geopark）	2005 年
15		福建泰宁世界地质公园（Taining Geopark）	2005 年
16		四川兴文世界地质公园（Xingwen Geopark）	2005 年
17		山东泰山世界地质公园（Mount Taishan Geopark）	2006 年
18		河南王屋山 - 黛眉山世界地质公园（Wangwushan-Daimeishan Geopark）	2006 年
19	China（27）—中国	河南伏牛山世界地质公园（Funiushan Geopark）	2006 年
20		雷琼世界地质公园（Leiqiong Geopark）	2006 年
21		房山世界地质公园（Fangshan Geopark）	2006 年
22		黑龙江镜泊湖世界地质公园（Jingpohu Geopark）	2006 年
23		江西龙虎山世界地质公园（Longhushan Geopark）	2008 年
24		四川自贡世界地质公园（Zigong Geopark）	2008 年
25		内蒙古阿拉善沙漠世界地质公园（Alxa Desert Geopark）	2009 年
26		陕西秦岭终南山世界地质公园（Zhongnanshan Geopark）	2009 年
27		广西乐业 - 凤山世界地质公园（Leye-Fengshan Geopark）	2010 年
28		福建宁德世界地质公园（Ningde Geopark）	2010 年
29		安徽天柱山世界地质公园（Tianzhushan Geopark）	2011 年
30		香港世界地质公园（Hongkong Geopark）	2011 年
31		三清山世界地质公园（Sanqingshan Geopark）	2012 年
32	Croatia（1）—克罗地亚	帕普克地质公园（Papuk Geopark）	2007 年
33	Czech Republic（1）—捷克	波西米亚天堂地质公园（Bohemian Paradise Geopark）	2005 年

序号	所在国家①	地质公园名称	入选时间
34	Finland（1）—芬兰	洛夸地质公园（Rokua Geopark）	2010 年
35		普罗旺斯高地地质公园（Reserve Géologique de Haute Provence）	2004 年
36	France（4）—法国	吕贝龙地质公园（Park Naturel Régional du Luberon）	2004 年
37		博日地质公园（Bauges Geopark）	2011 年
38		沙布莱地质公园（Chablais Geopark）	2012 年
39		特拉维塔地质公园（Nature Park Terra Vita）	2004 年
40		贝尔吉施 - 奥登瓦尔德山地质公园（Geopark Bergstrasse-Odenwald）	2004 年
41	Germany（5）—德国	埃菲尔山脉地质公园（Vulkaneifel Geopark）	2004 年
42		斯瓦卞阿尔比地质公园（Geopark Swabian Albs）	2005 年
43		布朗斯韦尔地质公园（Geopark Harz Braunschweiger Land Ostfalen）	2005 年
44	Germany/Portland（1）—德国、波兰	马斯喀拱形地质公园（Geopark Muskau Arch）	2011 年
45		莱斯沃斯石化森林地质公园（Petrified Forest of Lesvos）	2004 年
46		普西罗芮特地质公园（Psiloritis Natural Park）	2004 年
47	Greece（4）—希腊	柴尔莫斯 - 武拉伊科斯地质公园（Chelmos-Vouraikos Geopark）	2009 年
48		约阿尼纳地质公园（Vikos-Aoos Geopark）	2010 年
49	Hungary（1）—匈牙利	包科尼 - 巴拉顿地质公园（Bakony-Balaton Global Geopark）	2012 年
50	Hungary-Slovakia（1）—匈牙利、斯洛文尼亚	拉瓦卡 - 诺格拉德地质公园（Novohrad-Nograd Geopark）	2010 年
51	Iceland（1）—冰岛	卡特拉地质公园（Katla Geopark）	2011 年
52	Indonesia（1）—印度尼西亚	巴图尔地质公园（Batur Global Geopark）	2012 年
53	Ireland, Republic of/Northern Ireland（1）—爱尔兰、北爱尔兰	大理石拱形洞 - 奎拉山脉地质公园（Marble Arch Caves & Cuilcagh Mountain Park）	2004 年
54	Ireland, Republic of（2）—爱尔兰	科佩海岸地质公园（Copper Coast Geopark）	2004 年
55		巴伦和莫赫悬崖地质公园（Burren and Cliffs of Moher Geopark）	2011 年

序号	所在国家①	地质公园名称	入选时间
56		马东尼地质公园 (Madonie Natural Park)	2004 年
57		贝瓜帕尔科地质公园 (Parco del Beigua)	2005 年
58		撒丁岛地质与采矿公园 (Geological and Mining Park of Sardinia)	2007 年
59	Italy (8)—意大利	阿达梅洛布伦塔地质公园 (Adamello Brenta Geopark)	2008 年
60		罗卡迪切雷拉 (Rocca Di Cerere Geopark)	2008 年
61		奇伦托地质公园 (Parco Nazionale del Cilento e Vallo di Diano Geopark)	2010 年
62		图斯卡采矿公园 (Tuscan Mining Park)	2010 年
63		阿普安阿尔卑斯山地质公园 (Apuan Alps Geopark)	2011 年
64		洞爷火山口和有珠火山地质公园 (Lake Toya and Mt. Usu Geopark)	2009 年
65		云仙火山区地质公园 (Unzen Volcanic Area Geopark)	2009 年
66	Japan (5)—日本	系鱼川地质公园 (Itoigawa Geopark)	2009 年
67		山阴海岸地质公园 (San' in Kaigan Geopark)	2010 年
68		室户地质公园 (Muroto Geopark)	2011 年
69	Korea (1)—韩国	济州岛地质公园 (Jeju Island Geopark)	2010 年
70	Malaysia (1)—马来西亚	浮罗交怡岛地质公园 (Langkawi Island Geopark)	2007 年
71	Norway (2)—挪威	赫阿地质公园 (Gea-Norvegica Geopark)	2006 年
72		岩浆地质公园 (Magma Geopark)	2010 年
73	Portugal (2)—葡萄牙	纳图特乔地质公园 (Naturtejo Geopark)	2006 年
74		阿洛卡地质公园 (Arouca Geopark)	2009 年
75	Rumania (1)—罗马尼亚	哈采格恐龙地质公园 (Hateg Country Dinosaur Geopark)	2005 年
76		马埃斯特地质公园 (Maestrazgo Cultural Park)	2004 年
77		索夫拉韦地质公园 (Sobrarbe Geopark)	2006 年
78	Spain (8)—西班牙	苏伯提卡斯地质公园 (Subeticas Geopark)	2006 年
79		卡沃-德加塔地质公园 (Cabo de Gata Natural Park)	2006 年
80		巴斯克海岸地质公园 (Basque Coast Geopark)	2010 年

序号	所在国家①	地质公园名称	入选时间
81		安达卢西亚，塞维利亚北部山脉（Sierra Norte di Sevilla, Andalusia）	2011 年
82	Spain（8）—西班牙	维约尔卡斯 - 伊博尔 - 哈拉地质公园（Villuercas Ibores Jara Geopark）	2011 年
83		加泰罗尼亚中部地质公园（Central Catalonia Geopark）	2012 年
84		北奔宁山地质公园（North Pennines AONB Geopark）	2004 年
85		苏格兰西北高地地质公园（North West Highlands-Scotland）	2005 年
86	United Kingdom（6）—英国	威尔士大森林地质公园（Forest Fawr Geopark-Wales）	2005 年
87		里维耶拉地质公园（English Riviera Geopark）	2007 年
88		威尔士乔蒙地质公园（Geo Mon Geopark-Wales）	2009 年
89		设得兰地质公园（Shetland Geopark）	2009 年
90	Vietnam（1）—越南	董凡喀斯特高原地质公园（Dong Van Karst Plateau Geopark）	2010 年

① 按英文字母顺序排序。

2.2.1.2 管理机构与重要活动

A 管理机构

世界地质公园网络的管理机构有联合国教科文组织下的生态与地学部、世界地质公园专家局、世界地质公园网络办公室和欧洲地质公园网络的组成机构。

（1）联合国教科文组织下的生态与地学部。下设有地质公园秘书处，负责制定世界地质公园网络管理制度，组织开展网络新成员的申报与审查，对现有网络成员进行中期检查，组织地质公园相关大型会议和活动以及协调网络成员之间的交流与合作等重要事宜。

（2）世界地质公园专家局。由地质公园秘书处负责组织任命的专家群体，具体负责对世界地质公园网络候选成员进行审查，按照《寻求联合国教科文组织帮助申请加入世界地质公园网络的国家地质公园工作指南》中的标准，投票表决某个候选成员是否被批准成为世界地质公园网络的正式成员。同时，在每隔4 年对所有网络成员开展的中期检查中，专家局成员对每个网络成员的检查结果进行投票表决。

（3）世界地质公园网络办公室。为了指导、协调、支持和帮助各国的地质公园建设，增加各地质公园间的联系、合作和交流，2004 年联合国教科文组织与中国国土资源部共同成立了"世界地质公园网络办公室"，设立在中国北京。其主要任务是建立世界地质公园联络中心，建设管理数据库和网站，以及编发世界地质公园通讯等。

（4）欧洲地质公园网络的组成机构。之所以将欧洲地质公园网络的组成机构视作世界地质公园网络管理机构的一部分，是因为欧洲地质公园网络和联合国教科文组织于 2004 年签订了《联合国教科文组织地学部与欧洲地质公园网络合作协议》和《马东尼宣言》，据此以及《寻求联合国教科文组织帮助申请加入世界地质公园网络的国家地质公园工作指南》中的明确规定，欧洲国家向世界地质公园网络递交的申请都通过欧洲地质公园网络来执行。

B　重要活动

世界地质公园网络的重要活动主要有世界地质公园大会、国际地质公园发展研讨会、亚太地区地质公园网络大会、欧洲地质公园年会、欧洲地质公园周等活动。其中世界地质公园大会已经成为全球地质公园领域规模最大、级别最高的学术交流盛会，是世界地质公园网络的最重要活动之一，每两年召开一次，每届会议都围绕地质公园设定一个主题。历届世界地质公园大会会议主题见表 2 - 2。

表 2 - 2　历届世界地质公园大会会议主题

届　次	召开时间与地点	会议主题
第一届	2004 年 6 月　中国　北京	地质遗迹保护与可持续发展
第二届	2006 年 6 月　英国　北爱尔兰贝尔法斯特	地质遗迹保护与当地旅游经济发展
第三届	2008 年 6 月　德国　奥斯那吕布克	沟通地球遗迹
第四届	2010 年 4 月　马来西亚　兰卡威	世界地质公园——前进中的自然方式
第五届	2012 年 5 月　日本　云仙火山地质公园	地球遗产和可持续发展

国际地质公园发展研讨会由国际地质科学联合会、中国地质科学院、中国地质学会等联合主办，旨在强调科学研究在地质公园发展中的重要性，提高地质公园在人类社会可持续发展中的作用，并共同探讨地质公园发展中出现的各种问题及对策。至今，该系列大会在 2006 年、2007 年和 2009 年已分别在中国云台山、庐山和泰山召开了 3 届。

亚太地质公园网络是亚洲太平洋地区世界地质公园的网络组织，隶属于联合国教科文组织世界地质公园执行局。这一组织的建立在于借鉴欧洲地质公园网络的成功经验，以加强亚太地区所有地质公园之间的相互交流与合作，同时在亚太地区进一步扩大地质公园的影响，吸纳更多国家和地区加入到地质公园建设之中。目前，亚太地区有世界地质公园 34 个，其中中国 26 个。共召开过两届会议，第一届亚太地区地质公园网络会议于 2007 年 11 月在马来西亚浮罗交怡岛地质公园召开；第二届亚太地质公园网络研讨会于 2011 年 7 月在越南河内召开。

2.2.1.3　世界地质公园网络的申报与后期管理

联合国教科文组织公布的《世界地质公园网络工作指南》规定了申请加入世界地质公园网络的条件、申请步骤以及相应管理机制，例如定期汇报以及定期评估等机制。对申请加入世界地质公园网络需要提交的材料提出了明确规定，要求包含以下内容：申报地的特定信息；科学描述（如国际地学意义、地质多样性、地质遗址的数量等）；该地的总体信息（如地理位置、经济状况、人口、基础设施、就业状况、自然景观、气候、生物、聚居地、人类活动、文化遗迹、考古等）。除了这些真实的地域特征描述之外，还要求详细介绍候选网络成员的管理计划和机构，以确保后期管理的质量。所有候选者还要填写一份申请者自评估表，展示候选者在地质与景观、管理机构、信息与环境教育以及区域经济可持续发展等 5 个方面的现状及对应分值，作为评估专家考察候选者的重要依据。

《世界地质公园网络工作指南》还明确必须在申报的文本中阐述候选者的可持续发展政策战略和旅游在其中的重要性。另外，为了确保申请加入世界地质公园网络是一种自愿行为，且能得到当地政府的支持，《世界地质公园网络工作指南》规定申报文本中必须提供表达自身意愿的信件、权威机构签字的官方申请、候选者所在国家的 UNESCO 国家委员会的签署以及该国国家地质公园网络的签署等。整个申报过程包括候选者提交申报文本、UNESCO 地质公园秘书处查验文本、派遣专家实地考察、确认评审结果等环节。

UNESCO 每 4 年对每个网络成员的状态进行定期检查（中期评估），以督促地质公园建设。内容包括审查最近 4 年来的工作进展以及所在地区的可持续经济活动发展等。另外，还要考虑地质公园参加网络活动（如出席会议、参加世界地质公园网络共同活动、自愿带头实施新的倡议等）的积极程度。中期评估有三种结果：授予绿牌、黄牌或红牌，分别代表"通过检查"、"暂时保留成员资格"和"从网络中除名"。

世界地质公园网络标识（图 2 - 1）是作为世界地质公园网络成员的一个标志。任何一个地质公园，只有在成功通过评审并且收到世界地质公园秘书处的正式批准文件之后，才能使用该标识。

2.2.1.4　世界地质公园网络进展与展望

世界地质公园网络自建立以来，取得了明显进展，表现在：

（1）促进了地质遗迹保护。主要体现在提升公众保护意识、提高地质遗迹保护技能、加大保护资金投入、深入开展科学研究等几个方面。

（2）促进了当地经济发展。带动地方经济发展，不仅是地质公园的一项重要使命，而且已经成为地质公园的一项重要成果。

图 2 - 1 世界地质公园网络标识

（3）促进了地学知识的普及。

1）地质公园为地学知识普及提供了原地场所。

2）为开展各种科普活动提供了平台。

3）地质公园的发展产生了大量的科普读物及音像制品。

（4）促进了网络成员之间的相互交流与合作。

世界地质公园网络从其建立到发展，很多有识之士放眼于长远发展，提出了针对性的对策建议，确保该网络在推动全球地质公园发展中继续发挥主导作用，并科学引导了更多国家认同"地质公园倡议"，促进可持续发展。随着世界地质公园网络的发展，将在以下几个方面不断推进：

（1）网络成员的分布将更加均衡和广泛。

（2）网络成员之间的合作将更具深度和广度。

（3）网络的运转机制将更加成熟与完善。

（4）在促进地质遗迹保护、发展地方经济和推动地学科普方面将发挥更明显作用。

2.2.2 欧洲地质公园网络

欧洲在国家地质公园的建设是支重要而积极的力量，而且是第一个从洲际范围内推进世界地质公园计划的洲。欧洲地质公园首先走出了建立国际性世界地质公园的第一步，为地质公园走向国际积累了经验。

2.2.2.1 欧洲地质公园网络的建立

欧洲地质公园网络（EGN）成立于 2000 年，旨在促进地球遗产保护和宣传，加强地球科学教育，通过地质旅游带动当地经济可持续发展。1996 年 8 月，第 30 届国际地质大会在中国北京召开，在地质遗迹保护的分组讨论会上，法国的马丁尼（Guy Martini）和希腊的佐罗斯（Nickolus Zoulos）提出了一个非同凡响的倡议"建立欧洲地质公园（Eurogeopark）"。希望能在地质学家和公众间架设一道桥梁，普及地球科学，保护地质遗迹。该提议成功地获得欧盟的支持，以Leader ⅡC 项目资助，强调"以发展地质旅游开发来促进地质遗迹保护，以地质遗迹保护来支持地质旅游开发"，马丁尼和佐罗斯旋即着手地质公园建设的初期准备工作，并设想把欧洲的地质公园组合成一个整体，目的是保护地质遗产，推动地球科学知识的普及、发展区域经济和增加居民就业。

　　2000 年 11 月第一届欧洲地质公园（Eurogeopark）大会在西班牙召开，会上讨论建立了欧洲地质公园网络，并对欧洲地质公园定义、申请入网的标准和申报文件填写要求等进行了探讨。首批 4 个地质公园，具有独特地质与地貌遗迹的 4 个欧洲地域代表，即法国普罗旺斯高地地质公园（Reserve Géologique de Haute Provence）、德国埃菲尔山脉地质公园（Vulkaneifel Geopark）、希腊莱斯沃斯石化森林地质公园（Petrified Forest of Lesvos）、西班牙马埃斯特地质公园（Maestrazgo Cultural Park），成了欧洲地质公园网络的创立成员。截至 2010 年，欧洲地质公园网络共有 32 个成员（表 2 - 3）。

表 2 - 3　欧洲地质公园网络

序号	公园名称（中文）	公园名称（英文）
1	法国普罗旺斯高地地质公园	Reserve Géologique de Haute Provence—France
2	德国埃菲尔山脉地质公园	Vulkaneifel Geopark—Germany
3	希腊莱斯沃斯石化森林地质公园	Petrified Forest of Lesvos—Greece
4	西班牙马埃斯特地质公园	Maestrazgo Cultural Park—Spain
5	希腊普西罗芮特地质公园	Psiloritis Natural Park—Greece
6	德国特拉维塔地质公园	Nature Park Terra Vita—Germany
7	爱尔兰科佩海岸地质公园	Copper Coast Geopark—Republic of Ireland
8	英国大理石拱形洞地质公园	Marble Arch Caves & Cuilcagh Mountain Park-Northern Ireland—UK
9	意大利马东尼地质公园	Madonie Natural Park—Italy
10	奥地利坎普谷地质公园	Kamptal Geopark—Austria
11	奥地利艾森武尔瑾地质公园	Nature Park Eisenwurzen—Austria
12	德国贝尔吉施 - 奥登瓦尔德山地质公园	Geopark Bergstrasse-Odenwald—Germany
13	英国北奔宁山地质公园	North Pennines AONB Geopark—UK
14	英国阿伯雷与莫尔文山地质公园	Abberley and Malvern Hills Geopark—UK
15	法国吕贝龙地质公园	Park Naturel Régional du Luberon—France
16	英国苏格兰西北高地地质公园	North West Highlands-Scotland—UK
17	德国斯瓦卞阿尔比地质公园	Geopark Swabian Albs—Germany

序号	公园名称（中文）	公园名称（英文）
18	德国布朗斯韦尔地质公园	Geopark Harz Braunschweiger Land Ostfalen—Germany
19	德国麦克兰堡冰川地貌地质公园	Mecklenburg Ice age Park—Germany
20	罗马尼亚哈采格恐龙地质公园	Hateg Country Dinosaur Geopark—Rumania
21	意大利贝瓜帕尔科地质公园	Parco del Beigua—Italy
22	英国威尔士大森林地质公园	Forest Fawr Geopark-Wales—UK
23	捷克共和国波西米亚天堂地质公园	Bohemian Paradise Geopark—Czech Republic
24	西班牙卡沃－德加塔地质公园	Cabo de Gata Natural Park—Spain
25	葡萄牙纳图特乔地质公园	Naturtejo Geopark—Portugal
26	西班牙苏伯提卡斯地质公园	Subeticas Geopark—Spain
27	西班牙索夫拉韦地质公园	Sobrarbe Geopark—Spain
28	挪威赫阿地质公园	Gea-Norvegica Geopark—Norway
29	意大利撒丁岛地质与采矿公园	Geological and Mining Park of Sardinia—Italy
30	克罗地亚帕普克地质公园	Papuk Geopark—Croatia
31	英国苏格兰洛哈伯地质公园	Lochaber Geopark-Scotland—UK
32	英国里维耶拉地质公园	English Riviera Geopark—UK

2.2.2.2 欧洲地质公园网络管理与申报

欧洲地质公园网络的活动得到了欧盟的支持，制定有正式的章程和组织机构，在法国的 Haute 设有办事机构，不定期出版刊物，召开例行年会，举办参观交流活动，组织各成员参加展销会，推广并介绍欧洲地质公园各成员的产品和信息。通过一系列的活动扩大影响，加强联系，巩固组织。

在对地质公园的要求上，欧洲要求各地质公园有清楚的边界，并应包含若干处稀有而美观的地质遗迹，其科学研究价值要高，并且要具有考古学、环境学和人文历史学方面的遗址与之相伴。

欧洲地质公园必须在"欧洲地质公园网络"中运作，促进"网络"的架构与凝聚力。它必须与地方事业共同运作，与其他欧洲地质公园网络的成员相互合作，促进及支持相关的产品。为了获得欧洲地质公园认证标章，必需填送"欧洲地质公园"提名的申请档案。这个申请档案必需填送给主管的地质公园机关。

欧洲地质公园的申请有一定程序和申报内容格式，完成申报材料后要上交到欧洲地质公园协调机构（办事机构设在法国 Hante Provine 地质公园），由其专家委员会提出是否提纳的意见，再做出决定。并设定了共同目标：（1）共同推进地质遗迹的保护工作；（2）与大学和科研单位合作，共同开展地质科学研究；（3）形成地球科学教育基地；（4）形成面向公众的科学普及基地；（5）保护与恢复地学生态景观。

"欧洲地质公园网络协调中心"组成一个以永续发展及地质遗产提升方面的专家委员会。委员来自地质遗产提升计划区域及国际机构。这个专家委员会为针对网络中的新区域指定及整合建议。任何希望发展成为一个欧洲地质公园的地域，或是给予协助或建议以地质旅游或地质遗产的提升为方针的地域，可以要求"协调中心"提供专家团。"协调中心"将给予专家团经费协助。经由地质公园会员的整合，先前"协调中心"的成员要关照所有新成员的代表。在 LEADER ⅡC 计划结束后，欧洲地质公园网络发展的活动、产品及管理成本，将由所有成员负责，共同寻求金融资源以维持网络的运作。

2.2.2.3　欧洲地质公园的主要活动

欧洲地质公园的共同活动（common activities of the European Geopark Network）包括以下三方面：

（1）共同标签与意向。每个经认证的地域将准予使用欧洲地质公园的标志及图标。在取得欧洲地质公园认证之后，有助于创造永续发展品质的共同意向，进而促进该地区的经营与管理。所有使用欧洲地质公园标志的地区，其出版品及产品都要送到"协调中心"建档。

（2）网站。"欧洲网络"对于提升每个成员都有推广的工具。这些工具中首先是一个联结所有欧洲地质公园的网站，确定他们自己的产品（教育、推广等）并且经由网络相互合作。这个网站由欧洲地质公园网络"协调中心"管理，且将定期更新。以便让更多有兴趣的人可以透过因特网这个媒体认识各个欧洲地质公园。

（3）会议。从 2000 年起，欧洲地质公园网络成员所组成的年会将在不同国家举行。地质公园、科学家、管理人员以及地质遗迹保护、地质旅游和地方发展方面的专业人士都可以参加。这个会议将使许多成员彼此熟悉且交换经验、产品设计，并且共同界定未来策略。

"欧洲地质公园周"是所有欧洲地质公园网络成员在每年 5 月的最后一周和 6 月的第一周期间同时庆祝的一个共同节日。庆祝形式包括展会、跟团旅游、户外活动、比赛、讲座和科普活动。节日庆典最初始于 2004 年，以后参加庆祝活动的地质公园逐年增加。该系列活动的重点包括：向公众介绍每个地质公园的自然文化特征；通过在地质公园开展的跟团旅游和科普活动提高游客特别是青少年学生的欧洲自然遗产保护与保存意识；在各自所在地区向游客介绍其他的地质公园以便游客更好地理解欧洲地球遗产的多样性与特征。

科普活动一直是欧洲地质公园关注和运作的重点。在游客尤其是青少年学生眼中，欧洲地质公园是露天的地质博物馆，向人们很好地展示了自然生态系统中非生物要素和生物要素之间的交互作用；欧洲地质公园又共同组成了天然的户外实验室。几乎每一个地质公园都有自然历史博物馆，一些公园有声、光、电的演示放映厅，出版的音像出版物对该区地质历史进行科学说明和演示。有些公园还出售图书、照片、光盘甚至是标本和模型，以及动画图片及儿童玩具，这些科普宣传从野外现场到室内，又从室内回到现场，生动活泼，栩栩如生，深入浅出，把科学知识融汇于游览活动之中，访问者无不称赞。

2.2.3 中国国家地质公园建设

中国国家地质公园这个词语最早出现在 1985 年，当年 11 月地矿部在长沙召开了首届地质自然保护区区划和科学考察工作会议，会议代表在考察了武陵源砂岩峰林地质地貌和独特优美的景观后，提出建立"武陵源国家地质公园"的建议。1987 年 7 月，地质矿产部的《关于建立地质自然保护区规定（试行）的通知》中，把地质公园作为保护区的一种方式提了出来。1995 年 5 月，地质矿产部颁布了《地质遗迹保护管理规定》，进一步以条文的形式把地质公园作为地质遗迹保护区的一种方式列入《地质遗迹保护管理规定》之中。但是，1999 年以前建立的 86 处地质自然保护区（其中国家级 12 处），并没有被冠以"国家地质公园"的名称。1999 年联合国教科文组织"世界地质公园计划"的提出，对中国地质公园体系地建立起到了重要的推动作用。

2000 年 3 月，国土资源部环境司向国土资源部提出了开展国家地质公园工作的报告；2000 年 8 月，国土资源厅〔2000〕68 号文下发了《关于国家地质遗迹（地质公园）领导小组机构及人员组成的通知》，正式成立了"国家地质遗迹（地质公园）领导小组"、"国家地质遗迹（地质公园）评审委员会"。2000 年 9 月，国土资源部以国土资源厅发〔2000〕77 号文下发了《关于申报国家地质公园的通知》，随文件的附件详细规定了国家地质公园申报、评审、批准等一系列工作的要求和内容，使中国国家地质公园步入规范化的轨道。

2001 年 4 月，我国正式公布了首批云南石林等 11 处国家地质公园的名单。到 2011 年，中国大陆已批准建立国家地质公园 218 处。

中国国家地质公园标徽的主题图案由代表山石等奇特地貌的山峰和洞穴的古山字，代表水、地层、断层、褶皱构造的古水字和代表古生物遗迹的恐龙等组成（图 2 - 2），表现了主要地质遗迹（地质景观）类型的特征，并体现了博大精深的中华文化，是一个简洁醒目、科学与文化内涵寓意深刻、具有中国文化特色的图徽。

中国国家地质公园见表 2 - 4 ~ 表 2 - 9。

图 2-2   中国国家地质公园标徽

表 2-4   第一批（2001 年 4 月）中国国家地质公园

序号	国家地质公园名称	主要地质特征地质遗迹保护对象	主要人文景观
1	云南石林国家地质公园	碳酸盐岩溶峰丛地貌，溶洞	哈尼族民族风情，歌舞
2	云南澄江国家地质公园	寒武纪早期（5.3 亿年）生物大爆发，数十个生物种群同时出现	湖旅游区
3	湖南张家界国家地质公园	砂岩峰林地貌，柱、峰、塔锥上植物奇秀，附近有溶洞和脊椎动物化石产地	土家族民族风情
4	河南嵩山国家地质公园	完整的华北地台地层剖面，三个前寒武纪的角度不整合	七千年华夏文化，文物，寺庙集中，少林寺，嵩阳书院
5	江西庐山国家地质公园	断块山体，江南古老地层剖面，第四纪冰川遗迹	白鹿洞书院，世界不同风格建筑，中国近代史重大历史事件发生地
6	江西龙虎山国家地质公园	丹霞地貌景观	古代道教活动中心之一，并有悬棺群和古崖葬遗址
7	黑龙江五大连池国家地质公园	火山岩地貌景观、温泉	中国最近的火山喷发
8	四川自贡恐龙国家地质公园	恐龙发掘地，多种恐龙化石密集埋藏	世界最早的超千米盐井
9	四川龙门山国家地质公园	四川朋的西缘巨大推复构造，飞来峰	寺庙

序号	国家地质公园名称	主要地质特征地质遗迹保护对象	主要人文景观
10	陕西翠华山国家地质公园	地震引起的山体崩塌堆积	古代名人碑刻
11	福建漳州国家地质公园	滨海火山岩，玄武柱状节理群火山喷气口，海蚀地貌	沙滩，海滨休闲区，古炮台，寺庙

表2-5 第二批（2002年3月）中国国家地质公园

序号	国家地质公园名称	主要地质特征地质遗迹保护对象	主要人文景观
1	安徽黄山国家地质公园	花岗岩峰丛地貌	历代名人踪迹
2	安徽齐云山国家地质公园	丹霞地貌，崖谷寨柱峰洞	方腊寨
3	安徽淮南八公山国家地质公园	7亿~8亿年的淮南生物群，晚前寒武—寒武纪地层，岩溶	淝水之战古战场，古寿州城，刘安墓
4	安徽浮山国家地质公园	火山岩风化作用形成特有洞崖	古寺庙
5	甘肃敦煌雅丹国家地质公园	雅丹地貌，黑色戈壁滩	千佛洞石窟，月牙泉
6	甘肃刘家峡恐龙国家地质公园	恐龙化石和足印	刘家峡电站及水库
7	内蒙古克什克腾国家地质公园	在花岗岩峰林地貌，沙漠与大兴安岭林区接壤地，草原，达里湖，云杉林	金边堡，岩画，蒙古族风情
8	云南腾冲国家地质公园	近代火山地貌，温泉，生物多样性	古边城，少数民族风情
9	广东丹霞山国家地质公园	丹霞地貌命名地	
10	四川海螺沟国家地质公园	现代低海拔冰川	藏族风情
11	四川大渡河峡谷国家地质公园	雄奇险峻的大渡河峡谷及支流形成的嶂谷，大瓦山及第四纪冰川遗址	藏族风情
12	四川安县国家地质公园	成片硅质海绵形成生物礁	庙宇
13	福建大金湖国家地质公园	湖上丹霞地貌	
14	河南焦作云台山国家地质公园	丹崖赤壁，悬崖瀑布，水利工程，岩溶	竹林七贤居地，寺，塔，古树
15	河南内乡宝天幔国家地质公园	变质岩结构，构造	生物多样性
16	黑龙江嘉荫恐龙国家地质公园	恐龙发掘地	中国最北部的自然景观
17	北京石花洞国家地质公园	石灰岩岩溶洞穴，各类石笋，石钟乳，房山北京人遗址	北京西郊大量人文遗址
18	北京延庆硅化木国家地质公园	原地埋藏的硅化木化石	延庆具有大量人文遗迹，如古崖居

序号	国家地质公园名称	主要地质特征地质遗迹保护对象	主要人文景观
19	浙江常山国家地质公园	奥陶系达瑞威尔阶层型界线（GSSP）礁灰岩岩溶	太湖风景名胜
20	浙江临海国家地质公园	白垩纪火山岩及风化的洞穴	东海海滨地球风情
21	河北涞源白石山国家地质公园	白云岩，大理岩形成的石柱，峰林地貌，泉，拒马河源头	古寺，古塔，长城，关隘
22	河北秦皇岛柳江国家地质公园	华北北部完成的地层剖面，海滨沙滩，花岗岩峰丘，洞穴	长城，度假区
23	河北阜平天生桥国家地质公园	阜平群（28亿~25亿年）地层产地	二战和国内革命战争遗址
24	黄河壶口瀑布国家地质公园	壶口瀑布	
25	山东枣庄熊耳山国家地质公园	灰岩岩溶地貌，洞穴，峡	古文化遗址，古战场
26	山东山旺国家地质公园	第三纪湖相沉积，脊椎、昆虫、鱼等多种化石	
27	陕西洛川黄土国家地质公园	中国黄土标准剖面，黄土地貌	洛川会议，黄土风情，风情文化
28	西藏易贡国家地质公园	现代冰川，巨型滑坡，堰塞湖	藏族风情，青藏高原南部风情
29	湖南郴州飞天山国家地质公园	丹霞地貌，崖，天生桥，洞，峡	寺庙，碑刻，悬棺
30	湖南莨山国家地质公园	丹霞地貌	古代名人和战争遗址
31	广西资源国家地质公园	丹霞地貌	瑶族风情
32	天津蓟县国家地质公园	中国北方中晚元古界标准剖面	长城黄崖关，古塔，庙宇
33	广东湛江湖光岩国家地质公园	火山地貌，马尔湖	古代人文，名人碑刻

表2－6 第三批（2004年2月）中国国家地质公园

序号	国家地质公园名称	主要地质特征地质遗迹保护对象	主要人文景观
1	河南王屋山国家地质公园	地质构造和地层遗迹	小浪底水利工程
2	四川九寨沟国家地质公园	"层湖叠瀑"景观	扎如寺，达吉寺
3	浙江雁荡山国家地质公园	火山地质遗迹	寺庙
4	四川黄龙国家地质公园	以露天钙化景观为主的高寒岩溶地貌，冰川	宗教寺庙，藏族风情，革命遗址
5	辽宁朝阳古生物化石国家地质公园	古生物化石，凤凰山地质构造	槐树洞，热水汤，古人类遗址

序号	国家地质公园名称	主要地质特征地质遗迹保护对象	主要人文景观
6	广西百色乐业大石围天坑群国家地质公园	岩溶地貌，天坑群，溶洞，地下暗河	少数民族风情
7	河南西峡伏牛山国家地质公园	恐龙蛋集中产地	
8	贵州关岭化石群国家地质公园	关岭古生物群，小凹地质走廊	布依族，苗族风情
9	广西北海涠周岛火山国家地质公园	火山，海岸，古地震遗迹，古海洋风暴遗迹	天主教堂，圣母堂，三婆庙
10	河南嵖岈山国家地质公园	花岗岩地貌	历史名人（施耐庵等）
11	浙江新昌硅化木国家地质公园	硅化木	
12	云南禄丰恐龙国家地质公园	古生物遗迹	古人类文化遗址，少数民族风情
13	新疆布尔津喀纳斯湖国家地质公园	冰川遗迹，流水地貌	蒙古族人图瓦文化，图鲁克岩画
14	福建晋江深沪湾国家地质公园	海底森林，海蚀地貌	
15	云南玉龙黎明—老君山国家地质公园	高山丹霞地貌，冰川遗迹	民俗文化
16	安徽祁门牯牛降国家地质公园	花岗岩峰丛，怪石，岩洞及水文地质遗迹	千年古村，根据地遗址
17	甘肃景泰黄河石林国家地质公园	黄河石林，融合峰林，雅丹和丹霞等地貌特征	明长城，五佛寺
18	北京十渡国家地质公园	峡谷，河流地貌	
19	贵州兴义国家地质公园	贵州龙动物群化石，岩溶地貌	古人类文化遗址，布依族、苗族风情
20	四川兴文石海国家地质公园	岩溶地貌，古生物化石	苗族风情
21	重庆武隆岩溶国家地质公园	岩溶地貌，天生桥群，洞穴，天坑，地缝，峡谷	古崖新栈，吊脚楼，清代古墓
22	内蒙古阿尔山国家地质公园	火山，温泉，地质地貌	战争遗址，蒙古族风情
23	福建福鼎太姥山国家地质公园	火山，海蚀地貌	客家文化
24	青海尖扎坎布拉国家地质公园	丹霞地貌	宗教，藏族风情
25	河北赞皇嶂石岩国家地质公园	构造地貌	
26	河北涞水野三坡国家地质公园	构造——冲蚀嶂谷地貌	明、清长城摩崖石刻

续表 2-6

序号	国家地质公园名称	主要地质特征地质遗迹保护对象	主要人文景观
27	甘肃平凉崆峒山国家地质公园	丹霞地貌，斑马山	道教发源地，佛教圣地
28	新疆奇台硅化木—恐龙国家地质公园	硅化木，恐龙化石，雅丹地貌	古遗址，古地貌
29	长江三峡（湖北、重庆）国家地质公园	河流、岩溶、地层	长江文明
30	海南海口石山火山群国家地质公园	火山、岩溶隧道	火山文化，田园风光
31	江苏苏州太湖西山国家地质公园	花岗岩、湖泊地貌	江南刺绣
32	宁夏西吉火石寨国家地质公园	丹霞地貌，地史遗迹，水文景观	石窟
33	吉林靖宇火山矿泉群国家地质公园	火山，温泉	近代人文景观
34	福建宁化天鹅洞群国家地质公园	岩溶洞穴	
35	山东东营黄河三角洲国家地质公园	河流三角洲地貌	胜利油田
36	贵州织金洞国家地质公园	岩溶地貌，织金洞，峡谷	苗族风情
37	广东佛山西樵山国家地质公园	粗面质火山遗迹，明代采食遗迹，古文化遗址	佛家文化遗址
38	贵州绥阳双河洞国家地质公园	喀斯特洞穴	公馆桥，金钟山寺
39	黑龙江伊春花岗岩石林国家地质公园	花岗岩地貌	
40	重庆黔江小南海国家地质公园	地震灾害遗迹，岩溶地貌	革命历史遗址
41	广东阳春凌霄岩国家地质公园	岩溶地貌，地层及构造遗迹，古人类洞穴遗址	摩崖石刻，碑帖，民族风情

表 2-7   第四批（2005 年 8 月）中国国家地质公园

序号	公园名称	主要地质特征地质遗迹保护对象	主要人文景观
1	河北临城国家地质公园	岩溶洞穴	唐宋邢瓷窑遗址
2	河北武安国家地质公园	石英砂岩峡谷峰林，玄武岩溢流遗迹	武安磁山文化遗址

序号	公园名称	主要地质特征地质遗迹保护对象	主要人文景观
3	内蒙古阿拉善沙漠国家地质公园	以沙漠、戈壁为主体的地貌景观，花岗岩风蚀地貌	德拉山岩画，黑城文化
4	山西壶关太行山大峡谷国家地质公园	构造地貌、水体景观	抗战遗址
5	山西宁武万年冰洞国家地质公园	全球非冻土带的最大冰洞	
6	山西五台山国家地质公园	许多重大地质、地貌事件的命名地和唯一完整保存区域	佛教圣地、革命圣地
7	黑龙江镜泊湖国家地质公园	第四纪火山堰塞湖景观	
8	黑龙江兴凯湖国家地质公园	湖泊湿地	新开流古人类遗址
9	辽宁本溪国家地质公园	"本溪组"层型剖面	
10	辽宁大连冰峪国家地质公园	冰峪石英岩地貌景观	
11	辽宁大连滨海国家地质公园	海蚀地貌	
12	陕西延川黄河蛇曲国家地质公园	河流地质作用遗迹	
13	青海互助嘉定国家地质公园	岩溶、冰川、丹霞、峡谷	扎龙寺、甘禅寺、天堂寺、土族风情
14	青海久治年宝玉则国家地质公园	冰川地质遗迹，热矿泉、古火山遗迹	藏传佛教文化
15	青海昆仑山国家地质公园	地震遗迹，冰川景观	人类遗迹
16	新疆富蕴可可托海国家地质公园	可可托海花岗伟晶岩稀有金属矿床、富蕴断裂带地震遗迹，额尔齐斯河花岗岩地貌	
17	云南大理苍山国家地质公园	第四纪冰川遗迹、高山陡峻构造侵蚀地貌和峡谷地貌景观、变质岩变质变形遗迹	以白族为主的民族文化，南诏文化
18	四川华蓥山国家地质公园	中低山岩溶地貌、地质构造、地层剖面	革命历史遗址
19	四川江油国家地质公园	岩溶化砾岩丹霞地貌、典型的泥盆纪地层剖面、岩溶景观遗迹	
20	四川射洪硅化木国家地质公园	硅化木化石和恐龙化石地质遗迹	
21	四川四姑娘山国家地质公园	极高山山岳地貌、第四纪冰川地貌	红军长征遗址，嘉绒藏族风情

序号	公园名称	主要地质特征地质遗迹保护对象	主要人文景观
22	重庆云阳龙缸国家地质公园	岩溶天坑，流水地貌	土家族风情
23	贵州六盘水乌蒙山国家地质公园	岩溶地貌，岩溶洞穴，化石	古人类遗址
24	贵州平塘国家地质公园	岩溶地貌，水体景观	布依族风情
25	西藏札达土林国家地质公园	土林地貌	
26	安徽大别山（六安）国家地质公园	花岗岩地貌、变质岩地貌、丹霞地貌、构造地貌及火山岩地貌	革命圣地
27	安徽天柱山国家地质公园	花岗岩峰丛地质地貌超高压变质带地质遗迹，古新世脊椎动物化石	石刻文化，宗教文化，古皖文化
28	山东长山列岛国家地质公园	海蚀、海积等地质遗迹	古人类遗址
29	山东沂蒙山国家地质公园	恐龙足迹化石，花岗岩奇峰、地下溶洞	沂蒙革命老区
30	山东泰山国家地质公园	构造遗迹，侵蚀地貌	历史名山
31	江苏省南京市六合国家地质公园	火山群、石柱林群、雨花石生成剖面群	古冶炼－采矿场
32	上海崇明长江三角洲国家地质公园	淤泥质的潮滩地貌景观	学宫、寿安寺
33	福建德化石牛山国家地质公园	火山岩、潜火山岩及火山构造	闽台两地的道教圣地——石壶祖殿
34	福建屏南白水洋国家地质公园	火山地质、火山构造、典型火山岩类、火山岩地貌、水体景观	
35	福建永安桃源洞国家地质公园	桃源洞丹霞地貌、大湖岩溶地貌	新石器古文化遗址
36	江西三清山国家地质公园	花岗岩峰林地貌	历代道家修炼场所
37	江西武功山国家地质公园	花岗岩峰崖地貌	摩崖石刻与人文古迹、古建筑与道佛教文化
38	河南关山国家地质公园	典型地质剖面、水体景观	子房宫、藏书阁、抚琴台、奕台等
39	河南黄河国家地质公园	第四季黄土地层剖面	大河村遗址、古荥汉代冶铁遗址、北郊田村西山遗址、鸿沟遗址、黄河文化
40	河南洛宁神灵寨国家地质公园	花岗岩崖壁（石瀑）地貌、峡谷地貌	人文历史遗迹——洛书、仰韶文化、龙山文化遗址

序号	公园名称	主要地质特征地质遗迹保护对象	主要人文景观
41	河南洛阳黛眉山国家地质公园	峡谷地貌、水体景观、典型地质剖面	千唐志斋、小海底大坝
42	河南信阳金刚台国家地质公园	火山地貌、水体遗迹	崇福塔、息影塔、华严寺，革命纪念地
43	湖南凤凰国家地质公园	典型的台地峡谷型岩溶地貌	凤凰城、苗族风情
44	湖南古丈红石林国家地质公园	红石林岩溶地貌	土家风情
45	湖南酒埠江国家地质公园	岩溶峰丛谷地地貌	
46	湖北木兰山国家地质公园	木兰山蓝片岩地质剖面	历代宗教圣地
47	湖北神农架国家地质公园	第四纪冰川遗迹、峡谷地貌、构造地貌、水体遗迹、古生物化石	神农架文化
48	湖北郧县恐龙蛋化石群国家地质公园	恐龙蛋化石群地质遗迹	
49	广东恩平地热国家地质公园	地热温泉	古代采金遗址和石头村人文景观
50	广东封开国家地质公园	中酸性侵入岩地质地貌、砂页岩峰林地质地貌、碳酸盐岩岩溶地貌、第四纪山谷曲流	古人类遗址、金矿采矿遗址
51	广东深圳大鹏半岛国家地质公园	海岸地貌、古火山遗迹	
52	广西凤山国家地质公园	岩溶洞穴、天窗群、天生桥、天坑群	少数民族民俗文化
53	广西鹿寨香桥喀斯特生态国家地质公园	岩溶峰丛、峰林、峡谷、溶洞、天生桥和石林	西汉铜鼓、铜盆山摩崖石刻、西眉山炮楼

表 2－8　第五批（2009 年 8 月）中国国家地质公园

序号	公园名称	主要地质特征地质遗迹保护对象	主要人文景观
1	吉林长白山火山国家地质公园	火山地貌景观，水体景观	满族的发祥地
2	吉林乾安泥林国家地质公园	泥林地貌、古生物化石	古人类遗迹
3	云南丽江玉龙雪山国家地质公园	冰川遗迹、构造山地、断陷盆地、深切峡谷、垂直生态地景景观	纳西族文化
4	云南九乡峡谷洞穴国家地质公园	岩溶洞穴	古人类居住遗址、彝族风情

序号	公园名称	主要地质特征地质遗迹保护对象	主要人文景观
5	新疆天山天池国家地质公园	第四纪冰川遗迹，古生物化石，湖泊景观	娘娘庙、哈萨克族风情
6	新疆库车大峡谷国家地质公园	库车地貌、第四纪冰川地貌、火山岩峰丛景观	龟兹文化、汉唐冶炼遗址
7	湖北武当山国家地质公园	秦岭褶皱系构造	道教圣地、古建筑
8	湖北大别山（黄冈）国家地质公园	花岗岩地质地貌景观	革命圣地
9	山东诸城恐龙国家地质公园		
10	山东青州国家地质公园	岩溶地貌、水体景观、古生物化石	东夷文化
11	安徽池州九华山国家地质公园	花岗岩峰丛、第四纪冰川遗迹、岩溶洞穴、水体景观	佛教中地藏王菩萨道场、茶文化
12	安徽凤阳韭山国家地质公园	岩溶洞穴、水体景观	凤阳花鼓
13	内蒙古二连浩特国家地质公园	恐龙化石	草原风情
14	内蒙古宁城国家地质公园	古生物化石遗迹、第四纪冰川遗迹、花岗岩地貌、温泉	契丹文化、大明塔、法轮寺
15	福建连城冠豸山国家地质公园	壮年早期单斜式丹霞地貌、丹山碧水、溶洞等地质遗迹	客家文化
16	福建白云山国家地质公园	古冰川遗迹、晶洞碱长花岗岩河床侵蚀地貌、深切峡谷地貌和山岳地貌	畲族文化
17	贵州黔东南苗岭国家地质公园	古生物化石、喀斯特地貌、山原地貌、地层剖面、典型地质构造	原生态苗族、侗族民族文化
18	贵州思南乌江喀斯特国家地质公园	岩溶地貌景观、水体景观	古建筑、古村落
19	宁夏灵武国家地质公园	恐龙化石遗址	水洞沟古文化遗址
20	四川大巴山国家地质公园	推覆褶皱构造景观、生物礁滩相深层碳酸盐岩沉积建造、岩溶地貌景观	土家民俗风情、红军文化
21	四川光雾山、诺水河国家地质公园	岩溶地貌（地下溶洞和洞穴沉积物、地表的石林、峰丛、孤峰、溶蚀洼地、漏斗、落水洞、岩溶峡谷等）	红军文化、革命遗址
22	湖南湄江国家地质公园	低山岩溶地貌	古建筑、摩崖石刻、碑刻
23	湖南乌龙山国家地质公园	岩溶地貌景观（石林、溶洞、峡谷、天坑）、水体景观	剿匪旧址、苗族风情

序号	公园名称	主要地质特征地质遗迹保护对象	主要人文景观
24	甘肃和政古生物化石国家地质公园	古生物化石	和政秧歌
25	甘肃大水麦枳山国家地质公园	丹凤群蛇绿岩地貌、丹霞地貌、花岗岩峰林地貌	麦积山石窟、石雕和壁画、崖阁
26	广西大化七百弄国家地质公园	岩溶高峰丛深洼地、岩溶洞穴、谷地和水体景观	瑶族风情
27	广西桂平国家地质公园	火山地貌景观、岩溶地貌	太平天国起义遗址
28	江苏江宁汤山方山国家地质公园	古生物化石群、地层剖面、温泉、火山地貌景观	猿人洞、定林寺
29	重庆万盛国家地质公园	岩溶石林地貌、喀斯特峡谷地貌和水体景观	红苗文化、僚人崖墓、宋墓、石寨
30	重庆綦江木化石-恐龙国家地质公园	木化石群、恐龙化石、丹霞地貌景观、水体景观	红色文化、綦江农民版画
31	西藏羊八井国家地质公园	地热温泉	羊八井寺
32	陕西商南金丝峡国家地质公园	岩溶峡谷地貌、多级瀑布水体景观	道教文化
33	陕西岚皋南宫山国家地质公园	古冰川及火山遗址	佛教圣地、南宫观
34	河北兴隆国家地质公园	蛇绿岩出露地、岩溶洞穴、第四纪冰川遗迹	天文台、明长城、明代摩崖石刻
35	河北迁安-迁西国家地质公园	构造遗迹、岩溶景观、太古地貌	古人类遗址、商周文化
36	北京密云云蒙山国家地质公园	变质核杂岩构造和雄伟的花岗岩地貌景观	
37	北京平谷黄松峪国家地质公园	砂岩峰丛、峰林地貌、古火山遗迹岩溶洞穴	古长城、革命战争遗迹
38	广东阳山国家地质公园	岩溶地貌、花岗岩地貌、构造遗迹、水体景观	古人类生活遗址、摩崖石刻、古建筑
39	河南小秦岭国家地质公园	构造遗迹、花岗岩奇峰地貌景观、黄河阶地、黄土台塬地貌景	采金遗迹、函谷关、黄帝铸鼎塬
40	河南红旗渠·林虑山国家地质公园	峡谷地貌、水体景观	地质工程红旗渠景观
41	青海贵德国家地质公园	丹霞地貌、黄河谷地景观	黄河奇石苑
42	山西陵川王莽岭国家地质公园	岩溶峰丛地貌、地下岩溶景观、峡谷地貌、硅化木化石	围棋故乡、陵川文化、白陉古道、七十二拐

序号	公园名称	主要地质特征地质遗迹保护对象	主要人文景观
43	山西大同火山群国家地质公园	火山地貌	塞外帝都、中国煤都
44	黑龙江伊春小兴安岭花岗岩石林国家地质公园	花岗岩石林（峰丛、峰林、孤峰）	木雕园、金山屯横山古墓群、古人类文化遗址

表 2 - 9　第六批（2011 年 11 月）中国国家地质公园

序号	公园名称	主要地质特征地质遗迹保护对象	主要人文景观
1	云南罗平生物群国家地质公园	古生物化石、岩溶景观	布依民族风情
2	河南尧山国家地质公园	花岗岩地貌、水体景观、温泉	尧舜文化、墨子故里遗址
3	河南汝阳恐龙国家地质公园	恐龙化石群古生物景观、花岗岩地貌景观	仰韶文化、龙山文化
4	山东莱阳白垩纪国家地质公园	白垩纪地质剖面、恐龙化石群和莱阳古生物群	于家店遗址
5	新疆吐鲁番火焰山国家地质公园	土林、峡谷、丹霞地貌及泉类、水体类地质遗迹景观	交河故城、高昌故城、西游文化长廊
6	甘肃张掖丹霞国家地质公园	丹霞地貌	木塔寺、镇远楼、山丹军马场、黑水国遗址
7	新疆温宿盐丘国家地质公园	峡谷、盐丘、岩盐喀斯特地貌及奇特象形石	维吾尔族风情
8	山东沂源鲁山地质公园	溶洞群	沂源猿人
9	云南泸西阿庐国家地质公园	地下岩溶和水体景观	阿庐文化
10	广西宜州水上石林国家地质公园	水上石林、岩溶洞穴、水体景观	唐代歌仙刘三姐的故乡
11	甘肃炳灵丹霞地貌国家地质公园	丹霞地貌	炳灵寺石窟
12	湖北五峰国家地质公园	岩溶地貌、水体景观	土家文化
13	山西平顺天脊山国家地质公园	峡谷地貌、水体景观	古人类遗址、革命文物
14	贵州赤水丹霞国家地质公园	丹霞地貌	革命历史遗址
15	青海省青海湖国家地质公园	内陆湖泊	藏族牧民风情
16	河北承德丹霞地貌国家地质公园	丹霞地貌	红山文化遗址、古建筑

序号	公园名称	主要地质特征地质遗迹保护对象	主要人文景观
17	河北邢台峡谷群国家地质公园	花岗岩地貌、丹霞地貌、岩溶地貌	黄巢营寨、革命圣地
18	陕西柞水溶洞国家地质公园	溶洞、峡谷、瀑布、古生物化石	徽派建筑民居群
19	吉林抚松国家地质公园	火山地貌、岩溶地貌、温泉、矿泉	革命遗址、冰雪文化
20	福建平和灵通山国家地质公园	峰丛地貌（峰、柱、崖壁、峡谷、洞穴、瀑布等）	千年古刹
21	山西永和黄河蛇曲国家地质公园	河谷阶地峡谷地貌	黄河文化
22	内蒙古巴彦淖尔国家地质公园	花岗岩石林、恐龙化石、沙漠景观	古长城、大漠风情
23	湖南平江石牛寨国家地质公园	丹霞地貌、花岗岩地貌、河流景观	石牛寨古堡
24	重庆酉阳国家地质公园	岩溶峰丛峡谷地貌、地下岩溶洞穴	龚滩千年古镇和楠木庄山寨
25	内蒙古鄂尔多斯国家地质公园	动物群化石	"河套人"文化遗址
26	四川青川地震遗迹国家地质公园	地震遗址群	
27	福建政和佛子山国家地质公园	火山碎屑岩地貌、流水地貌景观、水体景观、地质灾害遗迹景观	崖刻、古寺院、古战场、古采矿遗迹
28	安徽广德太极洞国家地质公园	岩溶地貌景观	卧龙桥、将军台、涤砚池、剑峡石
29	湖北咸宁九宫山-温泉国家地质公园	冰川地貌、高山湖泊、温泉	闯王陵、道教名山
30	黑龙江凤凰山国家地质公园	花岗岩地貌、水体景观、冰川遗迹	关东民俗、冰雪文化
31	陕西耀州照金丹霞国家地质公园	丹霞地貌、山地峡谷地貌景观	红军革命根据地旧址、香山寺佛教文化
32	广西浦北五皇山国家地质公园	花岗岩石蛋地貌	民俗"跳岭头"
33	四川绵竹清平—汉旺国家地质公园	地震工业遗址	
34	安徽丫山国家地质公园	岩溶地貌	牡丹之乡
35	青海玛沁阿尼玛卿山国家地质公园	冰川地貌	黄河源头、神山传说
36	湖南浏阳大围山国家地质公园	第四纪山谷冰川遗迹	玉泉寺

2.3　国外地质遗迹资源保护与开发利用及其对我国的启示

2.3.1　美国地质遗迹资源的保护与管理

19 世纪美国和加拿大就提出了建立"公园"的概念，成片保护自然遗产免于自然和人为的破坏。美国通过成立国家公园（National Park）来保护地质遗迹和自然环境，现已有多种内容的国家公园 380 多个，其中有 160 个有重要地质意义，140 多个分布有重要化石，66 个有海岸带地质景观区，75 个有岩溶洞穴系统，49 个有火山活动遗迹，24 个有地热活动。经过 100 多年来的发展建设，美国在国家公园管理体制和管理方法等方面有着十分科学务实的机构和详细的管理细则，建立了国家、州或地方政府的管理方法和管理体制。这一科学务实的管理体系目前已为世界各国所接受并成为自然保护区管理的典范。

2.3.1.1　美国国家公园体系概述

1872 年，美国建立第一个国家公园也即世界第一个国家公园——黄石国家公园，以法律的形式明确规定国家公园是全体美国人民所有的，并由联邦政府直接管辖，保证"完整无损"地留给后代，永续享用。美国国家公园体系经过一百多年的实践与发展，经历了萌芽（1832～1916 年）、成型（1916～1933 年）、发展（1933～1940 年）、停滞与再发展（1940～1963 年）、注重生态保护（1963～1985 年）、教育拓展与合作（1985 年以后）五个阶段，形成了完整的国家公园系统及相应法律法规和管理体制所构成的国家公园体系。

美国的国家公园与国家公园体系是相互联系的两个概念。国家公园是指面积较大的自然地区，自然资源丰富，有些也包括历史遗迹，禁止狩猎、采矿和其他资源耗费型的活动。而国家公园体系则是指由美国内政部国家公园局管理的陆地或水域，国家公园仅是国家公园体系的一种类型。

目前，美国一共有 58 座国家公园，分布在 27 个州，包括美属萨摩亚和美属维尔京群岛。阿拉斯加州和加利福尼亚州各有 8 座国家公园，居各州之冠。犹他州和科罗拉多州紧随其后，分别为 5 座和 4 座。最大的国家公园为弗兰格尔－圣伊莱亚斯，面积达 8000000 英亩（32375km²），最小的为温泉，面积小于 6000英亩（24km²）。国家公园总保护面积约为 51900000 英亩（210032km²），其中有 14 个国家公园被列入世界遗产。除了国家公园以外，还设有州立公园，其设立的主要目的是为当地居民提供休闲度假场所。

2.3.1.2　国家公园的管理

A　集中统一的管理体制

美国国家公园的管理模式以中央集权为主，实行国家管理、地区管理和基层管理的三级垂直领导体系，并辅以其他部门合作和民间机构的协助，其最高行政机构为内务部下属的国家公园管理局（National Park Service，NPS），负责全国国家公园的管理、监督、政策制定等。全国设立 7 个地区局，并以州界划分管理范围，地区局下设 16 个支持系统，同时按资源类型与特色将公园划分成公园组，以便进行分类管理。以"管家"（steward）自居的国家公园管理机构，负责公园内的资源保护、参观游览、教育科研等项目的开展及特许经营管理（Albright，1999）。

　　B　保护第一的管理原则

　　美国国家公园的管理原则是保护第一原则。美国国家公园的修建目的主要有两方面：一是自然资源保护，二是公众游乐。而自然资源保护是国家公园成立的首要目的。美国国家公园管理局通过经验与教训的总结、最终确立了较为完善的自然资源保护与游览相协调的四点方案。四点方案的基本内容是：（1）国家公园不允许建索道与娱乐设施；（2）尽量建设完善公路网，并为尽量避免修建道路，造成的生态环境破坏要尽量采取各种补救措施；（3）国家公园食宿设施实行特许经营权制度；（4）对游客实行环境容量控制。

　　C　经营管理

　　美国国家公园管理局工作的最高宗旨是切实保护好国家公园的自然景观资源和人文景观资源，向国民提供宣传、讲解、培训、科普知识等方面的服务，把国家公园当作大自然博物馆。因此，国家公园在经营管理上要求层次很高。

　　（1）对从业人员的管理。公园的管理人员都由总局直接任命，统一调配。职员都要求有本科以上学历，而且必须经过上岗培训，要求掌握国家历史、游客心理学、自然景观资源和人文景观资源的保护、生态学、考古学、法学、导游甚至救生知识等。

　　（2）对门票的管理。国家公园的经费来源于国家拨款，国家公园严格限制门票的征收，现行的门票价相当低廉。美国国家公园管理局不允许下达创收经济指标，这一方面是基于美国的经济实力，另一方面也是堵住公园乱搞开发项目以谋取收入的借口。

　　（3）对公园食宿设施的管理。国家公园食宿设施实行特许经营权制度，在经营机制上，首先明确了公园资源经营权的界限，仅仅限于副业——提供与消耗性地利用公园核心资源无关的后勤服务及旅游纪念品，同时经营者在经营规模、经营质量、价格水平等方面必须接受管理者的监管。美国国家公园虽由国家公园管理局进行日常管理，但国家公园的管理者更多是将自己定位于"管家"或"保姆"的角色，而不是业主的角色。国家公园作为非营利机构，专注于自然环境和文化遗产的保护与管理，其日常开支由联邦政府拨款。国家公园的食宿设施则公开向社会进行招标，使国家公园管理局与旅游企业实现所有权与经营权相分离，无任何经济利益牵扯，从而更加有利于国家公园管理局对经营商的监控。这样，做到了管理者和经营者分离，避免了重经济效益、轻资源保护的倾向并有利于筹集管理经费、提高服务效率和服务水平。

2.3.1.3 国家公园的规划体系

美国国家公园规划体系一般来说包括总体管理规划、战略规划、实施规划以及年度实施规划和报告四个阶段，其均由内政部国家公园管理局丹佛规划设计中心（Denver Service Center）统一编制。

丹佛规划设计中心的职员包括风景园林、生态、生物、地质、水文、气象等各方面的专家学者，还有经济学家、社会学家、人类学家。美国国家公园的设计、监理，均由本中心全权负责，以确保规划实施的整体质量。规划设计在上报以前，首先向地方及州的当地居民广泛征求意见，否则参议院不予讨论。事前监督与事后执行相呼应，体现出其管理体系的周密与协调，规划设计的科学性与公开性。

A 规划编制的原则

（1）理性决策。国家公园管理局通过规划将理性、责任制度纳入决策过程之中。公园规划和决策，包括从广泛的公众和个人参与到年度工作分配以及评估。每个公园都将能够做到，如何根据理性和可操作的原则决策，使公园决策者、员工和公众相互联系，意见统一在一起。

（2）科学、技术和研究分析。公园资源的利用和处置将建立在充分的科学技术和研究分析的基础上。分析将是多学科的，首先从公园作为整体（包括全球、国家、区域的内容）到具体的细节。规划和决策的关键在于公园管理将提出多种理性的选择，分析和比较它们在与公众目标一致性、游客体验的质量、对公园资源的影响、近期和长期投资以及可能扩大到公园边界以外的环境影响的不同情况。

（3）公众参与。规划和决策过程中的公众参与，将保证公园管理机构充分理解和考虑公众对公园的兴趣，因为公园是与他们密切相关的国家遗产、文化传统和社区环境的重要组成部分。管理机构将积极寻求并咨询已有和潜在的游客、近邻和与公园土地有传统文化联系的人、科学家和学者、特许经营者、合作团体、进出口通道附近社区、其他合作伙伴和政府机构等。管理机构将与他们协同工作，改善公园的条件，强化对公众的服务，使公园融入生态、文化和社会经济可持续发展之中。

（4）目标调整。出于逐步和充分行使公园管理职能的需要，管理人员将有责任确定和实施可量化的长期目标和近期目标。规划作为国家公园管理局实施管理系统的关键和基础部分，并用于改进管理实施和结果。公园工作人员将监测资源条件、游客体验、规划、实施途径及实施报告。如果目标得不到实现，管理人员就要找出原因，并采取适当的行动。总体目标将分阶段地进行评估，充分考虑新的知识和新的没有预见的因素，然后，规划系统在适当的地方进行修改。

B　规划的主要内容

每个公园的规划框架应包括以下内容：

（1）公园的功能、范围和目标。

（2）具体的管理工作。具体的管理工作将在公园总体管理规划中描述，并满足其他资源管理的要求（如与空气质量相关的工作，尽管它不在公园内发生）以及特殊地质地带的管理要求。这些管理工作将包括：1）清楚地确定或要求自然和文化资源条件实现或保持的时间；2）确定管理工作、游客利用和符合保护要求的开发活动的种类和层次。

（3）明确的、可量化的公园战略规划的长期目标。

（4）如果需要，可以通过补充规划确定补充的项目和细节，包括需要什么样的行动来实现公园功能和长期目标以及特别的运作方式。

（5）与年度目标和年度工作规划相一致，并指导一个财政年度工作的实施规划。

（6）与年度实度统计结果相一致，并与年度目标相关的年度实施报告。

C　规划程序

美国国家公园规划体系的规划程序依次从大尺度的总体管理规划，到更具体的战略规划、实施规划以及年度实施计划。

a　总体管理规划

公园总体管理规划关注为什么建立公园，在规划实施期间，什么样的管理内容（如资源条件、游客利用方式和合适的各种管理行动）应该完成。总体管理规划的目的都要保证公园对资源保护和游客利用有一个明确的方向。总体管理规划是用于决策的基本工作，由多学科的工作组经咨询管理局内部的有关人员、其他联邦和州机构、其他团体和公众完成。总体管理规划依据所有有价值的科学信息、游客利用方式、环境影响和与各种行动相关的费用等因素。

公园总体管理规划是一个长期的过程，当它涉及建立自然和文化框架时，可能要持续很多年，这个规划将考虑公园的生态、景观和文化等资源作为国家公园系统的一个单位和大的区域环境的一个部分。公园总体管理规划还将为所有不同的公园和整个地区建立一个共同的目标。这种结合将有助于避免在一个地区解决问题的同时，在另一个地区出现同样的问题。

总体管理规划将要求准备一份环境影响报告书，按照环境评估程序将通知公众关于可能受环境影响的财产。公园总体管理规划将纳入区域协调规划和生态系统规划。国家公园管理局参与到区域协调规划之中，以较好地了解和关注不同利益团体的独立性和要求，了解他们的权力和利益。根据需要，总体管理规划将重新审议、修订或修改，或者暂时保留规划，并开始编制新的规划。总体管理规划每 10～15 年修改一次，如果条件突然发生变化，这个时间还会缩短。

　　b　战略规划

　　一个公园的战略规划将依据公园功能和目标、公园总体管理规划和公园系统战略规划，同时满足公园系统和地方的要求，并由公园园长和地区分局局长联合通过。与总体管理规划相比，战略规划是针对更短期的框架，更具有量化性的目标和结果，其内容包括：

　　（1）公园功能说明；

　　（2）公园的目标（与公园总体管理规划的规定相同）；

　　（3）长期目标；

　　（4）实现这些目标的近期内容；

　　（5）年度目标与长期目标的关系；

　　（6）可能影响实现这些目标的主要外部因素；

　　（7）用以建立和调整目标的计划和实施评估以及评估时间表；

　　（8）向法律顾问和其他有关专家咨询的内容清单；

　　（9）编制规划的人员。

　　c　实施规划

　　实施规划是针对总体管理规划确定的管理内容和战略规划进一步确定的长期目标的具体实施行动和项目。针对复杂的、技术的以及有争议的问题制订行动计划，经常要求有大量的细节和通过在总体管理规划和战略规划阶段之后进行的分析。实施规划就是要提供这些细节和分析，主要涉及两方面的因素：

　　（1）实施计划将确定实施公园管理内容和长期目标所需项目的规模、结果以及投资预算；

　　（2）实施项目将集中在实施战略规划目标所需的特殊技术、原则、设备、结构、时间和资金渠道。

　　实施规划的编制，由技术专家组在公园或地区分局的项目负责人的指导下进行，并报公园园长通过。这其中要做环境评估，针对可能对人类环境产生影响行动的任何决策，都需要依据国家环境政策法案、国家历史保护政策和相关法律进行正式的方案评估。

　　d　公园年度工作规划和报告

　　每个公园都要编制年度规划，阐明每个财政年度的目标和包含实施这些目标程序的年度工作报告。年度实施规划和报告的编制将与国家公园管理局的预算编制同时进行。

　　年度工作规划包括以下两个因素：（1）依据公园的目标并反映公园长期目标的每年增长量的年度目标；（2）包括列出实现年度目标的各项工作、预算和人工的年度工作规划。年度工作规划将包括预算和人工因素，后一年的年度预算的编制将考虑预算的衔接并依据总统批准公布的预算考虑优先项目的因素。

年度工作报告由两个部分组成：一是上一个财政年度预算执行情况的报告；二是本财政年度工作规划的评估报告。公园年度报告将与整个公园系统的年度报告发生联系，如果需要，个体公园的结果将纳入公园系统的报告。年度工作报告是作为工作完成情况汇报提供给国会，以便考虑管理机构的年度预算和年度工作规划。这些来自年度工作报告的情况也作为评估管理人员的基础，对工作结果的责任也应包括管理人员的能力对结果的影响。

2.3.1.4 国家公园的利用

国家公园系统由数百个公园组成，公园利用方式也多种多样。有些公园的利用由国家公园管理局负责，但更多的则是由公园游客、许可证持有者、租户和许可证持有者利用。提供机会，使公众获得适当享受，是国家公园管理局的任务的一个重要组成部分。对公园的其他同公众享受无关的利用方式，应符合建园宗旨，并在利用期间不会给公园资源或公园价值造成不可接受的影响。公园主管部门应不断审查对公园的所有利用，以确保避免预料之外的和不可接受的影响。对有关公园利用的所有提议都应进行评估，评估内容如下：

（1）与适用法律、行政命令、条例和政策的一致性；

（2）与现有的公众利用和资源管理计划的一致性；

（3）对公园资源和价值的实际和潜在影响；

（4）国家公园管理局要承担的所有费用，以及是否符合公共利益。

A 游客对公园的利用

让人民享受公园资源和价值，是美国所有公园的一个基本宗旨。然而，公众所喜欢的许多娱乐形式并不需要以国家公园为背景，而是更适合在其他地方进行。为促进人们对公园的利用，国家公园管理局鼓励如下活动：（1）符合建园宗旨的活动；（2）具有启发性、教育性或保健性的活动，以及在其他方面符合公园环境的活动；（3）将促进对公园资源和价值的理解与欣赏的活动，或通过与公园资源的结合、互动或联系促进对公园资源的享受的活动；（4）可持续进行但又不会给公园资源或价值造成不可接受的影响的活动。

B 美洲土著人的利用

国家公园管理局在制订和实施各种计划时应了解和尊重美洲土著人部落或祖祖辈辈与公园特定资源具有真正联系的群体文化。国家公园管理局应定期和积极地同相互具有传统联系的美洲土著人就影响其生计活动、圣物圣址或与其历来有关的其他民族资源的规划、管理和业务决策，进行协商。

C 公园的特殊用途

公园特殊用途是指一种发生在公园区域的短期活动，如体育、庆典、赛舟会、吸引公众的活动、娱乐活动、各种仪式和露营活动、食品和商品的出售、公共集会、示威抗议活动、宗教活动、散发传单、各种设施和道路的通行权、电影和照片拍摄、农业利用、家畜和野畜的饲养与利用、军事行动、墓地、矿产勘探与开发、天然产品的采集、消费性使用、自然与文化资源的研究活动、社会科学研究等。它包括以下特点：

（1）惠及的是某个个人、群体或组织而不是全体公众；

（2）需要得到管理局的书面授权和一定程度的管理控制，以保护公园资源和公众利益；

（3）不受法律或条例的禁止；

（4）不是由管理局发起、赞助或开展的；

（5）不是根据租让合同进行管理的，国家公园管理局对租让合同所涉及的娱乐活动收取一定的费用或租金。

2.3.2 欧洲地质公园的管理

欧洲是第一个从洲际范围内推进世界地质公园计划的洲，澳大利亚是继美国之后较早建立国家公园的国家，加拿大国家公园建设的指导思想与美国相似，尼泊尔是个贫穷的深山王国却建立了目前亚洲最好的国家公园。这些国家或地区在资源保护与利用中最可贵的经验是其管理理念：根据资源的公益性质确定资源的功能（使命），然后建立与之相应的管理机制、经营机制、监督机制等，以保证管理手段、管理能力与管理目标相适应。

2.3.2.1 科普——形成欧洲地质公园网络的理念驱动

英国、法国、德国、西班牙、意大利在保护文化遗产方面起步较早，在保护自然遗产和地质遗产方面做得比较好。截至 2009 年欧洲的 41 个国家共拥有 367 项世界遗产（其中 12 项为跨国遗产），其中文化遗产 327 项，自然遗产 33 项，文化与自然双重遗产 7 项。

在欧盟的支持下，欧洲地质公园网络（EGN）于 2000 年成立，这一网络的形成正是欧洲地学界长期以来所倡导的"在欧洲地域之间开展合作，以保护和保育地质遗产，实现地质遗产持续用于科研、科普教育和旅游活动，并从中得到价值的体现"理念的实践。科普是形成欧洲地质公园网络的理念驱动，也是得到欧盟资助的重要依据。毋庸置疑，科普活动一直是欧洲地质公园关注和运作的重点，科普是建设欧洲地质公园的必要元素，科普是欧洲地质公园网络会议与活动的重要组成，科普是实现欧洲地质公园价值的有效手段。

2.3.2.2 欧洲地质公园科普活动的特点

欧洲地质公园网络为科普工作开展各类活动、制作各类科普产品，以及其他一些非物质性的投入性工作。科普活动的特点包括：

（1）研制教学工具，编制出版物，解释与交流地球遗产。欧洲地质公园网络的大部分成员都有自己的科普工具和出版物，根据各自特征制作一些主题教学套件，同时出版宣传页、海报、邮票、日历和明信片等对网络及其活动进行宣传推广。这些科普工具、宣传品和出版物一般都有不同的语言版本，以满足不同语种的游客使用。同时，网络内的地质公园之间可以共享或交换使用。另外，欧洲地质公园网络成员注重针对不同的人群开发不同的科普教材。

例如，为了让学龄前的儿童熟悉欧洲地质历史，特别为孩子们编制了儿童读物，以卡通图画的形式阐释可以在地质公园看到的地质构造和形成过程；为中小学校的教师编制教师特别指南，指导教师如何教授地质学知识以便学生了解地质形成过程；为中小学各年级学生编制特殊的工作手册，让读者了解地球历史。

（2）设立游客信息站点，开办地学课堂，传递地学信息。欧洲地质公园网络的每个地质公园都设有游客信息站点，向游客展示化石模型、书籍、宣传页、博物馆配套产品等各种产品，宣传地质公园的科普活动与计划。同时，介绍欧洲地质公园网络及其成员开展的地质遗迹保护与宣传联合行动，以及各地质公园有可能开展的地质旅游活动。这些信息的传递使人们在游览过程中提高了对地质遗产的认识与欣赏水平。

同时，很多欧洲地质公园设立了职业培训中心，满足公园科普工作的发展需求。还有一些地质公园因地制宜地在公园内设置野外实地课程，为在地质公园工作的科学家、技术人员和管理人员以及当地企业（旅行社、户外活动运营商、小型旅馆、合作社、手工艺组织等）开办一系列特殊课程，希望能够提高上述人员与企业对地质公园及保护地质遗迹的认识。

（3）与学校建立联系，开展科普活动，普及地学知识。欧洲地质公园网络的大部分成员与学校等教育业相关团体建立了直接的联系，发起倡议以帮助年轻一代更好地了解自己所在的地域。这些地质公园的工作人员在周边地区的中小学举办科普活动，与学校及老师一起制定不同科普主题的实地考察活动，帮助学校准备具体的活动事宜（如住宿、用餐、交通等），针对活动参与班级的老师开设培训课程。这些活动不仅加强了学生和老师对地质公园的主要地质、地貌、矿物和古生物特征的认识，还宣传了地质公园和地质遗迹。

（4）借助网络和视频等媒体，制作地学科普节目，宣传地质遗迹的价值。欧洲地质公园网络通过网站、电视、无线电等多种传播媒体向大众宣传地质遗迹保护和保育，扩大地质公园的影响力。在欧洲，地质公园网站已经成为科普宣传的一个重要阵地。虽然每个公园网站的架构和风格各不相同，但在内容上都包括"科普"或"地质科普"栏目，且作为一级栏目设置在网站主页上。有些公园还在"科普栏目"下设置"儿童科普"类别，针对少儿、中小学生设计浏览内容。

2.3.3　澳大利亚国家公园管理

澳大利亚是世界上建立国家公园较早的国家之一。早在 1863 年，澳大利亚在塔斯玛尼亚通过了第一个保护区法律。基于认识到保存自然历史遗产的需要，澳大利亚建立了国家公园制度。1879 年，澳大利亚将悉尼以南 26km 的 Hacking 8600km^2 王室土地开辟为保护区域，建立了国家公园，这是当时世界上继美国黄石国家公园之后的第二个国家公园。

澳大利亚是联邦制国家，各州（地区）均有立法权，都设有自然保护机构。国家公园和保护区的建立，不仅以法律形式有效地保护了天然林，而且推动了生态旅游业的迅速发展，使之一跃成为增幅最大的支柱产业。现在，生态旅游所提供的就业机会占澳大利亚全国总就业机会的 12%，每年创造经济效益近 400 亿澳元。开展生态旅游是国家公园和自然保护区的主要活动，公园管理人员的主要职责之一就是游客管理。澳大利亚联邦政府已经制定了全国生态旅游发展规划，州政府是旅游设施建设的主要投资者。澳大利亚国家公园经营管理特点主要体现在以下几个方面：

（1）重视自然保护，旨在社会公益。澳大利亚国家公园的主要作用和功能是自然保护。国家建立了自然遗产保护信托基金制度，用于资助减轻植被损失和修复土地。在澳大利亚，国家公园事业被纳入社会范畴，每年国家投入大量资金建设国家公园，不以赢利为目的。国家公园范围内的一切设施，包括道路、野营地、游步道和游客中心等均由政府投资建设。

（2）所有权与经营权相分离的经营方式。国家公园采取所有权与经营权相分离的经营方式，由企业或个人经营，国家公园局进行监督、管理。澳大利亚维多利亚州国家公园局规定，凡是具备公共责任险（投保 1000 万澳元以上）、拥有急救设施条件的企业和个人就可取得在国家公园内经营某项活动或景点 12 个月的经营权，若想取得更长时间的经营权，需符合更严格的条件和标准，由国家公园局负责核定和发放经营许可证。

采取所有权与经营权相分离的方式，国家公园局的职责主要是执法；制定国家公园管理计划；负责国家公园基础设施建设和对外宣传；监督经营承包商的各种经营活动等。经营承包商的职责是在不违背"合约"的前提下改进服务、加强管理、提高效益。两者相辅相成，共同为保护工作、为游人服务。

（3）建立完备的法律法规体系，保证国家公园的保护和合理利用。澳大利亚联邦和各州先后颁布了多部国家公园方面的法律和法规，其国家公园管理法律条文详细而可行。各级行政主管部门能严格执行这些法律法规，许多科学机构和团体协助政府主管部门在国家公园立法和执法方面做了许多参与和促进工作。

（4）开展宣传教育，倡导生态旅游。澳大利亚在全国范围内普遍推行自然和生态旅游证书制度。这种认证制度根据不同情况，将所开展的旅游分为 3 种类型，即自然旅游、生态旅游和高级生态旅游，是世界首创。目前，澳大利亚已有 237 种（处）旅游产品、旅游设施被授予证书。

宣传教育是每个参观国家公园的游客的游憩内容之一，其途径主要是解说、展示和宣传手册。澳大利亚弗雷泽国家公园接待处专门配备电脑供游人随时查阅和欣赏；每一处宾馆大堂均有当地国家公园的免费宣传品；在旅游活动时，游人亲自动手抓鱼饵，体验自然，了解自然。这些宣传教育活动使资源保护和防止污染成为公众的自觉行为。

2.3.4 加拿大国家公园管理

加拿大是世界上面积第二大的国家，自然生态系统类型多样，拥有森林、草原、冻原、沼泽等多种陆地生态系统类型。其领土的东部、西部和北部分别为大西洋、太平洋和北冰洋。自 1885 年建立第一个国家公园以来，目前已拥有 39 个国家公园（国家公园保护区），分布在全国 10 个省和 3 个地区，这些国家公园总面积达 303571km²，约占全国面积的 3%。建立国家公园旨在创建一个保护这些独一无二地区的系统。

2.3.4.1 管理机构的使命与义务

在加拿大，各类国家保护地的管理与保护都是由加拿大公园局（Parks Canada）来操作和进行的。在组织章程中，组织的使命是这样定义的：一切从加拿大人民的利益出发，组织的使命是要保护和呈现在加拿大的自然和历史遗产中意义重大的范例，通过为现在和将来的世世代代确保这些遗产的生态完整性和纪念完整性来培养公众对于这些遗产的理解、欣赏和享用。

加拿大公园局在保护地的管理工作中所要扮演的角色并不仅仅是保护者，而是多元化的，共有四种：保护者（guardians）、指引者（guides）、合作者（partners）和讲述者（storytellers）。保护者是指担任着全加拿大的国家公园、国家历史遗留地和海洋保护区的保护工作；指引者是指担任着让游客能充分的探索、认识、享受着加拿大的神奇土地并获得游憩体验的责任；合作者是指建立在当地的原住民的丰富的传统、当地多样文化的强大力量和当地对国际共同体所应该承担的义务的基础上的；讲述者是指向所有人讲述加拿大故事的组织。

通过加拿大公园局的章程明确其有四个主要方面的义务：一是对各类保护地进行保护，尤其优先保护加拿大自身独特的自然和历史遗产地；二是展现自然界的美丽与独特性，同时对形成这样的一个独特国家的人类的毅力和独创性进行编录；三是赞扬那些贡献出有助于形成加拿大的特性和价值的热情和知识的充满想象力的加拿大人们；四是服务于全加拿大人，合作找寻出获得体现能力、尊重和公正的最佳指导方式。

2.3.4.2 公园的建立与管理

加拿大的公园分为四个级别，即国家级、省级、地区级和市级。1971 年通过的国家公园系统规划给国家公园的选址提供了依据。在加拿大规划和建立新的国家公园是一个非常复杂的过程，可以概括为以下五步：一是确定在加拿大具有重要性的自然区域；二是选择潜在的公园；三是评估公园的可行性；四是商讨一个新的公园协议；五是依法建立一个新的公园。

确定具有重要性的自然区域主要涉及两个标准：一是这一区域必须在野生动物、地质、植被和地形方面具有区域代表性；二是人类影响应该最小。国家公园的大小充分考虑到野生动物活动的范围。

在加拿大国家公园的管理体现在四个方面：

（1）立法和行政管理。在加拿大，公园的管理主要通过四级政府的立法，即国家级、省级、地区级和市级。于 1930 年提出并于 1988 年修正的国家公园行动计划为加拿大国家公园的管理提供了法律依据，它规定国家公园的建立必须得到上、下议院的许可。每个国家公园必须依法制定正式的管理规划。这一规划首先要考虑公园的生态完整性，而且必须每隔 5 年评估一次。

（2）资源管理。法律禁止国家公园内的各种形式的资源开采，诸如采矿、林业、石油天然气和水电开发、以娱乐为目的的狩猎等。但对于新建的国家公园，当地居民传统的资源利用方式可以继续保留。在某些情况下，印第安人打猎、捕鱼和诱捕动物等活动可以得到允许。为了保持生态完整性，对火灾和病虫害只有在下列情况出现时才进行干预：对周围土地有严重的负面后果、公众的健康和安全受到威胁、主要的公园设施受到威胁、自然过程受到人为改变而需要恢复自然平衡、濒危物种的继续生存受到病虫害的威胁、自然力量不能维持预计的动物种群增长和植物群落演替过程以及主要的自然控制过程缺失。

（3）游憩管理。加拿大在 1994 年出台了指导原则和操作政策（guiding principles and operational policies）。这一政策并不排斥在国家公园开展旅游活动，但明确把旅游活动放到一个次要的位置，游憩利用必须在维护生态完整性的基础上进行。为了保护和利用的双重目的，国家公园通常划分成特殊保护带、原始生境带、自然环境带、户外游憩带、公园服务带。在特殊保护带，严禁机动车进入和游憩设施的修建。加拿大国家公园管理局还提出评估所有游憩活动对国家公园的生态完整性可能造成的影响，提出 42 种允许开展的游憩活动类型，并对一些游憩活动提出了明确的限定条件。如只有当鱼类种群数量在提供一定程度的收获量以后仍然不危及种群的生存力的前提下才能进行体育性的钓鱼。

（4）社区和居民的管理。国家公园行动计划明确规定了必须给公众提供机会，使他们有机会参与公园政策、管理规划等相关事宜。由于一些国家公园与原住民的保留地重合，加拿大国家公园非常重视原住民在公园管理中的作用，与他们建立真正的伙伴关系，尊重原住民文化在生态完整性建设中的作用。

2.3.5 尼泊尔国家公园和自然保护区建设

尼泊尔是南亚的一个风景优美的王国，位于喜马拉雅山脉中段南麓，北临中国，西、南、东三面与印度、锡金接壤，地势北高南低，独特的地形使尼泊尔拥有丰富的自然资源。除了传统的农业和地毯业，尼泊尔值得一提的还有旅游和美丽的自然风光。尼泊尔对自然资源的价值也经历了从不认识到认识乃至珍惜的过程，现在尼泊尔人知道自然资源是他们的命脉，至今为止，拥有147000km² 土地的尼泊尔，已把11.3%的国土划入了8个国家公园、4个野生动物保护区和1个自然保护区。这个数字对于一个80%的人口依赖于占国土面积仅24.46%的可耕地的贫穷国家来说，实在难能可贵。他们对自然的认识利用和对保护区的建设，有许多值得借鉴的地方。

（1）立法实施环境保护，让当地人参与共同受益。尼泊尔人知道喜马拉雅山的旅游是他们的经济命脉。尼泊尔政府1973年颁布了《尼泊尔国家公园和自然保护法》，1982年又颁布实施了《马哼德拉国王自然保护法》（KMTNC），把保护区内原住民的参与性考虑进来。1986年成立的安纳布尔纳保护区，是第一个在KMTNC指导下建立起来的自然保护区。与保护区同时启动的就是安纳布尔纳自然保护项目（ACAP）。在这个项目中，政府把保护区里的土地完全交给当地人，由他们管理和经营，世界自然基金会（WWF）为他们提供经济支持，KMTNC作为他们的技术指导，保护区所得的收益也全部交给当地人。这种基于自我发展的自然保护，使安纳布尔纳保护区的居民在生活中很注重对自然的保护：减少砍伐数目、有专人打扫小路、维修桥梁、清洁厕所等。这些平常的做法，使得保护区内的环境能尽量维持。

（2）保护区的建设简单朴实，减少人为破坏。在安纳布尔纳保护区内，依然居住着原有居民。为了迎接越来越多的游客，居民们也不断建设一些旅馆来接待徒步者。这些旅馆的建设都非常简单，朴实的木房，太阳能公用浴室，尽可能地减少对环境的破坏。保护区内的山路，大多是人长年累月行走自然形成，为泥路或石板路。没有太多的人工装饰。因为人们认识到徒步者欣赏的是美丽的自然景观和真实的民间生活。

尼泊尔比较贫穷，也许没有太多的钱来开发改造。但是，这样一种建设方式对自然保护区确实是最好的。旅游者看重的是保护区的本色，是原汁原味的自然和人文景观。

（3）以徒步为主的旅游形式。徒步（trekking）是个南美词汇，意为"缓慢而艰难的旅行"。游人徒步在安纳布尔纳保护区内，山景绝美，雪山、民居就在旅途中，徒步令游人与山里人的生活贴近，徒步的过程也就是观景的过程。

世界上很少有自然保护区像安纳布尔纳保护区一样丰富多彩。有海拔 8091m 的安纳布尔纳山峰，还有世界上最深的峡谷之一的凯利干达基峡谷（Kali Gandaki）。游客可以选择多条徒步线路，没有人会埋怨徒步的艰辛。越来越多的人来这里徒步，越来越多的人体会到徒步的乐趣，经过艰辛后到达目的地，会有一种难以表达的满足感和成就感。

2.3.6 国外地质遗迹资源开发利用的启示

不同国家和地区在资源保护与利用中最可贵的经验是其管理理念：根据资源的公益性质确定资源的功能（使命），然后建立与之相应的管理机制、经营机制、监督机制等，以保证管理手段、管理能力与管理目标相适应。这种理念不会因为国情、体制的不同而不适用于其他国家或地区，也不会因为资源的基础条件存在差异而难以借鉴。当然，由于国情国力、省情省力的区别，这种学习和借鉴必须采取适合自身发展的方式。

2.3.6.1 完善地质遗迹保护的法律体系

西方自然遗产保护的最大特点之一是他们具有完善的法律体系以及自然遗产保护的法制环境。美国国家公园体系在 1916 年由国会立法正式建立，国家公园管理局根据法案设立并在法律框架内行使职权，在国家公园内实行的各项管理都严格以联邦法律为依据，其中包括关键的区域管辖权力和管理局在联邦财政中的地位，这样，管理局就在足够的法律保障、财政保障对自然遗产进行保护。这种保护由于是在联邦政府财政支持下进行的，因此国家公园内的保护管理均是公共管理的一部分。其他国家也类似，例如加拿大 1930 年就颁布《国家天然公园法》；挪威通过《自然保护法案》划定国家公园，设立"自然管理理事会"管理机构；日本依照《自然公园法》对国家公园进行规划管理。

在中国，关于地质遗迹资源的立法还没有得到足够的重视，人们对地质遗迹作为自然资源的认识还不够。例如，对如何保护世界级或国家级的地质公园，国家暂时还没有出台有关的法律。而目前我国世界地质公园发展正处于一个申报与开发的上升期，国家应该尽快出台相关的规定，使地质遗迹资源保护和地质公园建设工作建立在法律基础之上，真正做到有法可依。

2.3.6.2 指导开发的宗旨

美国与欧洲的一些地质公园在开发建设中非常注重对地质遗迹资源的保护，将保护地质遗迹、维护生态系统作为建立公园的根本目的。美国在对其国家公园开发时就严格规定，除了必要的风景资源保护设施和必要的旅游设施外，严禁在国家公园内搞开发性项目，而且只允许少量的、小型的、分散的旅游基本生活服务设施；另外，设施的风格色调等要力求与周围的自然环境相协调，不得破坏自然环境和资源，同时，还严格控制公园内的游客量和野营地的设施数量等。

我国地质公园的建设与发展应当借鉴这些思路与做法，将公园的主要任务定位在保护珍稀的地质遗迹上。"保护为主，适度利用"是一贯的自然遗产管理宗旨，关键的问题在于利用的程度，在国家法律保护之下国家公园对工业化开发是坚决抵制的，但对旅游开发在历史上有许多争论，例如20世纪60年代美国国家公园非常强调满足旅游者的需求，建了许多设施，但在环境主义者的压力下，80年代后转向贴近自然的体验旅游并增强教育功能。因此"适度利用"既可以在利用的"度"上加以限制，也可以在旅游利用方式上加以改善。

2.3.6.3 自然遗产的财务基础

国家公园作为国家的资源管理机构，其主要使命是保护自然和历史资源，为当代和后代提供感受、教育和激发灵感的价值。国家资金的投入是必须的，如果没有国家直接的经济投入做调控杠杆，中央政府的管理必然不力。世界上已有124个国家建立了国家公园管理制度，由于公益的性质决定几乎所有的国家公园都是依靠政府的拨款。美国国家公园管理局对公园管理所需要资金每年通过联邦预算由财政拨给，每年维持日常运转的管理经费90%由国会拨款，另外10%通过门票收入、特许经营管理费和其他收入由国家财政留给公园用于保护。国家财政理所当然应该用于遗产资源保护的公共性开支，这就保障了遗产工作的开展，也使管理当局不得直接从事营利性项目开发以获取收益。

地质公园的建设，国家必须增加投入，从财政上给予长远的、稳定的、一定数量的正常运转经费，杜绝由此而引起的不正当开发和破坏地质遗迹和生态环境的行为。

2.3.6.4 重视原住民利益与公众参与

1992年第四届世界公园大会号召保护原住民的利益，考虑他们传统的资源生产活动和传统的土地利用形式。2003年《德邦倡议》紧急呼吁保护区的管理要与乡土居民和当地社区利益共享。原住民由于长期与自然的互动而保留了许多脆弱的生态系统，因此原住民和自然保护之间在本质上不存在冲突。保护地必须与他们达成协议，确保他们充足、平等地享受保护区的收益，融入保护区的管理和决策。事实证明，原住民较早地介入自然遗产地的管理决策，就能使双方受益，参与程度越高，其矛盾冲突越少。

公众意识的觉醒和取得公众支持将使自然保护实践获得最大成功。所以，要使公众充分认识到地质遗迹是大自然留下的宝贵遗产，是人类共有的财富，每一个人，每一代人都可享受的自然的馈赠权利，也有保护的义务。一方面，发动社会公众积极参与保护活动，协助管理，共同搞好管理工作；另一方面，在制定和执行保护政策时要尊重公众的意见。只有得到公众支持的政策，公众才会自愿遵守，才能够有效地实施。

2.3.6.5　创新地质遗迹资源管理理念

（1）建立科学的规划决策系统。科学的规划决策系统是保证国家遗产有效管理的有力工具，这一方面美国也积累了一些有益的经验，如用地管理分区制度、公众参与、环境影响评价、总体管理规划—实施计划—年度报告三级规划决策体系等。我国目前在遗产地规划决策方面与先进国家的差距较大，主要表现在规划的可操作性不够、决策过程科学性不够、公众参与强度不够等。学术界应与相关政府部门通力配合，尽快充实完善有关遗产保护管理方面的规范、指南、制度和其他政策性文件，最终形成符合我国实际的、切实有效的规划与决策体系。

（2）管理者要定位于"管家"或"服务员"。国家公园的管理者不是公园财产的"所有者"或项目"业主"，而是国家公共财产的管家或服务员，国家公园属于当代及后代的共同财产，管理者只对遗产有照顾、维护的责任，而没有随意支配的权利。值得注意的是，这种角色定位不仅是由法律或管理政策的硬措施决定，而是管理当局所持的社会伦理观念，也是一种自我约束的行为。美国国家公园管理局在自己的公开文件中明确向自己的职员与社会公众传达这一观念。这种遗产保护中的伦理观念，在我国的遗产保护中应予以提倡。中国的国家遗产是全中国人民以及后代子孙的共同财富，中国的世界遗产是中国人民以及世界人民的共同财富。任何个人、单位或地方政府都没有资格、也没有任何理由窃取遗产的继承权，任何管理政策和建设行为都要站在全体国民和子孙后代的立场上去权衡和取舍。

（3）采取特殊的方式解决自然遗产地经营问题。美国国家公园通过特许经营制度来区分遗产管理与遗产地的经营活动。国家公园的特许经营体现了一种政府管理、企业经营的高效资源运作方式。同时，特许经营是公园管理规划的一部分，它明确了经营人的权利和义务，保证了企业经营行为不会影响和扭曲国家公园的保护宗旨和发展目标。特许经营费的收取，保障了国家公园不会因实行特许经营而带来额外的资金负担，体现了资源有偿使用，形成了资源开发、保护的良性循环。

（4）加强交流与合作。建立广泛的合作方式来改善遗产管理是西方遗产管理近些年来的特点，合作者可以是各政府、非盈利性的机构，也可以是企业和私人，公众组织、基金会等，其目的是获取财务、科研等各方面的支持，并在社会中树立开发、有效率和服务公共利益的形象。

2.3.6.6　科普是实现地质公园价值的有效手段

地质公园必须以"科普"作为地学旅游的基础，使游客真正体验富有科学内涵的旅游乐趣，才能成为他们增长知识、陶冶情操的旅游选择目的地。科普是形成欧洲地质公园网络的理念驱动，也是建设欧洲地质公园的必要元素。从全球范围看，欧洲地质公园网络的科普工作起步早，观念深入人心，积累了丰富的经验。

　　开展好地质公园科普工作是地质公园建设的重要内容，然而目前在国内，许多国家地质公园的管理者把工作重点放在了发展旅游业方面，重视商业化旅游带来的经济效益，忽视甚至放弃地质公园的科普教育功能。因此，许多地质公园在科普教育工作中存在如下问题：（1）地质公园博物馆缺乏管理和服务，没有发挥科普宣传中心的作用；（2）多数导游由于缺乏相关专业知识的培训，只会神话故事、历史传说的解说，忽视科学知识的解说；（3）地质景点标示牌专业性强，解说力不足，游客很难理解与之有关的深奥的地质地貌知识；（4）地质公园科普书籍大多数是专业著作，不适宜作为普通游客尤其是中小学生的科普教育读物。同时，大多数地质公园现在也没有开展科普实践工作，即没有专门的地质科普景区、专门的科考路线和专职的科普工作人员，以及缺少相应主题性科普教育活动和科普产品为青少年服务，影响了地质公园科普教育功能的发挥。

　　因此，要加大科普工作的管理力度，增强地质公园管理者科普工作意识，开拓科普经验的交流渠道，激发地质公园管理者科普工作热情，培养高层次的科普人才，为地质公园的科普工作提供智力支持，以及相关的职业培训和认证考核。同时设立科普教育专项资金，确保公园科普工作的实施；设立公园内的科普实践基地，开展青少年科普教育活动。

2.4　国内地质遗迹资源保护与利用的成功案例

2.4.1　张家界市地质遗迹资源保护与开发

　　张家界市（原称大庸市）位于湘西北边陲，澧水中上游，武陵山脉横亘其中。因奇山得名，因旅游立市。张家界砂岩峰林地貌是世界上独有的，具有相对高差大，高径比大，柱体密度大，拥有软硬相间的夹层，柱体造型奇特，植被茂盛，珍稀动植物种类繁多等特点，特别是其拥有独特的且目前保存完整的峰林形成标准模式，即平台、方山、峰墙、峰林、峰丛、残林形成的系统地貌景观，在此地区得到完美体现，且至今仍保持着几乎未被扰动过的自然生态环境系统。因此从科学的角度和美学的角度评价，张家界砂岩峰林地貌与石林地貌，丹霞地貌以及美国的丹佛地貌相比，景观、特色更胜一筹，是世界上极其特殊的、珍贵的地质遗迹景观。1982年9月被批准建立国家森林公园自然保护区，1988年被划入国家级重点风景名胜区，1992年12月，张家界地质公园被联合国教科文组织列为中国首家世界自然遗产；2001年3月，被国土资源部授予国家地质公园称号；2004年2月13日，被联合国教科文组织批准为首批世界地质公园；2011年，天门山晋升国家5A级景区，黄龙洞注册"中国驰名商标"。

　　张家界市建立张家界世界地质公园，强化对地质遗迹景观资源和生态系统的保护（图2-3）。坚持、严格保护，统一管理，科学规划，永续利用的方针，以保护地质公园遗迹景观和生物多样性的系统性、真实性和完整性为原则，按照地质遗迹景观保护分区，进行土地利用调整，使土地利用结构得到优化配置，使环境保护、旅游产业与社会经济保持协调发展。把地质公园建成集多学科考察、山水观光、生态休闲、文化娱乐于一体的世界一流地质公园，促进中国和世界社会经济的进步，造福于人类。

图2-3 张家界砂岩峰林地貌

张家界在20世纪80年代前基本上是一个以自然经济方式生产为主的农业区域，还属于农业资源并不丰裕的区域，生产资料短缺，基本生活资料自给而不能自足。80年代开始，张家界开始认识到"旅游资源优势是发展大庸经济的最大优势"（田贵君，1980），由此开始，张家界依托于地质遗迹资源优势，发展旅游业。1988~1990年经国务院批准，成立大庸地级市，辖慈利、桑植两县和永定、武陵源两区，当时仅两区两县组成的张家界市有130万人口，却有50万贫困人口，农民人均收入只有460元，可谓是基础差、底子薄。张家界市以旅游业为全市经济发展社会进步的龙头产业且作为始终不渝的发展方向，举全市之力，围绕旅游接待，狠抓交通、通信、能源等旅游基础设施建设，在此基础上又进一步完善火车站升级，建机场，万门程控电话驳接成功、万吨油库建成、鱼潭电站蓄水发电、江娅大坝动土，这些建设项目的投入，为张家界市的旅游腾飞奠定了坚实的基础。

据统计，张家界开发旅游以来，游客人数由1989年56.5万人次增加到2009年接待国内旅游者1847.74万人次，接待境外旅游者80.68万人次。旅游总收入也从建市之初 1989 年的 2491 万元增加到 2009 年的 100.20 亿元，突破百亿元。2009 年张家界的国内生产总值为 203.1 亿元，而旅游收入占国内生产总值的 49.34%。数据表明旅游业在张家界市国民经济中的地位和作用十分重要，其支柱产业地位也越来越明显。

如今，张家界市旅游规模进一步扩大，旅游国际化进程加快，张家界已成为国内外知名的旅游胜地。在旅游业的带动下，全市的工业、农业和第三产业都有了长足发展。产业结构进一步优化，经济效益显著提高，人民群众的生活明显改善。至 2011 年，全年景点接待旅游人数 3041 万人次，其中，境外游客 182 万人次，过夜旅游者 1332 万人次。实现旅游总收入 167.31 亿元，其中，门票收入 16.4 亿元，外汇收入 34653 万美元。三次产业比重由建市之初（1989 年）的 47：18：35 调整为 13.3：25.6：61.1。农民人均纯收入 3791 元，城镇居民人均可支配收入 10345 元。

2.4.2 四川九寨沟地质遗迹资源的旅游开发

2.4.2.1 20 年来九寨沟地区旅游开发的历程

九寨沟位于中国四川省西北部岷山山脉南段的阿坝藏族羌族自治州九寨沟县境内，系长江水系嘉陵江上游白龙江源头的一条普通的大支沟，因景区内有 9 个藏族村寨而得其名，以"翠海、叠瀑、彩林、雪峰、藏情"五绝闻名于世。九寨沟国家级自然保护区面积 720km^2，20 世纪 70 年代以前，还是一个林业采伐区；70 年代后停止采伐活动逐步地开展了旅游，并于 1982 年首批列为我国国家级风景名胜区，确定正式对外开放。自 1984 年正式对外开放以来，九寨沟管理局紧紧围绕"严格保护、科学管理、合理开发、永续利用"的工作方针，积极实施以"开发为保护、保护促开发"的经营管理模式，着力于走可持续发展之路。在保护优质的生态环境、制定高品位的规划、建设优质的景区设施和进行科学合理的开发利用等方面做了大量的工作，保护、科研、旅游、基础设施建设等方面取得了显著成绩。1992 年被联合国教科文组织列入"世界自然遗产名录"，1994 年成为国家级自然保护区，1997 年成为世界生物圈保护区，2001 年 2 月取得"绿色环球 21"证书，2007 年经国家旅游局正式批准为国家 5A 级旅游景区，是世界最佳生态旅游目的地之一。

水是九寨沟的精灵，而九寨沟的海子（湖泊）更具特色，湖水终年晶莹剔透、碧蓝澄澈，明丽见底，古树环绕，奇花簇拥，宛若镶上美丽的花边（图 2 - 4）。

在旅游开发之前，九寨沟是一个典型的经济落后、生产方式单一、文化闭塞、交通不便的少数民族地区。除农牧业以外，仅有的工业就是林业，这无疑属于一种资源掠夺型的经济发展模式。在旅游开发之后，九寨沟地区成功地摆脱了

图 2-4 九寨沟的海子（湖泊）

旧的发展模式，旅游业从小到大，在区域国民经济中的比重不断增加，带动了区域产业结构的调整。20 多年来九寨沟地区以旅游产业为代表的第三产业蓬勃发展，极大地带动了区域经济和社会发展的全面进步，居民生活水平普遍明显提高。不仅经济上取得了明显的发展，更重要的是这种发展并未以环境的恶化为代价，相反，经过环境的美化建设，景观更加优美，交通更加便利，信息更加灵通，人居环境更加舒适，人与自然更趋和谐共荣。

2.4.2.2 九寨沟地区旅游开发的成功经验

除了九寨沟独特的资源特色和全球旅游业蓬勃发展的大背景外，九寨沟的成功有以下方面：

（1）"环境第一"的管理目标。自 1984 年九寨沟风景名胜区成立以来，管理部门按照"严格的保护、合理的开发、科学的规划、优美的生态"的方针进行工作以护林防火为重点，大力做好森林保护工作，使曾遭大规模砍伐而历经沧桑的九寨沟保持了 63.5% 的森林覆盖率和 85.5% 的植被覆盖率。为减少尘埃和游人活动对海子（湖泊）的影响，景区修建了约 50km 的柏油路，完善了格调与景观一致的观景亭、栈道、栈桥墩，既方便了游客观景，实现人车分流而保障了游客安全，又减少了尘埃和游人活动对海子的影响。同时，为彻底解决汽车尾气对景区大气的污染，特别使用了绿色观光车，在沟内统一实行循环载客游览。

（2）当地居民参与发展的社区策略。九寨沟以景区内分布的 9 个藏族村寨而得名，目前旅游开发区涉及的村寨有 3 个，分别是荷叶寨、树正寨和则查洼寨。作为生态旅游景区，九寨沟高度重视了旅游发展与社区经济发展、老百姓生活水平提高的关系，每年拨专款 800 多万元作为景区居民的生活保障费，人均不低于 600 元/月；另一方面，安排了 600 多名村民从事保护、环卫和经营服务工作，实现了农村人口的"就地非农化"转变，生态旅游开展后，当地居民成为了旅游产业发展的受益群体之一。在保护自然环境和传承民族文化的过程中，他们首先得到经济上的直接收益；随着生活水平的提高，受教育的环境得到改善，随之而来的是文化环境和自然环境的改善。当地居民从单纯地为追求经济收益而被动地保护生态环境转变为生活得更加美好而主动的保护生态环境，自然保护真正找到其承担者和实施者，当地居民成为自然保护的主体。

（3）学术型团队引领九寨沟风景旅游开发管理。在 20 世纪 90 年代，泽仁珠、章小平和张善云三人构成了一个强而有力的学术团队，先后完成了九寨沟加入世界自然遗产和加入世界生物圈保护区的申报工作。然后，又撰写了大量学术论文参与世界性学术会议交流，如《保护为开发、开发促保护》（论文，1996，日本北海道东亚国际会议宣读，载入论文集）、《九寨沟自然保护区有效管理概述》（论文，1996，东亚、南亚自然保护区及国家公园学术研讨会上宣读，载入论文集）、《九寨沟地学旅游的美学价值》（论文，1996，世界第 30 届地质大会上宣读，载入论文集）、《九寨沟生态旅游的美学价值》（论文，1995，台湾大学国际会议宣读）、《九寨沟奇特的喀斯特森林》（论文，1994，全国地学旅游学术研讨会宣读）、《生态旅游与科普宣传》（论文，1995，西双版纳全国生态旅游学术会宣读）等；完成了《九寨奇趣》、《九寨旅游指南》、《黄金旅程新奇乐》等 10 余部著作。

他们的研究工作，不仅向世人介绍了九寨沟、宣传九寨沟，引领九寨沟走向了世界，而且为九寨沟风景旅游的深层次研究、深层次开发奠定了基础。

（4）举办高规格、高品位、高水平的国际学术会议研讨九寨沟，向世界宣传九寨沟。九寨沟风景名胜管理局曾与 CNPPAIUCN 东亚地区常务委员会、东亚自然保护研究－监测与培训中心、国际山地发展中心（ICMOD）、联合国人与生物圈中国委员会等机构，在九寨沟国际会议厅联合举办国际学术会议，出席会议的代表来自美国、英国、德国、日本、芬兰、新西兰、澳大利亚、蒙古、尼泊尔和中国等 10 个国家；出席会议的国际组织有世界自然联盟、联合国教科文组织、世界自然联盟国家公园与自然保护区委员会、国际山地研究中心等权威机构。

高规格、高品位、高水平的国际学术会议，对九寨沟风景旅游开发具有重要作用。这既是世界专家深入研究九寨沟的学术平台，又是九寨沟管理局向世界主动宣传九寨沟的窗口；同时，通过召开专家恳谈会，一些国际资深专家为九寨沟的旅游开发提出了很有针对性的建议，这些建议在 20 世纪 90 年代后期的风景区建设、人员培训计划方案编制实施中，发挥了重要的作用。

（5）成功的品牌营销战略。一方面是超前的国际品牌认证思路，在获得国家级自然保护区、风景名胜区的"桂冠"后，九寨沟开始关注世界，努力争取进入国际市场的"名片"。通过10余年的不懈努力，先后取得了"世界自然遗产"、"世界生物圈保护区"的殊荣，2002年率先通过"绿色环球21"认证，成为亚太地区第一个通过这一认证的景区；另一方面是鲜明的旅游形象战略，配合创建国际知名旅游品牌的工作，九寨沟的旅游形象策划工作也有条不紊地开展着：从景区的VIS设计到工作人员的BIS设计，从可爱的吉祥物大熊猫到艺术化的景区标徽，从带给旅游者无限憧憬的主题口号"童话世界——九寨沟"到著名歌手容中尔甲耳熟能详的《神奇的九寨》，九寨沟在感知环境、景区环境上做足了文章。

（6）高起点的旅游规划。一方面是全面、完善的规划保障。景区始终采取规划先行的发展思路，在执行《四川省旅游发展总体规划》要求的基础上，根据自身特色，制订了《九寨沟科研项目规划》、《九寨沟自然保护区总体规划》和《九寨沟风景名胜总体规划》，全面地协调了旅游部门和林业、环保、建设、科技等部门的关系，为景区旅游开发创造了和谐的环境。另外，结合大区域旅游联动开发的理念，九寨沟先后制订了《大九寨国际旅游区规划建设方案》、《大九寨国际旅游区旅游线路发展规划》等专项旅游规划；另一方面是凸显生态旅游特色的规划设计在景区建设过程中，特别是申报和通过"绿色环球21"认证的几年间，九寨沟风景名胜区管理局认真执行各层次旅游规划要求，严格按照"绿色环球21"认证的标准，在减少温室气体排放、改善能源效率、加强淡水资源管理、保护空气质量和控制噪声、减少废弃物和废物回收利用、改善废水处理、促进社区关系、尊重文化遗产、保护自然生态系统、保护野生动植物种类、强化土地规划和管理、妥善保存与慎用对环境有害物质等方面投入人力物力，奉献给旅游者一个功能分区合理、设施建设协调、交通组织高效、交通设施排放达标、基础设施完善、安全救助系统健全、社区居民生活和谐的国际级生态旅游景区。

2.4.3 河南云台山世界地质公园建设引发"焦作现象"

云台山世界地质公园位于太行山南麓，河南省焦作市北部，面积约556km²，是一处以裂谷构造、水动力作用和地质地貌景观为主，以自然生态和人文景观为辅，集科学价值与美学价值于一身的综合型地质公园。公园由一系列具有特殊科学意义和美学价值，能够代表本地区地质历史和地质作用的地质遗迹组成。公园分为云台山、神农山、青龙峡、峰林峡和青天河五大园区，云台山悬泉飞瀑、青龙峡深谷幽涧、峰林峡石墙出缩、青天河碧水连天、神农山龙脊长城，共同构成一幅山清水秀、北国江南的锦绣画卷。

云台山红石峡以丹霞地貌著称于世，集秀、幽、雄、险于一身，泉、瀑、溪、潭于一谷，有"盆景峡谷"的美誉（图2-5）。

图 2-5 云台山红石峡

2001年9月，云台山成为我国第二批国家地质公园。2003年，焦作市人民政府与河南省地质调查院、中国地质大学（武汉）、河南省地质矿产勘查开发局第二地质队通力协作，对云台山地区的旅游地质资源进行了全面整合及深入研究。2003年8月，在世界地质公园中国区预选评审中突出重围，以第三名推荐到联合国教科文组织。2004年2月13日，被联合国教科文组织批准为首批世界地质公园。

2.4.3.1 公园建设引发"焦作现象"

焦作市原是一个以煤炭为主导的资源开采型工业城市，又是河南省少数几个以矿业开发为依托发展起来的新兴工业城市之一。进入21世纪，旅游业已悄然成为具有极大发展潜力的朝阳产业，焦作市紧紧抓住这一大好机遇，充分发挥自然山水的旅游资源优势、多样生态的地理资源优势和钟灵毓秀的人文资源优势，以云台山世界地质公园的建设为契机，科学地将云台山、神农山、青天河、峰林峡、青龙峡五大景区的旅游资源整合一起，不仅使地质遗迹得到了更好的保护，而且也达到资源共享、取长补短，将焦作的旅游产业推上了一个新的高度，实现了系统完整的大旅游格局。1999 年，焦作市确立了向旅游产业转移的发展战略，成功地将旅游业培植为新的经济增长点。连续 7 个黄金周接待游客人数和门票收入都位居河南省辖市第一；旅游业占 GDP 的比重由 2000 年的不足 1% 猛增到 2006 年的 10.5%。实现了由"煤城"到"中国优秀旅游城市"、由"黑色印象"到"绿色主题"的成功转型，被誉为"焦作现象"。

云台山世界地质公园的建立将一个名不见经传的旅游景区推到了世人面前，极大地提高了焦作的知名度，为焦作赢得了一笔受益无穷的巨大无形资产，开拓了焦作经济可持续发展的新领域。山还是那座山，水还是那条水，峡谷长崖亦然。如今的云台山较之以往不一样的是，原本默默无闻的飞瀑流泉、高峡幽谷，有了更多身着各色服饰游客的装点。统计数字显示，世界地质公园建立以来，公园的科技品位、档次快速提升，焦作旅游在河南旅游界独领风骚。客源市场已经扩展到半径 1500km 区域，省外游客达到 90%，日本、韩国、东南亚、欧美等境外客源市场也得到全面拓展。接待游客人数从 2003 年的 569.68 万人次增加至 2011 年的 2281.25 万人次，其中，接待国外游客 25.84 万人次，接待国内游客 2255.41 万人次。旅游综合从 40.32 亿元，增加到 171.92 亿元。如今全市共有 A 级旅游景区 9 处，其中 2A 级旅游景区 1 处，3A 级旅游景区 3 处，4A 级旅游景区 2 处，5A 级旅游景区 3 处。拥有星级酒店 30 家，具有独立法人的旅行社 115 家。

云台山世界地质公园的建立，创造出来的奇迹让云台山从此走进了世界。仅仅几年的时间，带动焦作旅游业异军突起，焦作经济成功转型，成为全国地质旅游业发展最快、游客接待规模增长最大的旅游明星城市。如今，云台山已成为世界地质公园建设的典范。

2.4.3.2 彰显资源特色一举扬名

云台山位于我国第二与第三地貌台阶的转换地带，受太行山前深大断裂控制，于中元古界紫红色石英砂岩以及其上的寒武系—奥陶系石灰岩地层中形成了一系列之字形、线形、环形、台阶状长崖、翁谷、深切障谷、悬沟等地形地貌组合，构成了区内峡谷幽深、群山耸峙、飞瀑流泉的太行绝景，既有北雄之山势，又具南秀之水韵。为了深入挖掘公园的地学内涵，国家级地质公园申报成功以后，首先推出了"云台地貌"的概念，开展了"云台地貌形成之研究"。世界地质公园的概念提出之后，为了抢占先机，在河南省地质调查院专家们的精心策划下，焦作市政府领导大胆决策申报首批世界地质公园。世界地质公园需要有世界级的地质旅游资源作为支撑，为了使云台山达到这个高度，引入了"东亚裂谷"

的概念。"东亚裂谷"指中一新生代以来，欧亚板块受太平洋板块和印度板块的共同作用，形成的环太平洋年轻的造山带及造山带边缘部分的裂谷盆地，这是一条具有全球构造规模效应的裂谷体系，云台山位于该裂谷体系中华北裂谷的南段，属华北裂谷带与西安—郑州—徐州近东西向裂谷转换带的交会部位。受其作用，云台山拔地而起，又进一步伸张形成相间排列的峡谷以及峡谷间的长脊、长墙，最终构成独特的云台地貌景观。为了突出表现这些地质遗迹资源，重新定位了公园的科学内涵和开发建设方案，提出了"裂谷奇观、古海神韵、北国南风、物华天宝"等地质公园四大主题，得到国内专家和联合国教科文组织的充分肯定。2003年度在首届世界地质公园评审中，位居黄山、庐山之后以总分第三名的成绩与全国的名山大川齐名，由名不见经传而一举名扬海内外，成为脱颖而出的"黑马"。

世界地质公园申报成功后，在云台山又组织策划召开了第一届国际地质公园发展研讨会，与中国地质科学院、中国地质大学、河南省地质调查院等单位联合进一步深化完善了"云台地貌成因研究"等一系列地质旅游科研工作，特别是古太古代34亿年锆石的发现更是将云台山的地学研究推上了新的高度，持续的科研工作对云台山世界地质公园科技品位的快速提高起到了极大的推动作用。

2.4.4 国内地质遗迹资源利用开发的启示

2.4.4.1 将资源优势转化为特色经济优势

张家界、九寨沟都是从一个典型的经济落后、生产方式单一、文化闭塞、交通不便的少数民族地区发展成为我国和世界重要的旅游目的地。利用丰富的地质遗迹资源，开发特色旅游产品，发展旅游业，推动第三产业的发展，极大地带动了区域经济快速发展，从中可窥见将资源优势转化为竞争优势，加快区域经济发展的途径和脉络。

它们在旅游开发过程中一般都经历了发现一处美景—兴起旅游产业—带动一方经济—促进区域发展的演变过程。这种演进事实上反映了人们对自然资源利用方式发生了改变：从直接利用（耕种、采药、狩猎等第一产业）变为间接利用（第二产业，特别是旅游服务业等第三产业）、从单个资源分散式利用（土地耕种、森林砍伐）变为整体式利用（发展旅游观光业）。在这个自然资源利用方式改变的过程中，其自然资源使用价值得到提高，其游憩价值得到实现，经济发展也就摆脱了资源输出型而走向了资源输入型的可持续发展之路。

同时，也要从它们曾经吸取的教训中得到警醒：旅游开发巨大的辐射效应和带动能力既是区域发展强大的发动机，但如果忽视了旅游系统的内在和谐，使得经济、社会、文化、生态、景观等诸效益未能协调共赢，那么旅游开发也可能成为区域发展之累。

2.4.4.2 组织领导健全、精心建管与宣传策划

云台山从 2001 年启动云台山国家地质公园的申报准备工作；2004 年即被联合国教科文组织命名为世界地质公园，短短三年时间，云台山就从一处默默无闻的旅游景区一跃成为世界知名的旅游景区，除拥有丰富的地质遗迹、地质地貌景观和人文景观外，主要有以下几方面原因：

(1) 善于抢抓机遇。云台山远不及嵩山名气大，也不如与之毗邻的王屋山。在国家有关地质公园申报的规定出台后，当地政府敏锐地意识到了建立地质公园的重要性。迅速进行调研论证，在达成各方共识后专门成立申报工作领导小组，并组建专家团队积极投入申报。

(2) 公园申报建管并重。云台山地质公园在申报阶段就提前开始谋划建设和管理工作，申报和建设工作同步进行，做到了两不误和两促进。尤其是在国家地质公园申报成功后，市、县政府不等不靠，利用菲薄的财力，发挥市县政府及各部门的力量，在短短的 2 年内，就完成了景区公路、登山步道、大型停车场的修建和电线入地埋设等大型工程，软硬件均达到了申报世界地质公园各项指标的要求。也同时在最短的时间内极大地抬升了旅游的服务水平，发挥了巨大的旅游效益。

(3) 高层次、大手笔进行宣传。焦作市在申报国家地质公园和世界地质公园过程中，充分利用新闻发布会、旅游大篷车、央视广告和黄金周信息播报、旅游专列等各种形式，大力宣传云台山地质公园，宣传旅游资源；同时加大了市县政府招商引资环境等的宣传工作，使得在获批国家、世界地质公园的同时，也极大地促进了地方政府的招商引资工作。世界地质公园已成为目前焦作市对外招商的品牌和名片。

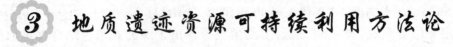

③ 地质遗迹资源可持续利用方法论

3.1 基于系统科学的可持续发展问题研究思路

3.1.1 系统科学与系统方法论

3.1.1.1 系统思想与系统科学

系统是相互联系、相互依存、相互制约、相互作用的诸事物和完整过程所形成的统一体，而体现这种整体性和相互联系性的思想，就是系统思想。系统思想的产生，是人们在认识各种系统的实践中，特别是在生产实践中，自觉或不自觉地逐步形成的。

系统思想是进行分析和综合的辩证思维工具，它不仅从辩证唯物主义吸取丰富的哲学思想，也从运筹学、控制论、各门工程科学和社会科学那里获得定性和定量相结合的科学方法，现代科学技术对于系统思想的发展做出了重大贡献。现代科学技术的发展要求在各种学科门类之间进行更多的相互联系和相互渗透，这是在更深刻地分析的基础上向更高一级综合发展的新要求。于是，以系统为研究对象的理论和技术应运而生。首先是以一般系统论、控制论、信息论、系统工程的诞生为标志，接着又随着耗散结构理论、协同学、超循环理论、突变论、混沌学、分形学等成就而被推向了一个新的发展阶段，并最终孕育和发展起来了一组以系统为特定研究对象的新兴交叉学科，形成了系统科学体系。在总结和概括了现有科学成就的基础上，我国著名科学家钱学森提出了一个清晰的系统科学体系结构，即处在工程技术层次上的是系统工程，处在技术科学层次上的是运筹学、控制论和信息论等，处在基础科学层次上的是系统学。

3.1.1.2 系统方法论简述

系统科学研究系统的运动规律，探讨系统分析的方法和系统逻辑的具体应用。凡是用系统观点来认识和处理问题的方法，亦即把对象当作系统来认识和处理的方法，不管是理论的或经验的，定性的或定量的，数学的或非数学的，精确的或近似的，都称为系统方法。

纵观系统研究方法的发展过程，20 世纪有十多种系统方法论问世。从最早的 30 年代末 40 年代初的运筹学（OR）方法，50 年代中 RAND 公司的系统分析

(SA)方法,到 60 年代霍尔(A. D. Hall)的三维结构(时间维、逻辑维、知识维)矩阵为代表的系统工程(SE);70 年代福雷斯特(Forrester)的系统动力学(SD),再到 80 年代切克兰德(Checkland)的软系统方法论(SSM),以及 80 年代末日本学者提出的 Shinayaka 方法论;80 年代末到 90 年代初,我国的钱学森院士等提出了从定性到定量综合集成(M−S)方法,王浣尘教授提出了螺旋式前进结合推进原则(SPIPRO principles)的系统方法论,乃至最近顾基发教授提出了物理—事理—人理(W−S−R)方法论,李习彬提出了一般系统方法论(GSM)等。

与软系统方法论(SSM)相对应,学者们一般把 20 世纪 50∼70 年代的 OR、SA、SE、SD 统称为硬系统方法(HSM),而 M−S 方法及 Shinayaka 方法论等东方学者提出的系统方法论则统称为东方系统方法论。HSM 侧重于用定量模型和定量方法处理那些任务明确、具有清晰和良好结构的技术系统或人造系统,通常可以用较好的数学模型来描述系统,并用优化方法求出最优解;SSM 则侧重于用概念模型和定性方法处理具有不明确或不良结构的有人参与的系统,该方法强调寻求"可以"或"满意"的结果以取代最优解,并且强调不断反馈,形成一个"学习"和"调查"的过程,这类方法对于解决那些无法用严格的数学模型描述、用优化方法求解的具有复杂性的社会问题,在认识上有了一定的突破,但对于解决像社会系统(与人的因素越来越密切、问题不清晰、结构不良)这类开放的复杂巨系统问题仍然显得无能为力;而东方系统方法论的特点是强调软硬结合、定性定量结合,强调理论和经验的结合、情和理的结合,强调人、事、物的和谐等,应该是复杂系统研究方法发展的方向。

3.1.2 可持续发展的系统学解析

可持续发展系统,具有以下三个基本的特征,即这种新概念"整体"、"内生"和"综合"含义。

"整体"观点是指在系统各种因果关联的具体分析之中,不仅仅考虑人类生存与发展所面对的各种外部因素,而且还要考虑其内在关系中必须承认的各个方面的不协调。尤其对于一个国家或整个世界而言,发展的本质在于如何从整体观念上去协调各种不同利益集团、各种不同规模、不同层次、不同结构、不同功能的实体的发展。发展的总进程应如实地被看作是实现"妥协"的结果。

依照数学上的常规表达,"内生"是指描述系统内在关系和状态的方程组中的各个依存变量集合,以及这些变量的调控将影响行为的总体结果。在实际应用上,"内生"常被认为是一个国家或地区的内部动力、内部潜力和内部的创造力,资源的储量与承载力、环境的容量与缓冲力、科技的水平与转化力等。

"综合"不是简单的叠加,而代表着涉及发展的各个要素之间的互相作用的组合。这种互相作用组合包含了各种关系(线性的与非线性的、确定的与随机的等）的层次思考、时序思考、空间思考与时空组合思考，既要考虑内聚力，也要考虑外力；既要考虑增量，也要考虑减量，最终要把发展视作影响它的各种要素的关系"总矢量"。

承认发展所具有的"整体"、"内生"与"综合"的特质，将有助于我们去理解周围涉及发展的深层次因果分析。20世纪70年代，联合国教科文组织把发展总结为："发展越来越被看作是社会灵魂的一种觉醒。"而可持续发展思想的生成，正是以上述发展概念的拓广为基础的。

可持续发展研究的对象，要比目前已出现的大系统或巨系统还要复杂。它要求合理解析组成和推进可持续发展的各类事物之间互相作用、互相联系、互相制约的本质体现与量化特征：它要求在更高层次上定量分析出这种特性的图式和模型，甚至于在定量的基础上进行更高级的定性分析，从而综合出具有普遍意义的机制或规律。与此同时，还应着重考虑时间效应和空间效应对系统结构功能的整体影响，这既是可持续发展系统行为的特点之一，也是可持续发展有别于其他系统行为的魅力表现。任何忽视时空组合特征的可持续发展系统，至少可被看成是缺乏区域观念的和缺乏演化意识的非完整系统。

可持续发展所包含的基础特征，诸如空间排布、等级层次、演化轨迹、系列分化和空间效应等，常作为建造系统时的基础因素加以考虑。只有在头脑中具有这种概念，才能认识可持续发展系统的行为和表现。可持续发展系统所包括的各个要素和属性之间，或它们与系统的外部环境之间，不断地进行物质、能量和信息的交换，并且以"流"的形式贯穿于其间，从而形成一个动态的、系列的、层次的、实行自我调节和反馈的相对独立的体系。在这里，"流"具有极其重要的独特价值，因为只有通过它，才可能有效地度量系统的行为特征和规律；只有通过它，才可能识别系统动态的演化；也只有通过它，才可能评判、比较和推断系统之间的优劣。对任何一种类型的区域发展系统的外部特征和内在本质的综合认识，均须通过对流的认识及其同系统结构与功能的相应分析得到。而此种分析和对系统机制的揭示，无一例外地都会从流的强度，流的方向，流的方式，流的变化等相应状况中反映出来。此外，流的研究又是认识区域可持续发展系统的个体效应，整体效应，以及两者互相关系的关键。因此，对于区域可持续发展系统中流的构成与流的演算，应给予特别的关注。物质流、能量流、信息流、经济流、人口流、货物流、心理流、社会流等都是研究区域可持续发展系统应当特别关注的基本方面。

3.1.3 可持续发展问题的研究思路

3.1.3.1 可持续发展问题的特点

从系统科学角度看，可持续发展实质上是社会系统和地理环境系统之间的协调问题。社会系统和地理环境系统都是开放的复杂巨系统，社会系统开放是指地区间的开放和对地理环境的开放，社会系统和地理环境之间是相互关联、相互制约、相互作用并紧密联系在一起的。可持续发展系统从整体上包括社会系统及其赖以生存的地理环境系统。因此，可持续发展系统更是一类开放的复杂巨系统。所以可持续发展问题是一个具有高度复杂性的问题，可持续发展的研究和实践是一项复杂的社会系统工程，这是可持续发展研究的根本性质。这就使得可持续发展的研究和实践具有以下特点：

（1）由于可持续发展内涵本身的多面性和复杂性，使得系统目标难以具体描述和确定，在系统的管理、控制以及评价和决策中，常常不再能够使用单一准则而不得不使用多个准则，而且这些准则有时甚至还是互相冲突的。

（2）由于可持续发展涉及若干相互关联的因素，具有复杂多变的系统结构，因而难以用传统的建模方法来建立其数学模型，而且其求解也将十分困难。

（3）在系统分析和研究中，传统的技术、方法和理论，特别是定量分析工具的使用会遇到困难。

（4）由于问题涉及面广，研究中需要多领域的知识、经验和各种模型。

（5）需要大量的信息、数据和资料，而许多信息和数据很难或根本无法得到。

（6）需要把知识、经验和模型、数据等进行有效的系统综合和集成才能解决可持续发展中的复杂问题。

因此，在可持续发展的研究中，就应注意到这些特点，自觉运用系统科学的观点和方法作为指导。

首先，可持续发展的研究需要系统理论特别是开放的复杂巨系统理论及其方法论的指导。作为开放的复杂巨系统问题，可持续发展系统研究的方法论基础就是"从定性到定量综合集成方法"。

其次，可持续发展系统具有一般复杂系统的共同特征，即综合性、系统性和动态性。一方面，可持续发展系统的研究需要利用自然科学、社会科学和工程技术领域的科学知识，并且结合人的智慧和经验；另一方面，可持续发展系统强调综合、整体、系统地考虑经济、社会、资源、环境多方面的相互关系和协调发展。

3.1.3.2 可持续发展问题的研究思路

可持续发展的系统研究可以分为两个方面，一是可持续发展系统分析和评价的过程，二是可持续发展管理和决策的过程，如图 3 - 1 所示。其具体研究内容可概括为可持续发展系统的描述、可持续发展的评价以及管理、控制和决策等。用系统观点和系统理论对可持续发展进行系统管理和控制的过程如图 3 - 2 所示。

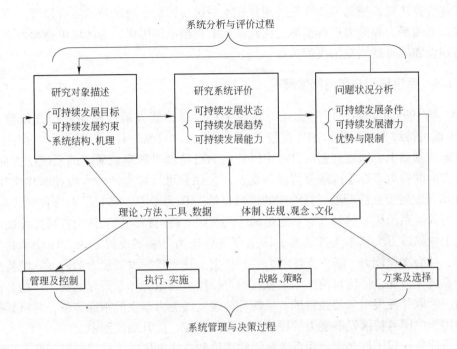

图 3-1 可持续发展系统研究思路

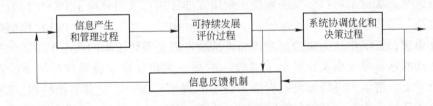

图 3-2 可持续发展的管理和控制模型

（1）信息产生和管理过程。针对各子系统及其演化进程中的信息收集、信息处理和信息管理等。

（2）系统协调、优化和决策过程。通过分析各子系统内部、子系统之间以及系统与外界环境之间的相互作用，建立起可持续发展系统的协调机制，实现子系统在不同尺度上的协调发展，使整个可持续发展系统实现整体优化或次优化。

（3）信息反馈机制。根据现状评价和实证分析的结果来调整未来系统的行为，建立各子系统内部以及整个可持续发展系统的反馈机制，包括利用经济、法律、行政和教育等调节手段，使系统发展轨迹不偏离可持续发展目标。

（4）可持续发展评价过程。建立一套系统评价的指标体系、运用科学的系统评价方法对区域的可持续发展现状和水平进行评价，对区域的发展趋势、可持续发展的潜力和能力进行预测，在此基础上找出制约因素，为区域可持续发展能力建设和战略规划提供决策信息。

3.1.4 系统科学与可持续发展

从 1999 年开始，以牛文元为首的中科院可持续发展战略研究组开始推出《中国可持续发展战略》的年度报告。研究组在"自然—社会—经济"三个主要方向的基础上，独立开创出具有中国特色的可持续发展理论研究的系统学方向。该方向的着力点在于以综合协调的观点，去探索可持续发展的本源和演化规律，将其"发展度、协调度、持续度的逻辑自洽"作为中心，建立了人与自然关系、人与人关系的统一解释基础和定量的评判规则。将可持续发展能力在可操作的层面上浓缩成五大基本支撑体系，即生存支撑能力、发展支撑能力、环境承载能力、社会支撑能力、智力支撑能力。并依据上述可持续发展能力的内涵、结构内涵和统计内涵，借鉴目前国际上流行的可持续发展指标体系研究的精华，结合国情，萃取并发展出一套独自的、反映可持续发展能力本质的指标体系，并将其推动用于中国可持续发展能力的评估、监测、调控、提升的实践中。

此外，我国许多学者用系统科学的理论和方法来研究可持续发展问题，也取得了大量的成果。沈惠漳、顾培亮讨论了当代系统科学和方法的成就，指出了现有理论与方法对于可持续发展系统定量研究的作用；黎明分析了 PRED 构型的基本方法与工作步骤，提出了集成化、变结构、多层次多区域化的 PRED 模型系统设计思想；王浣尘认为集约型增长和可持续发展是系统工程的典范主题，他从人类活动的基本单元出发，提出了"枚"的概念，建议建立枚系统经济学，并认为枚系统经济学为可持续发展提供了根本的理论基础；魏宏森等把科技、经济、社会和环境作为一个开放复杂巨系统，分析了可持续发展和协调发展的关系，研究了其持续—协调的内在机制（动力机制和反馈机制）；张志强应用系统科学的分析方法探讨了区域 PRED 系统发展的相互作用与内部信息联系机制；袁旭梅等从"生态—社会—经济"复合系统协调的角度探讨了可持续发展问题；曾珍香、李艳双等以系统科学的理论与方法讨论了可持续发展系统持续性、协调性和公平性及其评价问题；申玉铭、毛汉英、王祖伟用系统理论研究了区域可持续发展问题。

随着研究的不断深入，人们发现把系统科学的理论和方法应用于可持续发展研究，需要解决一些关键问题，包括可持续发展评价的指标体系研究，可持续发展评价内容、方法和评价系统研究，可持续发展系统分析和系统建模方法，可持续发展中的不确定性和非线性分析，可持续发展的系统演化行为分析，可持续发展系统的信息支持研究等。

3.2 树立资源的系统观

3.2.1 资源内涵的演进与外延的拓展

所谓资源指的是一切可被人类开发和利用的物质、能量和信息的总称，它广泛地存在于自然界和人类社会中，是一种自然存在物或能够给人类带来财富的财富。

资源内涵是随时间维发展而变化的增函数，在所有生产力与生产方式演变的过程中，资源始终扮演着生产工具载体（母体）和劳动对象客体的双重角色，并在很大程度上制约着生产力的发展速度和生产方式的表现形式。从原始社会人类利用简单的石器工具，采集、猎取生物资源，到青铜器、铁器、工业机械、计算机的发明与信息资源的广泛使用，资源支撑人类依次走过农业、工业、知识经济时代，资源最便捷、高效的利用方式成为人类生产追求的永恒主题，资源的最大程度拥有和使用也几乎是所有社会个体和国家追求的目标。

资源的内涵随着人类改造自然能力的加强、社会的发展以及科学技术水平的提高在不断拓展，其外延已由传统的自然资源范畴扩展到囊括自然、经济、社会三大系统内能为人类利用的所有物质、能量和信息。

3.2.2 资源系统的基本特性

自然、社会、经济资源构成了完备的资源系统，具有层次多元性、宏观开放性、动态平衡性等基本特性，各个子系统相互联系、相互转化、密不可分。

（1）层次多元性。就资源系统内部而言，它有自然资源、社会资源、经济资源三个子系统，而三个子系统又可以细分，例如：社会资源系统可以包括信息、技术、政策、法律等次级系统，而这些次级系统还可以继续划分；就资源系统外部而言，它又只是人地巨系统的一个子系统。

（2）宏观开放性。资源系统并非以孤立的形式存在，而是以一种开放的形态与人类社会系统和自然环境系统不断地进行着物质、能量、信息的交换和传输，即以"流"的形式（如物质流、能量流、信息流、人口流、货币流、经济流）贯穿其间，既维系资源系统与其他系统的关系，又维系系统内部各要素间的关系，形成一个动态的、可实行反馈的开放系统。系统的宏观开放性是资源对人类社会和自然环境施加影响的重要机制，也是保持系统本身的活力和持续性的重要属性。

（3）动态平衡性。自然、社会、经济资源构成了完备的资源系统，各个子系统相互联系、相互转化、密不可分。片面强调或贬低任一子系统的做法都是不明智的。一定的自然资源、经济资源和社会资源的组合是人类生存、生产得以持续进行的首要前提，离开了社会资源，自然资源不会自动转化为经济资源；离开了自然资源，社会资源也失去了施加作用的对象。只有当社会资源丰富、自然资源利用充分时，人类所拥有的经济资源（物质、财富）才可能越丰富，即三者存在如下的相互关系：自然资源＋社会资源→经济资源。各子系统间和系统与外部间物质、能量、信息的顺畅流动是保持各系统动态平衡的动力学机制。

3.2.3　资源的系统观

资源所具备的自然、社会、经济特征，使资源系统成为联系人类社会系统与自然环境系统的重要纽带，人类社会系统和自然环境系统的相互作用是通过资源系统实现的。

树立资源的系统观，要求从整体上把握各种资源所共同构成的多元系统，根据发展需要，科学地排列组合矩阵中的各个子系统，并使之达到动态平衡，转变过去资源只等同于自然资源的错误认识，把社会、经济、环境因素一道纳入资源范畴。在利用社会、经济、环境资源时，与利用自然资源一样，充分考虑其可利用的阈值及循环周期长度，通过对区域内各类资源指标的量化，建立资源系统内各项元素间的关系模型，据此对每一项即将出台的政策、法规及投资倾向可能产生的社会、经济、环境效益予以预测并最终做出取舍，尽可能避免资源使用失当导致破坏资源系统的动态平衡。只有当人类充分认识到自己是人与自然大系统的一部分的时候，才可能真正实施与自然协调发展。而且，也只有当人类把各种资源都看成人与自然这个大系统中的一个子系统，并正确处理这个资源子系统与其他子系统之间的关系时，人类才能高效利用这种资源。

3.2.4　资源与区域可持续发展系统

资源与人口、环境、社会、经济形成五大子系统组成的区域可持续发展系统。区域可持续发展系统区其覆盖范围很广，各子系统之间，子系统内部以及子系统之间相互作用的机理错综复杂。从时序性和空间性来看，区域可持续发展系统演化过程是区域在时间维上的波动性和空间维上的差异性相互耦合运动的发展过程。

在区域可持续发展系统中，耦合意味着区域人口、资源、环境、经济、社会等各子系统之间相互协调、相互渗透，这种系统内部的相互作用关系在系统自组织机制中起着至关重要的作用，对系统的演化行为有决定性意义，使整个系统稳定有序地演进。区域可持续发展系统的各子系统之间都普遍存在着要素间的两两相互关系，该关系通常是非线性的，且正向和负向作用形式同时存在(表 3 － 1)。

表 3-1　资源、人口、环境、经济、社会正向、负向作用关系

| | 正向作用关系 | | | | |
	资源	人口	环境	经济	社会
资源		资源丰富有利于人口发展，人口发展可充分利用资源	环境改善可促进资源再生，资源的合理利用促进环境保护	资源供应为经济发展提供物质基础，经济发展为资源开发提供条件	社会科技进步有利于提高资源利用率
人口	人口规模越大，资源越短缺，资源短缺，人口生活路子减少		环境状态越好，人口素质提升越快，人口素质越高，环境保护意识越强	人口系统为经济发展提供劳动力，经济发展为人口素质提高提供物质基础	人口素质提高促进社会进步，社会稳定有利于人口的身心健康
环境	资源掠夺性开采，造成环境恶化，环境恶化毁坏资源的再生能力	人口增加，环境压力增大，环境恶化影响人口健康		环境不断改善促进资源再生，为经济发展提供有利条件，经济发展为环境保护提供资金和物质基础	科教发展水平提高有利于增强环境保护意识和能力
经济	经济高速增长可能造成资源匮乏，甚至破坏资源系统的再生能力，资源短缺影响经济发展	人口增长率过高制约经济发展，经济水平越高，对人口吸引力越大，从而造成人口迁移，影响人口结构和人口素质	经济发展必然有污染排放，使环境恶化，为了防止和治理污染，保护和恢复生态环境，就要投入经费，抑制经济发展		经济发展改善就业状况，促进社会稳定，社会稳定和科学教育发展等有利于经济发展
社会	资源的短缺和劣质影响社会生活保障和生活水平	人口增长给社会造成压力，社会发展水平影响人们的生活质量	环境恶化影响生活质量和生活水平，抑制科教发展	落后的科教水平制约经济发展，过低的经济增长率影响社会进步	

（左侧纵向标注：负向作用关系）

区域可持续发展系统各子系统间的耦合作用是实现区域可持续发展的重要的动力机制。各子系统之间耦合具有多重性，包括区域人口与资源间的耦合、资源与环境间的耦合、资源与经济间的耦合、资源与社会间的耦合等各种不同的类型。如果把它们综合考虑，则会发现在区域可持续发展系统中，存在大量多重特性及连锁复杂的作用关系，涉及多个子系统。以资源—经济—环境系统为例，图3-3描述了其中的一种连锁反应式的作用形式，是一种正向的有利于系统协同合作的内部作用，也是实践中应该设法诱导的情形。图3-4描述的则是经济—

资源—环境系统之间的一个恶性循环作用关系，因此，区域可持续发展系统中更应加以关注和重点协调。

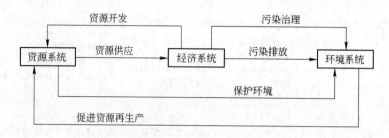

图 3 - 3 资源—经济—环境系统正向协同

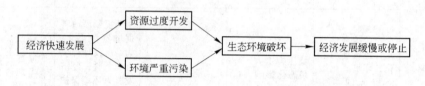

图 3 - 4 经济—资源—环境系统之间的一个恶性循环作用关系

只有通过耦合，才能形成一种更高层次上的有序、协调发展和稳定系统即区域可持续发展系统。

3.3 地质遗迹资源可持续利用系统

3.3.1 开放的复杂巨系统

地质遗迹资源可持续利用系统是开放的复杂巨系统。开放的复杂巨系统（open complex giant systems，OCGS）指的是一类组成部件非常多、结构非常复杂，与环境之间存在着物质、能量、信息交换的系统，这类系统通常有人的参与，表现出人机共存的特点，难以用传统的方法进行研究和处理。对于地质遗迹资源可持续利用系统而言，是以其中的地质遗迹或它们的结合为基本载体，涉及地质遗迹资源、开发利用、人口、环境、经济、社会、科技等多要素的一个十分复杂的不断发展的区域性多层次的巨系统，由地质遗迹资源子系统、保护与利用子系统、人口子系统、环境子系统等构成的复合系统，各子系统之间相互联系，相互制约，构成一个有机整体。任何一个子系统的行为都会影响整个地质遗迹资源可持续利用系统的整体功能发挥，影响到地质遗迹本身的保护。

人作为地质遗迹资源可持续利用系统的活跃因子，具有一定的经济行为和社会特征，通过资源保护与开发将其他子系统紧密地联系在一起，任何一个区域的地质遗迹资源保护与开发都可以看作是一个具有一定的边界和外部环境的复合系统。地质遗迹资源保护与开发的各种要素之间、要素与外部环境之间，在不断地进行着物质能量信息的交换及资金人员的交流，地质遗迹资源可持续利用系统内部诸要素乃至整个系统自始至终经历着发展与变化。

地质遗迹资源可持续利用系统中，人与自然的相互作用，即自然系统和社会经济系统的相互作用，主要发生在社会物质产品和精神产品的生产和消费的过程中。这个过程也就是地质遗迹资源可持续利用系统的基本过程，它包括以下四个环节：（1）从自然系统获取地质遗迹资源；（2）将地质遗迹资源转化或加工成社会产品；（3）社会产品的消费；（4）向自然系统排放废弃物。

控制地质遗迹资源可持续利用系统基本过程是科学技术、消费水平和协调控制。人类从自然界获取的地质遗迹资源的种类和获取的方式、资源转化成社会产品的加工工艺、社会产品的种类、生产和消费过程中产生的废物的种类和方式都取决于科学技术水平。消费水平由人口规模和物价水平决定，同时，它又决定了人类从自然界获取的自然资源的总量，社会产品的总量和人类向自然界排放的废物的总量。科学技术决定了人与自然相互作用的方式，消费水平决定了地质遗迹资源可持续利用系统中人与自然相互作用的规模或强度。它们直接控制了社会物质产品和精神产品的生产和消费过程，也直接控制了地质遗迹资源可持续利用系统的基本过程。

协调控制的结构和形式是由人类的价值观念、人类社会系统的制度安排和社会的组织管理方式决定的。社会的组织管理方式包括人类社会的组织管理方式和开发利用自然系统的组织管理方式。协调控制对科学技术和消费水平有直接的影响，从而间接地决定了地质遗迹资源可持续利用系统的基本过程。

3.3.2 系统的内涵、组成要素及特点

3.3.2.1 系统的基本内涵

系统是由相互作用和相互依赖的若干组成部分（要素）组合起来的，具有某种特定功能的有机整体。地质遗迹资源可持续利用系统内涵的最基本要点就是将地质遗迹资源、开发利用、保护、人口、环境、经济、社会、科技等要素组合视为一个有机整体。该系统内涵的核心点在于地质遗迹资源的可持续开发利用，满足当代和后代人对资源的需求。它包括以下三层含义：

（1）地质遗迹资源可持续利用系统要坚持以可持续方式开发利用地质遗迹资源，要以保护自然资源和环境为基础，人口与资源、环境承载力相协调。

（2）地质遗迹资源可持续利用系统要追求多利用、少排放、高效益，最大限度地利用地质遗迹资源，最低限度地生产废弃物。

（3）地质遗迹资源可持续利用系统要以改善和提高人类生活质量为目的，

与社会进步相适应。

3.3.2.2 系统的组成要素

地质遗迹资源可持续利用系统是一个十分复杂的不断发展的区域性多层次的巨系统，它涉及地质遗迹资源、保护与利用、人口、环境、经济、社会、科技等多要素，概括起来应该包括以下 4 个子系统：

（1）地质遗迹资源子系统。地质遗迹资源子系统是地质遗迹资源可持续利用系统的基础和对象。只有科学地认识地质遗迹资源子系统，掌握系统的特点、内部规律，才能使地质遗迹资源永续开发利用，获得满意的结果。地质遗迹资源子系统要重点研究其形成、演变、分布；地质遗迹资源的数量、质量的综合评价，经济与人口发展对地质遗迹资源需求的预测以及地质遗迹资源的供需平衡；地质遗迹资源系统要素间的相互作用及保护与开发中的平衡；人类活动对自然资源和生态环境的改造工程、大型工程、农业生产基础的建立等对地质遗迹资源的影响；地质遗迹资源区域开发与生产力布局的最优方案论证；新技术在地质遗迹资源保护与开发研究中的应用等问题，使之为地质遗迹资源持续永续利用提供科学依据。

（2）保护与利用子系统。保护与利用子系统包含地质遗迹资源的保护、开发、利用、布局、生产等要素，是人类在地质遗迹中获取财富和精神满足过程的人工系统。地质遗迹资源的永续利用问题是地质遗迹可持续发展的核心，是制约可持续发展的终极因素。目前，我国地质遗迹保护与开发利用中存在许多亟待解决的问题，因此，保护与利用子系统，要在系统分析地质遗迹资源保护与开发利用存在问题的基础上，从保护、开发、利用、生产、布局等诸要素的整体出发，通盘考虑，运筹帷幄，进行永续开发利用。

（3）人口子系统。人口子系统是地质遗迹资源可持续利用系统最活跃、最关键的要素，人的体力和智力水平是改造自然、改造社会的能动的创造力，是人口素质的根本标志，是经济发展和社会进步的决定性因素。同时，人口与资源是一对矛盾，人口数量过多也形成对资源的压力。因此，控制人口数量，提高人口素质也是地质遗迹资源可持续发展的根本要求，也是构建地质遗迹资源保护与开发优化系统的决定因素。

（4）环境子系统。环境与资源是互为依存、互为影响的。地质遗迹资源本身就是人类生存环境的一个重要组成部分，也是构成自然生态环境的基本格架，影响生物多样性的基本要素。环境质量的好坏，一方面影响人口的生活质量，另一方面影响着资源开发利用，进而影响到资源的生存。因此，在地质遗迹资源开发利用过程中，要切实加强淡水、森林、草地、动植物、气候等自然资源和生态环境的保护，在维护生态平衡的前提下，进行合理开发利用。

3.3.2.3　系统的特点

（1）系统的整体性。地质遗迹资源可持续利用系统是由地质遗迹资源和其他自然资源（土地、水、气候、生物、植物等）、人文资源、开发、利用、生产、布局、治理、保护、环境、人口、经济、科技等众多不同性能的要素组成一定关系的集合，即系统有机整体。而不是许多要素杂乱无章的偶然堆积或机械组合。在组织地质遗迹资源开发利用的过程中，必须从系统的整体出发，去处理各种要素之间的关系、矛盾和问题，充分体现系统整体功能大于各组成要素功能之和的特性。

（2）系统的综合性。在地质遗迹资源可持续利用系统中表现出明显的综合性，即资源赋存的综合性，资源开发利用的综合性，生态环境治理保护的综合性，系统整个运转过程的综合性。为此，在系统运转过程中，要用系统的综合观点，综合分析评价资源，综合开发和综合利用资源，综合协调系统要素，发挥系统的综合功能。

（3）系统的层次性。地质遗迹资源可持续利用系统的层次性主要反映了系统的纵向结构体系，即地质遗迹资源可持续利用系统——地质遗迹资源子系统、保护与利用子系统、人口子系统、环境子系统——资源、环境、开发、利用、技术等要素。其层次功能是下一层对上一层，一层一层逐次关联的。在系统运转过程中应按照其纵向层次结构关系，分步骤有秩序逐级（层）有机联系，协调运行。

（4）系统的区域性。地质遗迹资源可持续利用系统是在一定的区域空间进行的。主要受地质遗迹资源种类、品质、分布等情况，以及自然环境、经济、技术、人口等要素的影响，表现出明显的地域性。

（5）系统的动态性。地质遗迹资源可持续利用系统的动态性，一方面表现在地质遗迹资源数量、空间、时间的动态变化，另一方面表现在开发利用整个过程的动态变化。因此，在地质遗迹资源可持续利用系统运转中要随时掌握其动态变化情况，采取相应的运作措施，保证系统正常运转。

3.3.3　系统的开放性分析

地质遗迹资源可持续利用系统的开放性表现在地质遗迹资源保护和开发与环境不断进行着物质、能量和信息的交换。开放系统这一概念是从热力学移植过来的，在热力学中定义了两类重要的热力学系统：封闭系统和开放系统。如果一个系统与外界不进行物质和能量的交换，则称为封闭系统。若以 ΔM 和 ΔE 分别表示物质和能量在 Δt 期间的交换量，则封闭系统同时满足 $\Delta M = 0$、$\Delta E = 0$；如果同外界既有物质交换又有能量交换，即 $\Delta M \neq 0$、$\Delta E \neq 0$，则系统称为开放系统。

根据热力学中的"熵增原则"，一个封闭系统在其自发的演变过程中，系统的熵只能增加不会减少，熵便是对系统无序程度的一种度量。因此，一个封闭系统会自发地趋熵增加的方向，使系统的有序程度越来越低，最终达到熵的最大值和混沌的状态。区域地质遗迹资源开发、保护与可持续发展系统作为开放系统，与外界环境（地球外层空间和其他区域）不断发生着物质、能量、信息交换。

对于一个开放系统，若以 dS 表示系统的总熵变化，d_iS 表示系统内部的熵变化，d_eS 表示系统与环境相互作用产生的熵变化，则系统的总熵变化为

$$dS = d_iS + d_eS \tag{3-1}$$

由于 d_iS 总是大于零的，因此要保持系统熵减（即 $dS < 0$）的条件是系统从环境吸收的负熵流大于系统内部的熵增，即 $d_iS < -d_eS$。可以用另一指标来反映系统的有序程度：设 $R(t)$ 为系统的有序度，$S(t)$ 和 S_{max} 分别表示系统在 t 时刻和热力学平衡态时的熵值，则

$$R(t) = 1 - \frac{S(t)}{S_{max}} \tag{3-2}$$

从式（3-2）可以看出，系统有序性增强（$R(t)$ 增大）的条件是系统熵值变小（$S(t)$ 变小）。

地质遗迹资源可持续利用系统要保持持续性，就必须保持"耗散结构"，一方面从外界输入负熵流，即输入能量、物质和信息，包括从自然界中吸收的太阳辐射、碳氢氧等营养元素以及从其他区域注入资金、劳动力和信息等。另一方面，提高地质遗迹资源的利用效益，减少区内的熵增。

3.3.4 系统的复杂性分析

地质遗迹资源可持续利用系统是一个以人们围绕地质遗迹资源保护与开发利用活动为中心的涉及社会、经济、科技、人口、生态环境等领域的有机整体。它除了具有规模庞大、结构复杂和因素众多等特点外，一个最主要的特点是它的主体因素是"人"，既高度分散化，又富有组织性。凡是有人参与的活动都是有一定目的的，由于人的思维、判断、决策、偏好各有差异，因此地质遗迹资源可持续利用系统受人的主观意志和决策环节的影响甚大，这是导致地质遗迹资源可持续利用系统变得复杂、难以控制的根本原因。此外，地质遗迹资源可持续利用系统也是一个典型的非平衡开放系统和多目标多变量的非线性综合体，它决定了地质遗迹资源可持续利用系统具有非常复杂的相互依赖和相互制约的关系，单凭直觉和经验以及定性分析的方法很难相互协调。因此，如何使多变量和非线性的关系的协同最优乃是地质遗迹资源可持续利用系统要解决的关键问题。此外，地质遗迹资源可持续利用系统是在一定的自然条件和社会条件（指社会制度、经济制度）下组合起来的，它的运转机制必然受自然环境和社会因素的双重制约，其信息结构、刺激机制也远比一般的技术系统复杂，所以它又具有明显的不确定

性、模糊性、不确知性等。

在地质遗迹资源可持续利用系统中，除了人的因素外，它还涉及大量的其他因素，概括起来可以分为社会因素、经济因素、资源因素、环境因素、科技因素、政府行为因素等六个方面（表3-2）。为了使地质遗迹资源可持续利用系统的运行规律能够量化，这些因素可以分别利用有关指标来描述。

表 3-2　地质遗迹资源可持续利用系统主要因素类别与因素指标

因素类别	因 素 指 标
社会因素指标	人口的数量和质量、人口的各种构成、就业人数、医疗设备情况、临床总数、离婚率、犯罪率；人均居住面积、人均生活费收入、恩格尔系数、基尼系数、居民人均储蓄存款；社会保险、社会福利，文化事业，公众可持续发展意识等
经济因素指标	社会总产值、工农业总产值、国民收入、各部门的产值产品产量、财政收入与支出、利税总额、工资总额、投资情况、固定资产、流动资金、外汇收支、价格体系及其增长指数，工资增长指数、科技进步贡献率；第二、第三产业产值比重，第一、第三产业劳动力比重；企业组织管理水平、经济成分的多样性等
资源因素指标	人均水资源量、人均矿产资源量、人均耕地面积、气候资源变化、森林覆盖率、生物多样性、植物资源量、动物资源量、旅游资源丰度、自然资源利用率等
环境因素指标	大气环境质量指标，水环境质量指标，声环境质量指标，废水、废气、固体废弃物排放量，废水、废气、固体废弃物削减率，城镇园林绿地面积，农业自然灾害成灾率，水土流失率、林木草覆盖率、盐碱地占耕地面积比、盐碱地治理率，沙漠化面积、沙漠治理率等
科技因素指标	科技机构及高等院校、智力投资、科研经费、科技人员总数及其构成、科技成果数、科技信息量、科技成果奖励情况，专利批准数，万元工业产值能耗、物耗、水耗、电耗等
政府行为因素指标	决策层的可持续发展意识，政府财政支出中各项社会性支出占 GDP 的比例，地方财政对科技的投入强度，环保投资占 GDP 的比例，建设项目"三同时"执行率，科学决策水平，法律制度运行水平，信息传递与反馈的速度，计划生育率，失业率，社会稳定性等

3.3.5　系统的目标分析

具体地说，地质遗迹资源可持续发展目标可概括为资源利用的公平性、发展的持续性、发展的协调性三个方面，即地质遗迹资源可持续发展是三者共同约束下的一种发展模式，如图3-5所示。

（1）利用的公平性。利用的公平性是地质遗迹资源利用可持续发展的基本目标。从可持续发展的观点来看，地球上的人类应该视为一个整体，其发展必须考虑整体的公平性和均衡性。所谓的公平是指机会选择的平等性，它的内涵很丰富，在可持续发展中，主要包括两方面的含义：一是代内公平，即当代人之间的横向公平性，可持续发展要满足所有人的基本要求和给所有人机会以满足他们较

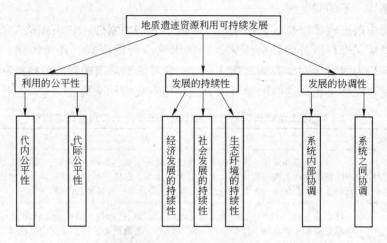

图 3-5 地质遗迹资源利用可持续发展目标分析

好生活的愿望；二是代际公平，即当代人与后代人之间的纵向公平性。地质遗迹资源利用可持续发展要求人们认识到资源利用的代内公平和代际公平。

（2）发展的持续性。持续性主要从时间维描述发展规律，反映可持续发展的动态性和长期性。持续性是指系统受到某种干扰时能保持其生产率的能力。资源与环境是人类生存与发展的基础和条件，离开了资源与环境就无从谈人类的生存与发展，资源的永续利用和生态系统的持续性的保持是人类可持续发展的首要条件。可持续发展要求人们根据可持续性的条件调整自己的生活方式，在生态允许的范围内确定自己的消耗标准。

（3）发展的协调性。协调性表达了对各子系统之间或系统各要素间的发展目标，反映地质遗迹资源利用可持续发展的多因素复杂特性。只有地质遗迹资源、开发利用、人口、环境等处于协调状态，才能保证地质遗迹资源保护与开发持续不断地向有序状态转化。这种协调也是在公平性和持续性原则指导下的充分协调，既要协调人与人之间的各种关系，也要协调人与地质遗迹资源保护与开发之间的各种关系。

3.4 资源可持续利用的方法论探讨

方法论（methodology）是关于科学探索或给定领域的研究遵循的一般途径和技术路线，是关于方法的科学或科学方法的安排，即对方法的寻求与选择运用的指导原则的总称，也包含着特定科学体系中的方法体系。因而，区别于方法（method）所指的"用于完成一个既定目标的具体技术、工具和程序"（D. Ethridge，1995）或"具体做法"（李怀祖，2000）的涵义。方法论指导下是具体方法问题，如果方法论不正确，即使方法再好，也达不到解决问题的目的。

3.4.1 系统分析

系统分析（system analysis）是运用系统的思维方式来解决问题的方法，是帮助人们解决复杂程度高和综合性强的问题的方法。

系统分析过程是对客观世界进行认识、描述、模拟和评价、协调的过程。因此，凡是需要确定目标和设计行动方案的活动，都需要使用系统分析的方法。从宏观来说，有世界级和国家级的系统使用系统的分析方法；从微观来说，从企业管理到家庭生活安排，人们也都自觉或不自觉地在使用这一方法。

系统分析是一种决策辅助技术。它采用系统方法对所研究的问题提出各种可行方案或策略，进行定性定量分析、评价和协调，帮助决策者提高对所研究的问题认识的清晰程度，以便决策者选择行动方案。系统分析是一种科学的方法，具有作为独立学科所界定的内容，以及实现这些内容的方法和步骤。

系统分析的内容为：系统研究、系统设计、系统量化、系统评价和系统协调。系统分析是一个有目的、有步骤的探索和分析过程，在此过程中既要按照系统分析内容的逻辑关系有步骤地进行，也要充分发挥分析者的经验和智慧创造性地工作。通常系统分析是由明确系统问题到给出系统方案评价结束。系统分析的一般步骤如图3-6所示。

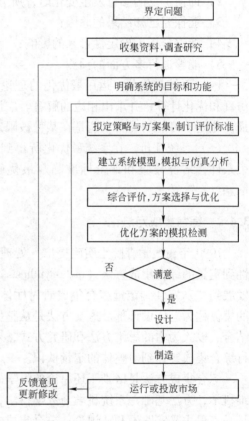

图3 6 系统分析的 般步骤

（1）分析问题，确定目标。要解决某一问题，首先要对问题的性质、产生问题的根源和解决问题所需要的条件进行客观的分析，然后确定解决问题的目标。目标必须尽量符合实际，避免过高和过低。目标必须具有数量和质量的衡量标准。

（2）收集资料，调查研究。这是解决问题的预备。为了更好地解决问题，需要对问题进行全面、系统的研究。因此，必须收集与问题有关的数据和资料，考察与问题相关的所有因素，研究问题中各种要素的地位、历史和现状，找出它们之间的联系，从中发现其规律性。这一步工作的好坏，关系到整个系统分析工作的质量。

（3）建立系统模型。根据系统的目的和目标，建立对象系统所需的各种模型，表示出系统的行为。根据不同的目的和要求，应建立各种不同的模型。模型应能满足以下一些要求：

1）能明确地记述事实和状况；

2）即使主要的参量发生变化时，所分析的结果仍然具有说服力；

3）能探究已知结果的原因；

4）能够分析不确定性带来的影响；

5）能够进行多方面的预测。

（4）系统最优化。运用最优化的理论和方法，对若干备选方案的模型进行仿真和优化计算，并求出相应的解答。应该注意，在实际工作中使系统绝对达到最优化是不可能的，它只能是在某种被限定意义上的最优化。

（5）系统评价。在系统最优化所得到的待选解基础上，考虑前提条件和约束条件，结合经验和评价标准确定最优解，为选择最优系统方案提供足够的信息。

3.4.2 综合集成方法论

1990 年，钱学森院士明确提出，处理开放的复杂巨系统的方法论是"从定性到定量的综合集成方法（meta-synthesis）"（以下简称综合集成方法），后来又发展到"从定性到定量综合集成研讨厅体系"的实践形式，并把运用这套方法的集体称为总体设计部。这套方法是从整体上研究和解决问题的方法，采用人机结合、以人为主的思维方法和研究方式，对不同层次、不同领域的信息和知识进行综合集成，达到对整体的定量认识。

综合集成方法是区别于还原论的科学研究方法论。综合集成的理论基础是思维科学，方法基础是系统科学与数学科学，技术基础是现代信息技术，哲学基础是马克思主义实践论和认识论。综合集成的实质是将专家经验、统计数据和信息资料、计算机技术三者的有机结合，构成一个以人为主的高度智能化的人机结合系统，通过发挥这个系统的整体优势去解决整体性问题。

具体来说，综合集成方法的运用是通过定性综合集成及定性、定量相结合综合集成直到从定性到定量综合集成这样三个步骤实现的。从定性综合集成提出经验性假设和判断的定性描述，到定性定量相结合综合集成得到定量描述，再到从定性到定量综合集成获得定量的科学结论，这就实现了从经验性的定性认识上升到科学的定量认识。这一过程可用图 3 - 7 表示。

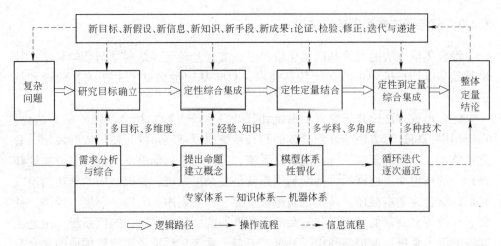

图 3-7 综合集成方法论的问题求解过程（据沈小平，2006）

从方法论层次上即综合集成方法论，是针对复杂系统问题求解的一般途径和技术路线。可持续发展系统作为一个涉及面广、包含要素多、要素间关系复杂的巨系统，应用传统的研究方法不能全面、透彻地阐述、分析可持续发展问题，综合集成方法由于其本身的特性和优势，为可持续发展研究提供了新方法。

传统的科学研究方法主要是分解法，也就是还原法，系统研究采用的则是分析与综合有机结合的思想方法。可持续发展系统是一个复杂的开放系统，从复杂科学的整体论出发，运用复杂性的理论方法有助于研究可持续发展的规律和动因，有利于人类更好地进行适应和调控管理环境，进而做到"人地"协调发展。综合集成方法有别于还原论的观点，不是将整个复杂的系统分隔开来研究，而是从宏观的角度综合考虑各个方面的因素进行分析研究，这样避免了还原论中"头痛医头，脚痛医脚"的弊端。与可持续发展传统研究方法相比，其主要的优势在于以下几个方面：

（1）综合集成方法能使科学家做出的可持续发展决策更加科学化，可信性得到提高。

（2）综合集成方法的知识背景更为广泛，在一定意义上也优于其他决策理论。

（3）综合集成方法能很好地把可持续发展涉及的多个学科综合起来，把各种理论与专家的经验知识集成起来，按照复杂巨系统的层次结构，从微观、中观和宏观几个不同层面对可持续发展系统进行综合研究，保证了研究成果的系统性。

（4）综合集成方法由于改变了还原论的传统研究方法，从而使可持续发展系统的研究成果能充分发挥群体智慧，有效避免了研究成果的片面性。

3.4.3　资源可持续利用的方法论

综合集成方法的理论基础是思维科学，方法基础是系统科学与数学科学，技术基础是以计算机为主的现代信息技术，哲学基础是马克思主义的实践论和认识论。

综合集成方法论是研究复杂系统和复杂巨系统（包括社会系统）的方法论。在应用中，将这套方法结合到具体的复杂系统或复杂巨系统，便可以开发出一套方法体系，不同的复杂系统或复杂巨系统，方法体系可能是不同的，但方法论却是同一的。地质遗迹资源可持续利用系统是复杂巨系统，是以其中的地质遗迹或它们的结合为基本载体，涉及地质遗迹资源、开发利用、人口、环境、经济、社会、科技等多要素的一个十分复杂的不断发展的区域性多层次的巨系统，由地质遗迹资源子系统、保护与利用子系统、人口子系统、环境子系统等构成的复合系统，各子系统之间相互联系，相互制约，构成一个有机整体。任何一个子系统的行为都会影响整个地质遗迹资源可持续利用系统的整体功能发挥，影响到地质遗迹本身的保护。总的来说，将综合集成方法论应用到地质遗迹资源可持续利用系统，具体的方法体系可以采用以下六个"结合"来分析说明。

3.4.3.1　还原方法与整体方法相结合

系统哲学家拉兹洛曾指出："传统的整体论和还原论两种思维都难免有不足之处：前一种用信念和洞察代替了翔实的探求，后一种牺牲了融会贯通以换取条分缕析。"这也就是说，还原和整合也是辩证联系在一起的，单纯强调某一个方面都是片面的。

研究地质遗迹资源可持续利用系统的复杂性不要还原论不行，只要还原论也不行；不要整体论不行，只要整体论也不行。不还原到元素层次，不了解局部的精细结构，对复杂系统整体的认识只能是直观的、猜测性的、笼统的，缺乏科学性。没有整体观点，对事物的认识只能是零碎的，只见树木，不见森林，不能从整体上把握事物、解决问题。科学的态度是把还原论方法和整体论方法结合起来，形成一种适合复杂性科学研究的新的方法论：融合论。这也是科学方法论的"正—反—合"辩证发展的逻辑。

3.4.3.2　微观分析与宏观综合相结合

在系统的整体观对照下建立对局部的微观分析，综合所有微观分析以建立关于系统整体的描述，是复杂性科学的基本方法论。整体或系统是由局部或子系统构成的，整体统摄局部，局部支撑整体，局部行为受整体的约束、支配。

要了解一个系统，首先要进行系统分析：一要弄清系统由哪些组分构成；二要确定系统中的元素或组分按照什么方式相互关联起来形成一个统一整体。其次要进行环境分析，明确系统所处的环境和功能对象，系统和环境如何互相影响，环境的特点和变化趋势。而所谓微观分析，就是将一个整体或系统分解为局部、子系统或要素，以期对之进行条分缕析的彻底研究。它是在对事物进行研究时，把整体分解为部分，或把高层次的物质分解为较低层次的物质。所谓宏观综合是指在对系统或整体进行了庖丁解牛式的微观分解之后，为了获得对事物或系统的整体理解，再将微观的局部、子系统或要素分析串联、整合起来，以获得宏观系统的性质，也就是说，宏观综合是指利用微观还原分析的方法，达到对部分的充分认识，获得关于部分的足够知识，然后在此基础上，把对关于部分的知识进行综合以达到对整体的认识，从而获得整体的知识。

因此，描述地质遗迹资源可持续利用系统应包括描述宏观整体和描述微观局部两方面，需要把两者很好地结合起来。

3.4.3.3 定性判断与定量描述相结合

任何系统都有定性特性和定量特性两个方面，定性特性决定定量特性，定量特性表现定性特性。只有定性描述，对系统行为特性的把握难以深入准确。但定性描述是定量描述的基础，定性认识不正确，不论定量描述多么精确漂亮，都没有用，甚至会把认识引向歧途。定量描述是为定性描述服务的，借助定量描述能使定性描述深刻化、精确化。定性描述与定量描述相结合，是复杂性科学研究的基本方法论原则之一。

马克思曾说过："一个科学只有成功地运用了数学之后，才算达到完善的地步。"所以研究一个系统时总要注意量的变化，量变会引起质变。从系统工程的角度出发，既要讨论系统的结构，又要讨论它的参数，这是一个问题的两个方面。如果只研究量，而忽视定性分析，那也会出问题。因为有些问题至今还难以定量而无从着手，如果非要定量，事必造成数字游戏。通过定性判断建立总体及各子系统的概念模型，并尽可能将它们转化为数学模型，经求解或模拟后得出定量的结论，再对这些结论进行定性归纳，以取得认识上的飞跃，形成解决问题的建议。

所以，从这个意义上讲，地质遗迹资源可持续利用系统的研究，定性分析与定量计算必须相结合。

3.4.3.4 自然科学与社会科学相结合

自然科学和社会科学两大科学体系的结合是资源可持续发展系统的最好方法，这是因为它能够摆脱单学科研究可持续发展复杂系统的局限。传统的经济学、生态学、社会学等学科分别从各自学科的角度出发，建立了以各自研究领域为主的模型。例如，从经济学角度，其简单地利用传统的经济模型来分析、描述整个可持续发展系统的发展，而忽视生态、资源、社会等因素的影响，只单纯地考虑系统中的经济因素。虽然有些发展指标也考虑到了其他的非经济因素，但也都是将这些非经济指标的价值转化为相应的经济价值来研究的。许多可持续发展的模型是把资源、环境的价值货币化，以体现其在经济发展中的作用，但是其除了在经济增长中具有重要的价值外，对于人类的及其他生物的生存环境还具有重要的生态价值，并且这种生态作用破坏后很难得到恢复，因此将资源环境货币化是割裂了其与生态、社会系统的联系，是无法真正表示清楚资源、环境的价值的。

自然科学和社会科学研究的最终目的是为了发展社会生产，推动社会进步。为实现这个目的，自然科学需要通过技术科学把知识形态的社会一般生产力物化为直接的生产力。社会科学需要通过技术科学组织和管理生产。这样，技术科学就成为自然科学与社会科学的结合点。如果说数学、系统科学作为科学方法论的贯通，把自然科学和社会科学连接起来，那么"技术→生产→管理"这三个环节则作为社会科学与自然科学的共同研究领域，构成了一个统一的整体。

地质遗迹资源利用可持续发展研究的实质上就是以资源永续利用为前提，生产力和生产关系如何相适应发展的研究，是经济基础和上层建筑之间如何构建良性循环关系的研究。这就必然要求把自然科学和社会紧密结合起来，才能有效地完成上述的研究任务。

3.4.3.5 认识理解与实际行动相结合

突变论创始人托姆认为，如果说整个科学活动可以比作为一个连续进行的过程，那么我们有理由认为，这一连续过程具有两个极：一个极代表纯粹的知识，就这点来说，科学的基本目标是理解现实；另一个极涉及行动，按这种观点，科学的目标是对现实采取有效的行动。可能有这样的情况，人们对它已经有非常透彻的理解，然而却无力对它采取任何行动。反过来，有时人们对现实世界能够采取有效的行动，但对其所以有效的原因却茫然无知。相应于这两种对科学认识所持的相反观点，存在两种不同的方法论。

"行动说"在本质上是解决局部的问题，而"理解说"却试图要找到通用解（也即整体解）。明显的矛盾是；求解局部问题需要使用非局部手段，而可理解性则要求将整体现象化为几种典型的局部情况，由于这类局部情况具有使人明了的特点，因而很快就能为人们所理解。事实上，在采取一种行动时，总有一种超出现象的目标，因为人们总力图使某种不会自发出现的事有可能发生。突破时空的限制，这就是人类最终的目标；对易于控制的非局部行动的一切模式，都应加以利用。正是这一点迫使人们踏上人生的旅程，发展各种技术工具，创办各类事件。反过来，从纯粹思维的角度来考虑，可理解性要求将现象化为直接可以理解的若干要素。复杂性科学中常常存在这两种情况。例如，分形的计算机仿真对要仿真的对象一开始只能是以一定的算法进行"试错"，经过多次试错后，人们才能迭代出与原型相似的模型，然后进一步寻求理论的普适性解。复杂性科学的方法论目前比较强调行动说，这在人们还不认识或者还认识不清的对象探索中，是首先必要的，复杂性科学的对象是极其复杂的，这要求研究者必须保持一种积极的"试错"心态，而不能苛求在全部理解后，再行动。当然，行动最终是要为理解服务的。这就是理解与行动相统一的方法论原则。

3.4.3.6 科学推理与哲学思辨相结合

科学理论是具有某种逻辑结构并经过一定实验检验的概念系统，在表述科学理论时总是力求达到符号化和形式化，使之成为严密公理化体系。但是科学的发展往往证明任何理论都不是天衣无缝的，总有一些反常的现象和事件出现，这时就必须运用哲学思辨的力量，从个别和一般、必然性和偶然性等范畴，以及对立统一、否定之否定规律来加以解释。

每一位学者在走上科学舞台之前都经过长期的科学教育和训练，不但接受了科学知识，而且还接受了思维方式、工作方法、研究风格以及许多并未言明的假设和成见。如果他所在的工作领域之一还处在发展时期，这些继承过来的东西对他做出成绩是大有好处的。如果他恰巧赶上这个领域的革命来临时期，那么，从传统教育和科学共同体中接受的这些东西将成为他实行观念上的革命转变的严重的障碍。要在科学急剧转变时期走在前头，就必须破除传统的束缚，解放思想，更新观念。摆脱传统偏见并非易事。一般来说，一个人对传统科学贡献越大，对传统的研究方法、风格越熟悉，就越难以转变。这就需要学习哲学，树立哲学思考的自觉性，培养哲学洞悉力，练就一双猫头鹰的眼睛。当碰到理论困难时，能自觉地从具体的科学问题中跳出来，从哲学的高度审视问题，找出症结。

3.4.4 可持续利用系统环境分析方法

3.4.4.1 系统环境

系统环境是指存在于系统之外的系统无法控制的自然、经济、社会、技术、信息和人际关系的总和。系统环境因素的属性和状态变化一般通过输入使系统发生变化。反之，系统本身的活动通过输出也会影响环境相关因素的属性或状态的变化。这就是所谓的环境开放性。系统与环境是依据时间、空间、所研究问题的范围和目标划分的，故系统与环境是个相对的概念。

系统与环境相互依存，相互作用。任何一个方案的实施后果都和将来付诸实践时所处的环境有关。离开未来实施环境去讨论方案后果是没有实际意义的。所以，分析预测系统环境是解决系统分析问题和系统工程的重要一步。

环境分析的主要目的是了解和认识系统与环境的相互关系、环境对系统的影响和可能产生的后果。首先是要确定环境因素，即根据实际系统的特点，通过考察环境与系统之间的相互影响和作用，找出对系统有重要影响的环境要素的集合，换言之，就是划定系统与环境的边界；其次是环境因素的评价，即通过对有关环境因素的分析，区分有利和不利的环境因素，弄清环境因素对系统的影响、作用方向和后果等。

实际中为了确定环境因素，必须对系统进行分析，按系统构成要素或子系统的种类和特征，寻找与之关联的环境要素。这样，先凭直观判断和经验，确定一个边界，通常这一边界位于研究者或管理者认为对系统不再有影响的地方。在以后逐步深入的研究中，随着对问题有了深刻的认识和了解，再对前面划定的边界进行修正。并不存在理论上的边界判别准则，边界也不能用自然的、组织的等类似的界线来替代。

环境因素的确定与评价，要根据系统问题的性质和特点，因时、因地、因条件地加以分析和考察。通常应该注意以下几点：

（1）应适当取舍。即将与系统联系密切、影响较大的因素列入系统的环境范围，既不能太多，又不能太少。太多会使分析研究过于复杂，且容易掩盖主要环境因素的影响；太少则客观性差。

（2）对所考虑的环境因素，要分清主次，分析要有重点。

（3）不能孤立地、静止地考察环境因素，必须明确地认识到环境是一个动态发展变化的有机整体，应以动态的观点来探讨环境对系统的影响与后果。

（4）尤其要重视某些间接、隐蔽、不易被察觉的，但可能对系统有着重要影响的环境因素。对于环境中人的因素，其行为特征、主观偏好以及各类随机因素都应有所考察。

3.4.4.2 SWOT分析

在对环境因素分析时，还必须考虑系统自身的条件，也就是要综合分析系统的内部和外部环境条件，一般经常采用SWOT分析法。

SWOT分析思想是由安索夫于1956年提出来的，后来经过多人的发展而成为一种广为应用的系统分析和战略选择方法。SWOT分析法又称为态势分析法，SWOT四个英文字母分别代表：优势（strength）、劣势（weakness）、机会（opportunity）、威胁（threat）。所谓SWOT分析，即态势分析，就是将与研究对象密切相关的各种主要内部优势、劣势、机会和威胁等，通过调查列举出来，并依照矩阵形式排列，然后用系统分析的思想，把各种因素相互匹配起来加以分析，从中得出一系列相应的结论，而结论通常带有一定的决策性（图3-8）。

就企业而言，根据SWOT分析结果，企业可以在战略地位评估矩阵中找到自己所处的位置。不同的象限代表不同类型的企业，它们适合采取的战略类型也有所不同，如图3-9所示。

第I象限的企业，具有很好的内部优势及众多的外部机会，应当采取增长型战略，具体有集中化战略、中心多样化战略、垂直一体化战略等。企业通过严格的成本控制，以价格作为主要竞争手段，在激烈的竞争中进一步发挥企业的市场优势。

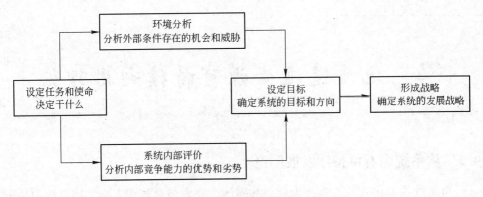

图3-8 SWOT分析过程示意图

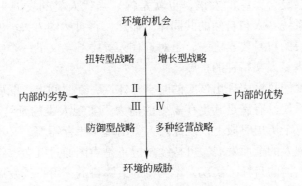

图3-9 战略地位评估矩阵

第Ⅱ象限的企业，面临巨大的外部机会，却受到内部劣势的限制，应采取扭转型战略，在弥补和消除内部劣势的同时，最大限度地利用外部环境带来的机会。

第Ⅲ象限的企业，内部存在劣势，外部面临强大威胁，应采取防御型战略。这个时候企业不应该、也没有实力实施扩张战略，因此适合采取比较保守的战略，以避开威胁并逐渐消除劣势。

第Ⅳ象限的企业，具有一定的内部优势，但外部环境存在威胁，应采取多样化经营战略。这样可以利用自己的优势，同时通过多种经营分散环境带来的风险。

通过SWOT分析和战略地位评估，企业可以了解内部条件和外部环境的共同作用，明确自身的战略地位，并初步选定企业可能采取的竞争战略类型。

4 地质遗迹资源可持续利用理论

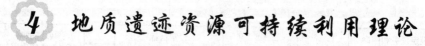

4.1 从系统论看可持续发展理论

可持续发展将人与自然视为一个共同体，使人与自然在人类发展系统中从分离与对立走向联合与和谐，建立一种新的同盟。因此，当代人类的发展只能是自然—经济—社会复合系统的发展，也就是说，当代人类的发展主体不再是单一的，而是一个系统：人与自然的共同体。显然，将自然纳入人类发展的内涵，使之成为人类发展的自身要素之一，是对近代人类中心主义的一个突破，也是人类理性的一次升华、人文精神的扩展。

可持续发展的目标表现出恢宏的时空整体性：在时间上，既要满足当代人的需求又要保证后代具有满足其生存需要的能力，实现人类的延续和文明的进化；在空间上，在每个历史时段上，既保障人类的基本生存需要，又不断提高人类的生活质量，实现人的全面发展。可持续发展正是力图通过社会、经济与自然之间的协调来实现人类的目标，实现人类利益的最终目的。可持续发展承认、信仰和追求人类利益与价值，而且在承认自然的外在价值的同时，尊重和体现自然的内在价值。通过科学的方法将自然价值转化为人类的经济或社会价值。

可持续发展观是一种价值观，是以关心人类的生存命运，以生存为本位的价值观，它是人们运用系统思想指导和评价人类的一切实践活动，尤其是生产活动的重要理论，也是人类用全面的整体的眼光评判人的一切行为的准则。可持续发展理论的要点可概括为：

(1) 可持续发展的目的是发展，关键是可持续，发展是硬道理，没有发展，就不可能有可持续。

(2) 可持续发展突破了经济增长作为发展充分条件的传统观点，把发展理解为人的生存质量及自然和人文环境的全面优化，强调经济社会与人的协调发展，并以此作为衡量发展质量、水平的客观标准。

(3) 可持续发展的物质基础是自然资源的永续利用，自然的永续利用是人类生存的支持系统。

(4) 可持续发展呼吁人们改变传统的生产方式和消费方式，在生产时尽量地少投入多产出，在消费时尽量地少排放多利用。

（5）可持续发展是全人类共同面对的问题，要全球协同合作。

4.1.1 可持续发展理论概述

可持续发展理论源于对可持续发展概念及其内涵的深入研究与深刻揭示。

关于可持续发展理论的深入研究始于20世纪80年代后期，1987年7月，联合国环境与发展委员会（WCED）向联合国提交了题为《我们共同的未来》的研究报告。报告对当前人类在发展和环境保护方面进行了全面和系统的分析，提出了可持续发展的概念及其内涵，将可持续发展定义为"既能满足当代人的需要，又不对后代人满足其需要的能力构成危害的发展。"它系统阐述了可持续发展的思想，对可持续发展的理论研究起到了重要的推动作用。其后不久，世界资源研究所（WRI）、国际环境发展研究所（IIED）、联合国环境规划署（UNEP）等国际著名机构联合声明，可持续发展是其指导原则，并依此去研究现实和未来的全球问题。

关于可持续发展的进一步深入研究及其理论发展与形成的另一件重要标志，是1992年6月在巴西里约热内卢召开的联合国环境与发展会议（UNCED）。在这次空前的世界级会议上，通过了贯穿有可持续发展思想的三个重要文件和两个国际公约，即《里约宣言》、《21世纪议程》、《森林问题原则声明》、《气候变化框架公约》和《生物多样化公约》。这次会议为人类改变传统的发展模式和生活方式，实现社会、经济、资源和环境的协调和可持续发展提出了创议，标志着可持续发展思想及其理论的形成。

可持续发展理论形成后，被人们所普遍接受和响应且以强劲的态势指导和支配人们的实践，使得人类社会活动的秩序化和规范化加强。尽管因地区差异、发展差异、认识程度等的不同，当今人们对可持续发展概念的理解差异较大，但对可持续发展原则的认识却基本一致，主要包括公平性、可持续性、和谐性、需求性、高效性、阶跃性六大原则。从可持续发展的本质内容来看，其核心是发展，关键是发展要具有可持续性。发展的内涵虽然十分丰富，但经济发展始终是其中心内容。而发展要具有可持续性，前提是协调好人与自然、人与人之间（包括代际间）的平衡与和谐关系。因此，可持续发展的实质就是人口、环境与经济各系统相互协调的持续性发展。从国际上来看，可持续发展理论的建立与完善，一直沿着三个主要的方向去揭示其内涵与实质，即形成了逐渐被国际公认的经济学方向、社会学方向和生态学方向。

可持续发展研究经济学方向，是以区域开发、生产力布局、经济结构优化、物资供需平衡等作为基本内容。该方向一个集中点是力图把"科技进步率抵消或克服投资的边际效益递减率"，作为衡量可持续发展重要指标和基本手段。

可持续发展研究的社会学方向，是以社会发展、社会分配、利益均衡等作为基本内容。该方向的一个集中点，在于力图把"经济效率与社会公正取得合理的平衡"，作为可持续发展的重要判据和基本手段。

可持续发展研究的生态学方向，是以生态平衡、自然保护、环境资源的永续利用等作为基本内容。其着力点在于把"环境保护与经济发展之间取得合理的平衡"作为可持续发展的重要标准和基本原则。

4.1.2 可持续发展观的着眼点

"可持续发展"的合理性、必然性，源于它的整体性。其整体性是指它所包含的丰富内涵是一不可割裂的统一体。离开了整体性，只强调某一种内涵，可持续发展都不可能实现。

系统的整体性是指系统内部各要素之间相互联系、相互依托构成不可分割的有机整体，就系统整体而言，任何系统又是更大系统的部分，并构成更大系统的特性。自然界是由众多子系统构成的生态系统，人类社会是由经济系统、政治系统、军事系统、文化系统、教育系统等构成的且由各系统之间的相互联系、相互影响、相互制约推动着人类社会由低级有序向高级有序的不断演化。

可持续发展观是基于自然界是一个有机系统，人类社会也是一个复杂系统，自然界和人类社会共同构筑了世界这个复杂的高级的巨系统。在可持续发展观中，自然系统放在世界巨系统中的基础性的地位，自然资源的永续利用看作可持续发展的物质基础。系统论认为"整体大于各部分之和"。由于构成巨系统的子系统是处于相互影响、相互制约的关系之中，因此任意子系统在某种性质上的变化都会影响到整个巨系统的运行状态。可持续发展观始终把自然系统放在基础性的地位，由于自然系统如果不能在演化的过程中从低级有序向高级有序演化，而是走系统衰退的道路，那么必然影响世界巨系统的正常运转，必然制约人类社会的发展。

同样，在可持续发展观中，也强调人类社会系统的演化发展过程，对自然系统的各种属性产生不可忽视的影响予以重视。如在可持续发展中，对人类目前的生产方式和以消费资源为主导的消费方式提出了严重的警告，呼吁人们在生产中尽量地少投入多产出，在消费时尽量地少排放多利用，其基本用意在于人类社会系统的行为已经对自然系统的演化和发展产生了不良的影响，人类作为人类系统中的主导因素，应该用系统整体眼光来处理人类的一切行为，避免片面地有利于人类的而不利于自然系统进化的行为，其结果是造成不利于人类系统演化的严重后果，如今的环境问题就是一个明显的例子。

在可持续发展观中包含的整体性思想，是人类智慧的结晶和人类的思维方式进步的体现。在传统的社会发展观中，人们始终把经济发展作为社会进步的标志，把经济发展置于至高无上的地位，片面地强调经济的发展，而忽略了诸如人类生存质量和人文环境的建设，忽视人与自然的协调发展问题，以至出现了与科技进步、经济发展不和谐的音符。科技发展了，社会进步了，但一系列的社会问题、环境问题使人类陷入了无法解决矛盾的艰难困境。归根结底，是没有用系统的观点，没有用可持续发展的理论指导人类改造自然的实践而产生的必然结果。

4.1.3 可持续发展观的核心

用开放的、动态的眼光看待世界是可持续发展观的核心。系统论认为，无论是自然系统还是人类社会系统都是开放系统，开放系统不断地与外界交换物质能量、信息，从而才能维持系统的平衡或从低级有序向高级有序演化，否则系统将会走向退化甚至消亡。自然系统、社会系统都同样遵循系统演化的规律。因而，在可持续发展观中，把开放性、动态性看作自然系统和社会系统进化的必要条件，认为社会系统和自然系统以及内部的子系统均处于动态的发展之中，且这种发展观是建立在系统的整体性之上，考察系统及其子系统之间构成的系统网络的动态过程。

因此，在可持续发展观中，把社会发展和自然系统的演化看作是不可分割的统一体，彼此互为环境，把"可持续"置于社会系统和自然系统演化的核心地位。否则，社会系统和自然系统的动态发展将会受阻，系统将会退化，这也是把发展定义为人的生存质量以及自然和人文环境的全面优化的原因，即把社会和自然的协调的、动态的发展看作真正意义上的发展，并且作为衡量发展的质量和水平的唯一标准。

4.1.4 层次性和综合性的统一

可持续发展观蕴涵着系统的层次性和综合性的统一。人类生存的世界是一个复杂巨系统，由社会系统和自然系统构成，社会系统又由经济系统、文化系统、政治系统、军事系统等子系统构成，其中经济系统又由生产系统、消费系统、交换系统、分配系统构成。系统一方面可以分解为一级比一级更小的系统，表现出系统的层次性；另一方面，系统可以联结成一级比一级更复杂的更庞大的系统直至整个宇宙，表现出系统的综合性。因此，世界是层次性和综合性的统一体，那么在可持续发展观中，必然体现这一思想。例如，社会系统的发展，是综合的子系统的相互作用的结果，不可忽视社会子系统中，由于任何一个子系统的变化都会影响到其他子系统以及整个巨系统。

同样经济系统中的子系统中的生产系统或消费系统的变化，都会影响到整个社会系统的进化。因此，在可持续发展观中，强调人们改变传统的生产方式和消费方式，在生产中尽量地少投入多产出，在消费时尽量地少排放多利用，其实质不仅在于维持生产系统和消费系统，更主要地考虑到这两个系统的发展会影响到经济系统，进一步地影响人类社会的发展。所以，可持续发展观是站在综合性与层次性的高度分析自然系统和社会系统，指导人类的实践行为，使世界向更加有序的方向演化。

4.1.5　解决发展问题的关键

协同是指元素对元素的相干能力，表现了元素在整体发展运行过程中协调与合作的性质。结构元素各自之间的协调、协作形成拉动效应，推动事物共同前进，对事物双方或多方而言，协同的结果使个个获益，整体加强，共同发展。导致事物间属性互相增强、向积极方向发展的相干性即为协同性。

"协同"是可持续发展观中解决发展问题的关键。协同学理论认为，系统的开放性只是产生有序结构的必要条件，只有子系统之间的协同性才是产生有序的直接原因。即在一定的条件下，由于系统之间的相互作用和协同，系统会形成空间的、时间的和功能的有序结构，无论是人类社会系统的演化发展，还是维持自然界系统的平衡，都离不开"协同"。

由于社会系统时时刻刻地在发展着演化着，只有经济系统、政治系统、文化系统以及教育系统的协同，才能使社会系统产生有序的结构，即才能使社会系统各要素协调地向前发展。同样地，也只有社会系统和自然系统的协同，才能有效地使世界这个巨系统向更加有序的方向发展，即向良性的轨道发展，实现人与自然的协调发展，使世界文明取得真正的进步。

因此，在可持续发展观中，把"协同"作为解决人类面临的一系列问题的重要策略，强调"全人类共同面对的问题，需要全球的协同合作"，这里的全球性的合作，也是一种全面的合作，因为在当今的世界已非往日的彼此隔绝、互不相通的国家和地区，而是以各系统各领域的全球化为特征的世界。

4.2　地质遗迹资源可持续利用的理论分析

4.2.1　地质遗迹资源与资源、自然资源的关系

地质遗迹资源是自然生态环境的重要组成部分，自然资源的有机组成之一。它与土地资源、矿产资源、水利资源、生物资源、海洋资源一样，是人类的宝贵财富。要全面地认识和利用资源，就应当对其进行必要的分类研究。从不同的角度去认识资源，即有不同的分类方法。在李烈荣、姜建军等主编的《中国地质遗迹资源及其管理》一书中，将地质遗迹资源与资源、自然资源和地质资源的关系进行了比较，从图4-1可以看出地质遗迹资源与其他资源的相关关系。

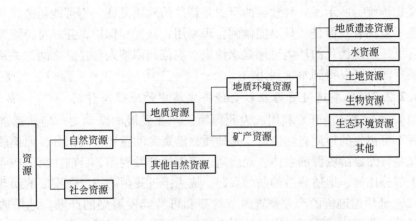

图 4-1 资源、自然资源、地质资源和地质遗迹资源的关系

4.2.2 地质遗迹资源的价值与利用特征

4.2.2.1 地质遗迹资源价值

地质遗迹资源价值和"自然价值"一样,所反映、概括和表达的是人类与客观世界结成的一种特定的实践—认识关系。人是实践与认识的主体,依据人的需要,地质遗迹资源具有四种价值,即资源价值、科学研究价值、审美价值、生态价值。

关于人的遗传密码的科学成果表明,人具有接触自然的需要。人与自然界其他的动物乃至植物和矿物本是同根同源的,因此人的先天性里就对自然的各种生物乃至山川河流具有亲切之感。地质遗迹资源的观赏性,充分展示了它的美学特征,形形色色的地质遗迹资源,既有雄、秀、险、奇、幽、旷等类型的形象美,又有动与静的形态美;既有色彩美,又有声色美。这些天然的状态或景观能够引起人们精神上的愉悦,可以陶冶人们的理想、信念、意志和情操,可以成为人们艺术创作的源泉,有利于人类智慧和个性的自由发展,因而地质遗迹资源具有审美价值。

4.2.2.2 地质遗迹资源的利用特征

地质遗迹资源是提高人类生活质量的重要物质基础,也是构成社会、经济、生态环境三大运行系统总资源的有机组成部分,就其利用特征,主要表现在以下几方面:

(1)地质遗迹资源的利用主要体现在科研、科普及景观旅游两个方面。

(2)地质遗迹的利用具有不可替代性。

(3)地质遗迹的利用具有很大的差异性和不平衡性。

(4)地质遗迹资源具有永续利用性。

虽然说地质遗迹资源是一种不能再生的资源,为一种现实的或一种消失的文明或文化传统，展示了一种独特的至少是特殊的地质见证，不可能仿造，一旦被破坏便不复拥有。但是，只要能做到合理利用、开发和保护，并在可持续发展战略指导下，用现代化的环境道德观念约束、规范和调整人与自然之间的关系，地质遗迹资源是可以得到永续利用的。

4.2.2.3 地质遗迹资源在社会经济发展中的地位与作用

（1）地质遗迹的开发利用成为我国第三产业发展的新动力。地质遗迹资源是一种不可再生的地质自然遗产，是地质旅游资源的重要组成部分，而地质旅游资源又是自然旅游资源的主体，地质遗迹资源的开发利用，目前在第三产业中已占绝大部分比例，地质旅游的蓬勃兴起，成为推进我国第三产业发展的新动力。

（2）地质遗迹资源产业是资源节约型和可持续发展型的产业。地质遗迹资源与基础产业相比，不需要专门的原料消耗，资源可以持续利用。地质遗迹资源产业发展本身就是以自然生态和环境保护为方针，在开发资源、保护自然生态环境方面起着重要作用，这也决定了地质遗迹资源产业将成为引导我国产业绿色化的前锋。

（3）地质遗迹资源产业为第一、第二产业的发展提供了新市场。地质旅游产业具有独特的关联功能，形成了新的市场推动，带动了一大批相关产业的发展，并将成为永不衰弱的"朝阳产业"。

（4）开发地质遗迹资源，带动贫困地区群众走上脱贫致富之路。地质旅游是开发扶贫的一种特殊形式，为贫困落后的地区带来了向往新生活的希望。地质旅游扶持旅游资源地区发展旅游业，不但是帮助这些地区尽快脱贫致富的需要，而且是帮助这些地区奔小康的需要，是具有重大战略意义和深远意义影响的举措。

（5）地质遗迹资源开发利用对文化发展具有促进作用。地质旅游对于人们来说，可以丰富地理知识、地质知识、文史知识、风俗民情知识等。旅游活动的所见、所思、所闻，成为每一位旅游者积累知识财富的过程。

（6）改善投资环境促进对外开放交流。地质旅游业的发展进程在一定程度上取决于国际直接交流的进程，从而也会进一步推进国际经贸、科技、文化等各方面的双向交流，为经济联合构筑基础。

4.2.3 地质遗迹资源可持续利用的内涵

地质遗迹资源作为自然资源的重要组成部分，要实现可持续发展涉及两大方面的问题：一方面是地质遗迹资源持续利用，保证未来经济建设与社会发展以及人类生活水平提高的需要；另一方面是地质遗迹资源开发利用要适度，要保证地质遗迹资源与生态环境不遭受破坏。

地质遗迹资源可持续利用系统是一个十分复杂的不断发展的区域性多层次的巨系统，它涉及地质遗迹资源、开发利用、人口、环境、经济、社会、科技等多要素。因此，人们对地质遗迹资源的认识不能仅仅停留在开发、利用、保护这样的一个较低层次上，而更应该从发展特别是可持续发展的战略高度上认识地质遗迹资源，将单纯的资源的开发利用观、保护观上升到资源可持续发展观，并通过资源的经济制度和社会制度创新促进地质遗迹资源利用的可持续发展。

从资源利用可持续发展的内涵来看，地质遗迹资源利用可持续发展应该包括四个层次（图4-2）：一是地质遗迹资源自身的可持续发展；二是地质遗迹资源产业的可持续发展；三是地质遗迹资源经济的可持续发展；四是以地质遗迹资源为基础的区域经济、社会的可持续发展。这四者共同构成一个有关地质遗迹资源利用可持续发展的密不可分的统一体。地质遗迹资源自身的可持续发展，表现为所属地质环境生态质量的保持和提高，以及地质遗迹资源的可持续利用，或者说两者构成了地质遗迹资源利用可持续发展的第一层次的内容。其他三个层次的可持续发展都是在此基础上逐步或依次派生出来的更高层次的地质遗迹资源利用可持续发展，其中以地质遗迹资源为基础的整个经济、社会的可持续发展就是地质遗迹资源利用可持续发展的最高层次，具有战略意义。

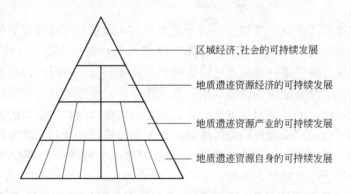

区域经济、社会的可持续发展

地质遗迹资源经济的可持续发展

地质遗迹资源产业的可持续发展

地质遗迹资源自身的可持续发展

图4-2 地质遗迹资源利用可持续发展的层次分析

4.2.3.1 地质遗迹资源自身的可持续发展

地质遗迹资源是不可再生资源。任何地质遗迹都形成于特定的地质环境条件下，通过一定的物质、现象、形迹、形态（或景观）等形式反映地壳或地表演化，是地质历史和地质环境变迁的见证，所记录的地质信息和反映的地质现象在一定的区域内是特有或独有的，一旦遭到破坏，就意味着永远失去，不可能恢复。

人类在探索自然历史的过程中逐渐认识到保护地球遗产的重要性，又从保护地球遗产的长期过程中找到了最佳办法和最好途径，这就是建立地质公园。通过建立地质公园，是使地质遗迹资源价值得到社会承认和支持的最好方式。一方面，不断地向公众普及地球历史知识和环境知识，才能让公众增强对地质遗迹价值的认识，增强环境保护意识，使地质遗迹切实得到保护；另一方面，利用地质公园开展地质旅游活动，促进地方经济发展，调动当地居民保护环境的积极性，使开发与保护相得益彰。

4.2.3.2 地质遗迹资源产业的可持续发展

资源产业（natural resources industry）是指通过政府和社会投入进行保护、恢复、再生、更新、增值和积累自然资源的生产和再生产活动的集合。由此定义，可以把地质遗迹资源产业理解为包括地质遗迹资源开发利用前、开发利用中以及开发利用后的一切资源经济活动，是全部地质遗迹资源的生产和再生产活动的集合。

产业可持续发展是指产业总体状况与人口、资源、环境、社会相互协调，并且能够长期持续不断地发展。它是整个经济、社会可持续发展的重要方面。整个经济、社会可持续发展对产业总体状况及其发展的要求，就是产业总体可持续发展的主要内容，即产业结构优化，产业布局合理化，发展节约资源的产业，发展新材料和新能源的产业，发展环境保护产业，发展能充分利用人力资源的产业等。

地质遗迹资源本身以及与之密切相关的生态环境都是可持续发展的重要内容之一，没有资源可持续利用，就不可能有以资源为基础和前提条件的整个经济、社会的可持续发展。通过地质遗迹资源的利用特征分析，可得出地质遗迹资源具有永续利用性。只要能做到合理利用、开发和保护地质遗迹并在可持续发展战略指导下，用现代化的环境道德观念约束、规范和调整人与自然之间的关系，地质遗迹资源是可以得到永续利用的。所以，地质遗迹资源产业的发展应充分体现可持续发展的客观要求，并使之成为地质遗迹资源产业可持续发展战略的具体体现，其战略措施应包括如下内容：

（1）协调地质遗迹资源产业发展规模与资源持续利用和环境承载能力的关系，地质遗迹资源产业的发展不能损害资源的持续利用性，不能超过资源环境的承载能力。

（2）调整地质遗迹资源产业结构，优化地质遗迹资源的品种结构和空间布局结构，防止地质遗迹资源产业结构不合理造成资源浪费等问题。

（3）促进资源技术进步，提高资源产业技术水平，以提高地质遗迹资源的综合利用效益，促进地质遗迹资源产业的高效发展。

（4）制定和实施地质遗迹资源产业发展政策，将资源产业发展政策作为实施地质遗迹资源产业可持续发展的重要手段，其中尤其是要制定地质遗迹资源产业可持续发展政策，以将地质遗迹资源产业发展转向可持续发展。

4.2.3.3 地质遗迹资源经济的可持续发展

地质遗迹资源经济是指有关地质遗迹资源生产和再生产（生产、交换、分配、消费）的一系列经济活动的总称。资源经济的可持续发展，就是要在发展经济的同时，充分考虑环境、资源和生态的承受能力，保持人与自然的和谐发展，实现资源的永续利用。

实现地质遗迹资源经济的可持续发展，实质就是要转变传统的资源经济发展模式。有关资源经济增长和发展的方式、目标、技术、政策、制度则构成了资源经济发展模式。传统的发展模式关注的只是经济领域活动，其目标是产值和利润的增长、物质财富的增加。在这种发展观的支配下，为了追求最大的经济效益，人们认识不到或不承认环境本身所具有的价值，采取了以损害环境为代价来换取经济增长的发展模式，存在着资源产权制度不完善、资源法律制度需要修改和完善、资源经济运行调控手段落后和调控目标不科学等问题，从而使资源经济发展出现了资源浪费严重而资源经济效益不高的现象、"先污染后治理"使生态环境破坏较大而生态经济效益下降、"先开发后补偿"使资源优势难以有效地转化为经济优势，其结果是资源产业和资源经济增长十分有限，在全球范围内相继造成了严重的环境问题，严重地影响了资源经济的可持续发展。

从根本上看，传统的资源经济发展模式是导致资源经济的增长而缺少发展、即使有发展但缺乏可持续发展的重要原因。所以，转变资源经济发展的传统模式是实现资源经济可持续发展的根本保障。

（1）只有把地质遗迹资源的再生产与社会再生产结合起来，通过资源的扩大再生产来促进社会经济扩大再生产，才能实现地质遗迹资源利用可持续发展。

（2）只有把地质遗迹资源产业的发展与其他产业的发展协调起来，通过资源产业结构的优化升级来促进整个社会产业结构的优化升级，才能有效地实现地质遗迹资源产业可持续发展。

（3）只有把地质遗迹资源经济的发展与整个国民经济的发展协调起来，通过资源经济的高效增长和合理发展来促进整个国民经济和社会的发展，才能实现地质遗迹资源经济可持续发展。

因此，要把地质遗迹资源经济可持续发展的制度创新与整个经济、社会可持续发展的制度创新结合起来，使两者互为制度变迁的推动力，为实现资源经济可持续发展而进行的制度创新。从而促进整个经济、社会可持续发展所要求的制度变迁和制度创新，最终为资源经济可持续发展提供保障。

4.3 基于自组织理论的地质遗迹资源可持续利用分析

4.3.1 自组织理论概述

4.3.1.1 自组织思维与理论

20世纪70年代前后逐步发展起来的以非线性的复杂系统为研究对象的，以耗散结构理论（dissipative structure theory）、协同学（synergetics）、突变论（ca-tastrophe theory）及超循环理论等为代表的系统自组织理论，给科学思维整体的发展提供了一些新的思维方法，形成了新的系统科学思维即系统自组织思维。

一般来说，组织是指系统内的有序结构或这种有序结构的形成过程。德国理论物理学家赫尔曼·哈肯（Hermann Haken）认为，从组织的进化形式来看，可以把它分为两类：他组织和自组织（self-organization）。如果一个系统靠外部指令而形成组织，就是他组织；如果不存在外部指令，系统按照相互默契的某种规则，各尽其责而又协调地自动地形成有序结构，就是自组织。自组织现象无论在自然界还是在人类社会中都普遍存在。一个系统自组织功能愈强，其保持和产生新功能的能力也就愈强。例如，人类社会比动物界自组织能力强，人类社会比动物界的功能就高级多了。

自组织理论并不是一个单一的理论，而是一个理论群。它是由耗散结构理论、协同学理论、突变理论、超循环理论、分形结构理论和混沌理论等组成的。耗散结构理论为自组织的形成提供了条件方法论；协同学理论为自组织的形成提供了动力学方法论；突变理论为自组织的形成提供了演化途径方法论；超循环理论为自组织的形成提供了结合方法论；分形结构理论为自组织的形成提供了结构方法论；混沌理论为自组织的形成提供了演化过程和图景方法论。这些理论都是从不同角度为自组织的形成提供了不同的理论基础和方法论。但基本思想和理论内核可以完全由耗散结构理论、协同学、突变论给出。

（1）耗散结构理论。比利时物理学家伊里亚·普里高津（Ilya Prigogine）从热力学第二定律出发，通过研究非平衡态热力学，指出一个远离平衡态的开放系统，在外界条件变化达到某一特定阈值时，量变可能引起质变，系统通过不断地与外界交换能量与物质，就可能从原来的无序状态转变为一种时间、空间或功能的有序状态，这种远离平衡态的、稳定的、有序的结构称之为"耗散结构"（dissipative structure）。"耗散"，即是一种能量耗散，是由利用效率高的能量转化为利用效率低的能量。耗散结构是系统存在的一个结构状态，是一个远离平衡态的开放系统，通过不断地与外界进行物质、能量和信息的交换，系统内各要素存在着复杂的非线性相干效应时形成一种时间上、空间上和功能上的有序状态，这种非线性平衡下的有序结构，称为耗散结构。以"熵"来表达系统的混乱程度，处于热力学平衡态下的系统是混乱程度最大的。如果系统要向有序的方向发展，远离平衡态，就必须处于耗散结构状态。耗散结构理论主要研究系统与环境之间的物质与能量交换关系及其对自组织系统的影响等问题。远离平衡态、系统的开放性、系统内不同要素间存在非线性机制是耗散结构出现的三个条件。

（2）协同学。与耗散结构几乎同时诞生的协同学是由德国理论物理学赫尔曼·哈肯创立的一门跨学科的理论。哈肯认为系统演化的动力是系统内部各子系统之间的竞争和协同，而不是外部指令，只有如此的系统才是自组织系统。它指出系统内部通过竞争而协同，从而使竞争中的一种或几种趋势优势化（形成序参量的过程）并因此支配整个系统从无序走向有序，即自组织起来。其中竞争是协同的基本前提和条件，系统内部的诸要素或系统之间的竞争是永存的。它一方面造就了系统远离平衡态的自组织演化条件，另一方面推动了系统向有序结构的演化。

所谓协同就是系统中的诸多子系统的相互协调、合作或同步的联合作用，集体行为。协同是系统整体性、相关性的内在表现。竞争和协同是系统的两种动力方式。竞争使系统趋于非平衡，它是自组织的首要条件，协同则在非平衡条件下使子系统中的某些运动趋势联合起来并加以放大，从而使之占据优势地位，支配系统整体的演化。而整个系统是通过竞争和协同从而产生序参量，序参量一方面通知各子系统如何运动，一方面又告诉观察者系统的宏观有序态的情况，从而反过来支配整个子系统，这便是系统运动的整个过程。

（3）突变论。突变论是研究客观世界非连续性突然变化现象的一门新兴学科，建立在稳定性理论的基础上，认为突变过程是由一种稳定态经过不稳定态向新的稳定态跃迁的过程，表现在数学上是标志着系统状态的各组参数及其函数值变化的过程。突变论认为，即使是同一过程，对应于同一控制因素临界值，突变仍会产生不同的结果，即可能达到若干不同的新稳态，每个状态都呈现出一定的概率。突变论的研究内容简单地说，是研究从一种稳定组态跃迁到另一种稳定组态的现象和规律。

总之，自组织理论思想丰富多彩，为我们描绘了一幅生动的自然图景，同时为我们展示了一幅生动的世界观图景。自然观方面，相对于牛顿—拉普拉斯机械决定论，自组织理论发扬了辩证决定论；相对于简单性自然观，自组织理论揭示了世界的复杂性本质；相对于外力论，自组织理论揭示了世界自组织演化的一般机制；相对于人与自然对立论，自组织理论阐述了人与自然不可分割的关系。自组织理论揭示出自然界的普遍联系性与自组织演化发展特征，演化是一种不可逆过程，时间是一种结构，人类是自然界的一部分，与自然界不可分离，人类参与在整个自然的不可逆过程中。自组织理论不仅为我们描绘了生态的自然图景，而且也为我们解决一系列自然与社会问题提供了重要的方法指导。

4.3.1.2　自组织思维方法

自组织理论方法主要包括自组织的条件方法论、自组织的协同动力学方法论、自组织演化路径（突变论）的方法论、自组织超循环结合方法论、自组织分形结构方法论、自组织动力学（混沌）演化过程论、综合的自组织理论方法论等。

（1）自组织的协同动力学方法论。自组织的协同动力学方法论有三大要点：第一，在大量子系统存在的事物内部，在平权输入必要的物质、能量和信息的基础上，需激励竞争，形成影响和相互作用的网络；第二，提倡合作，形成与竞争相抗衡的必要的张力，并不受干扰地让合作的某些优势自发地、自主地形成更大的优势；第三，一旦形成序参量后，要注意序参量的支配不能采取被组织方式进行，应按照体系的自组织过程在序参量支配的规律下组织系统的动力学过程。这可能产生两种有序运动：一种即数量化的水平增长其复杂性和组织程度的演化；另一种则是突变式的组织程度跃升动力学演化。

（2）自组织演化路径（突变论）的方法论。演化的路径具有多样性，主要有三条路径：一是经过临界点或临界区域的演化路径，演化结局难以预料，小的激励极可能导致大的涨落；二是演化的间断性道路，有大的跌宕和起伏，常出现突然的变化，其间大部分演化路径可以预测，但有些区域或结构点不可预测；三是渐进的演化道路，路径基本可以预测。突变论所利用的形态演化方法（结构化方法）在整体背景上进行自组织演化路径的突变可能性分析，为研究者提供了一个整体观。

（3）自组织动力学（混沌）演化过程论。首先，混沌不仅可以出现在简单系统中，而且常常通过简单的规则就能产生混沌。简单系统能够产生复杂行为，复杂系统也能够产生简单行为。分层、分岔、分支、锁定、放大，非线性的发展或演化过程就是这样神奇而不可预测。其次，非线性动力学混沌是内在的，固有的，而不是外加的、外生的。尤其是在管理中的混沌特性决定了"混沌管理"方法的非最优化和不确定性。

总之，自组织理论以新的基本概念和理论方法研究自然界和人类社会中的复杂现象，并探索复杂现象形成和演化的基本规律。其研究对象主要是复杂自组织系统（生命系统、社会系统）的形成和发展机制问题，即在一定条件下，系统是如何自动地由无序走向有序，由低级有序走向高级有序的。从自然界中非生命的物理、化学过程怎样过渡到有生命的生物现象，到人类社会从低级走向高级的不断进化等，都是自组织理论研究的课题。

4.3.2 可持续利用系统的耗散结构特征

地质遗迹资源可持续利用系统以地质遗迹或它们的结合为基本载体，涉及地质遗迹资源、保护与利用、人口、环境、经济、社会、科技等多要素的一个十分复杂的不断发展的区域性多层次的巨系统，由地质遗迹资源子系统、保护与利用子系统、人口子系统、环境子系统等构成的复合系统，各子系统之间相互联系，相互制约，构成一个有机整体。地质遗迹资源可持续利用系统具有耗散结构的特征，主要有以下几个原因：

（1）地质遗迹资源可持续利用发展的矛盾和问题是复杂的，各种矛盾和问题之间存在的大量相互作用都是非线性的。地质遗迹资源利用可持续发展的本质是非线性的。地质遗迹资源利用可持续发展诸要素之间的非线性作用构成了地质遗迹资源可持续利用系统并促进其深化和发展。

（2）地质遗迹资源可持续利用发展的有序是一种系统宏观上的有序，是由于系统内部各元素或各部分的相互作用而表现在整体结构和功能上的有序。如果离开系统的整体或不从宏观上进行把握，仅从系统各元素或各部分单独地去观察，可能看不到有序现象。

（3）地质遗迹资源可持续利用发展的耗散结构是一种"活"结构，即地质遗迹资源利用可持续发展所形成的稳定有序结构是处于不断的运动变化之中，系统内部的各元素与各部分之间不断地相互作用，系统的组成要素不断地新陈代谢，系统的整体也不断地发生变化。

（4）地质遗迹资源可持续利用系统的形成和存在，必须与外界环境保持连续的物质与能量的交换，即必须是开放的系统。依靠与外界进行物质、能量交换而形成和存在耗散结构才是"活"的和发展的地质遗迹资源利用可持续发展状态。

4.3.3 可持续利用系统耗散结构的形成

4.3.3.1 开放与负熵流引入

耗散结构理论表明，任何系统要想求得发展，从无序演化为有序或从低级的有序发展为高级的有序，都必须首先使系统开放。"华盛顿共识"核心内容的观点是开放和自由化将导致增长。在开放系统中，系统的熵 D 由 D_e 和 D_i 两部分组成，即

$$D = D_e + D_i \qquad\qquad (4-1)$$

式中　D_e——系统与外界交换的熵；

　　　D_i——系统内部产生的熵。

对于任何一个系统，$D_i \geqslant 0$。开放系统通过不断地从外界吸收负熵流，即 $D_e \leqslant 0$，来抵消系统内部的熵增加 D_i。只要这个负熵流 D_e 足够强，在抵消了系统的熵增 D_i 后，还能够使系统的总熵 D 减少，则系统就进入了相对有序的状态，形成耗散结构。

地质遗迹资源利用可持续发展是在高度发达的现代社会条件下，充分运用现代科学技术而进行的复杂的经济社会过程，地质遗迹资源可持续利用系统本质上是开放的。地质遗迹资源可持续利用系统的开放，是包括资源、环境、技术、人力、资本、信息等各个方面的全面开放。不仅对外开放，还要对内开放。对外开

放是指地质遗迹资源保护与利用的相互交流与协作；对内开放是指地质遗迹资源利用可持续发展各子系统之间的沟通与和谐。

地质遗迹资源可持续利用系统的开放过程的重要方面是吸收负熵流，排除正熵流。负熵流包括相对稀缺资源互通有无、合适技术的交流与交易、适应可持续发展原则的产业转移、经验和方法的借鉴、区域要素市场的开放与统一、区域可持续发展的协调与管理等等。负熵流的大量吸收，将促使地质遗迹资源可持续利用系统向有序方向发展。

4.3.3.2 非平衡与有序之源

耗散结构只有在系统保持"远离平衡"的条件下才有可能出现。耗散结构与平衡结构的本质区别在于：平衡结构是一种静态的稳定结构，是"死"结构，这种结构形成后，最好是将系统孤立起来，设法使其与外界隔绝，才能保持不变。因此，静态的稳定结构在现实中其实是不稳定的。耗散结构是一种动态的稳定结构，是"活"的结构，是一种远离"死"的平衡态的稳定态。这种结构只有在开放和非平衡的条件下才能形成，或者说，要想使系统形成耗散结构，必须设法以开放来驱动系统越出平衡态，进入到远离平衡态的非平衡态。

地质遗迹资源可持续利用发展要形成富有生命活力的耗散结构，必须经常处于一种远离平衡态的非平衡状态。推动地质遗迹资源可持续利用发展摆脱僵化的平衡态模式，进入非平衡态，最终达到动态平衡的途径如下：

（1）解放思想，树立可持续发展的资源观和科学的区域发展观，不断改革创新，不断破除旧的平衡态，积极创造促进地质遗迹资源利用可持续发展水平提高的新非平衡环境和制度框架，努力实现动态平衡状态。

（2）推进地质遗迹资源可持续利用系统及其各子系统的开放，在资源的开发利用上要打破地方保护、部门保护主义，自我封闭，表面上看是微观上的稳定和平衡，实质上却是束缚地质遗迹资源利用可持续发展的桎梏。开拓视野，增强市场经济意识，引入竞争机制，推进地质遗迹资源可持续利用系统的非平衡态演化。

4.3.3.3 非线性机制与自我完善

耗散结构理论揭示，在复杂系统内部诸要素的非线性相互作用，是推动系统向有序发展的内在动力，是形成耗散结构的重要机理和必要条件。非线性作用在地质遗迹资源利用可持续发展耗散结构的形成和演化过程主要产生两种效应，即：相干效应和临界效应。相干效应使地质遗迹资源可持续利用系统元素之间相互制约、耦合而产生整体效应，增强了地质遗迹资源利用可持续发展各子系统，以及与区域可持续发展系统的有机联系，地质遗迹资源可持续利用系统及其各子系统的独立性消失，线性叠加失效，产生了自组织结构及自我完善。临界效应发生在地质遗迹资源利用可持续发展到达某一临界点而出现失稳。在开放条件下，临界效应及时使系统与外界发生资源环境的交流与交换，即系统发生分支和分岔演化，并按一个分支以上即多分支演化为新的系统，形成新的动态稳定结构。相干效应和临界效应构成了非线性作用机制，这是地质遗迹可持续发展耗散结构形成和存在的内在机制。

充分发挥非线性作用机制的作用，实现地质遗迹资源利用可持续发展的自组织和自我完善，应该重点做好以下工作：

(1) 地质遗迹资源保护与利用的统筹规划和科学决策。应该通过系统分析方法，运用系统工程技术从多种非线性关系和约束条件中求得最优解。制定可行目标，协调各种关系，综合考虑各种相关因素，努力做到资源的有效保护、合理利用。

(2) 注重对地质遗迹资源利用可持续发展战略实施过程的调控。地质遗迹资源利用可持续发展战略在没有实施和经实践检验之前带有很大的不确定性、未来性和不可完备性。应在地质遗迹资源利用可持续发展战略实施过程中，对出现的不同情况和问题随时反馈、调节和完善，使地质遗迹资源利用可持续发展战略按照既定的目标顺利实施。

(3) 加强地质遗迹资源可持续利用系统和区域可持续发展系统，以及地质遗迹资源利用可持续发展各子系统之间的深层关联和调节，形成一种互相促进、互相竞争、互相制约、彼此协调，充满生机与活力的活泼局面。联系和互动加强了，系统的机制就会得到完善，地质遗迹资源利用可持续发展战略的实施效果就会增强。

4.3.3.4 涨落契机与跨越发展

"涨落导致有序"是耗散结构理论中的又一重要观点，突出强调了在非平衡系统中具备了形成有序结构的客观条件后，涨落对实现有序所起的重要作用。涨落是指系统的某个变量或某种行为对平衡值的偏离，其促使系统离开原来的状态或轨道。在远离平衡态下，涨落是系统由不稳定状态形成新的稳定状态的突变，达到新的稳定有序状态。应用这一点来分析地质遗迹资源可持续利用系统，可以得到许多有益的启示：

(1) 要注意和善于捕捉能够推进地质遗迹资源保护与利用的良好"涨落"契机，注重"关键时刻"和转折点。例如，一个重要的信息的获得、一项技术革新的成功、一个重大的科学发现、一个重要的社会政治、经济事件等，都有可能对地质遗迹资源的保护与利用产生至关重要的影响，或者对环境库兹涅茨曲线的转折产生关键作用。要研究和掌握涨落发生的客观规律，善于利用涨落规律达到促进地质遗迹资源利用可持续发展不断跃上新的台阶。

(2) 要积极创造条件，为"涨落"时机的到来做好充分的准备。要通过开放和改革，打破旧的体制和结构，激活地质遗迹资源可持续利用系统的非平衡状态，增大正反馈，减弱负反馈，为适时推进地质遗迹资源的可持续发展创造条件和时机。

（3）要注意对涨落过程的监控。涨落可能对地质遗迹资源的保护或利用产生一定的冲击，包括地质遗迹资源利用可持续发展的暂时失稳、各种可持续发展问题和短期尖锐等，对比应该密切注视、正确认识、认真对待和恰当处理。

4.3.4　可持续利用发展的协同效应

协同效应是指在地质遗迹资源利用可持续发展的复杂系统中，各子系统之间的协同行为能够形成整个系统的统一和联合作用，并且作用效果超越了各子系统自身所具有的单独作用之和。依据协同效应原理，地质遗迹资源可持续利用系统的有序性是由诸子系统的协同作用而产生的。这种协同作用就是地质遗迹资源利用可持续发展所固有的自组织能力，是形成地质遗迹资源可持续利用系统有序结构的内在动力。从地质遗迹资源利用可持续发展的系统分析可以看出，地质遗迹资源可持续利用系统是由复杂的多元子系统组成的，具有规模大、层次多、分工细、关系复杂、目标多样、信息量激增等特点。协同是地质遗迹资源可持续利用系统复杂化、高级化和自动化的客观要求，是实现地质遗迹资源利用可持续发展战略的决定性机制。协同并不表示地质遗迹资源利用可持续发展各子系统都整齐划一地达到各自的完美状态，那样的话，地质遗迹资源利用可持续发展又回归到了僵化的平衡态，地质遗迹资源利用可持续发展的协同蕴涵的意义是，某个时期或阶段的局部非协调可能并不妨碍系统在整体上的协调。

地质遗迹资源利用可持续发展的协同战略所追求的是系统整体可持续发展效益最优。系统的整体性原理阐明，地质遗迹资源可持续利用系统的整体功能并不等于各子系统功能的简单相加，其可能大于、等于或小于各子系统的功能之和，决定系统整体功能的关键在于各子系统之间的协同效应的影响如何，协同效应大，则系统的整体功能就好，将出现 $1+1>2$ 的结果；协同效应小，则系统的整体功能就差，各子系统之间互相离散形成内耗，不仅子系统发挥不出应有的功能，还会使整个系统陷入一种混乱无序的状态，出现 $1+1<2$ 的效果。协同导致有序，协同是地质遗迹资源利用可持续发展战略发挥应有作用的决定性条件。

4.3.5　可持续利用发展的自组织

地质遗迹资源利用可持续发展有序结构出现的关键是由系统协同作用所激发的地质遗迹资源利用可持续发展的自组织能力。地质遗迹资源利用可持续发展的自组织是指系统在没有外部指令的条件下，其内部各子系统之间能够按照可持续发展规则自动形成一定的结构或功能。这种自组织能力具有内在性和自生性。地质遗迹资源利用可持续发展的自组织能力是地质遗迹资源利用可持续发展协同作用的核心，也是地质遗迹资源利用可持续发展能力建设的核心内容。地质遗迹资源利用可持续发展的自组织能力主要包括以下内容：

（1）地质遗迹资源的现代化管理。地质遗迹资源的现代化管理，主要是指以发挥地质遗迹资源保护与利用的经济效益、社会效益和环境效益为目的的综合管理。实现地质遗迹资源现代管理的关键是政府与非政府组织的配合、政府与社会公众之间的协调等。

现代化意义上的地质遗迹资源管理不仅追求政府和各职能部门自身工作的最优，而是追求各地方政府和政府部门各职能部门之间相互配合的最优。换句话说，现代化的管理必须注意各地方政府与政府不同职能部门之间的横向分工协调和纵向不同隶属关系之间的分权协调。现代化的管理要求政府的部分行为应该转向市场化和社会化，即增加系统的非平衡力量，而政府在管理中主要实行监督组织功能，控制和引导序变量。只有这样，才有助于提高效率和形成动态的有序结构。现代化的管理提倡公众参与，社会公众自下而上的参与政府自上而下的管理形成协同效应和合力。这意味着应该把社会公众看作是地质遗迹资源管理的积极参与者，向他们提供参与地质遗迹资源管理的各种机会，让他们参与地质遗迹资源管理的决策、实施和监督的全过程。

（2）企业实施可持续发展。凡是与地质遗迹资源保护与利用相关的企业，首先应该在企业发展战略上要与地质遗迹资源利用可持续发展战略实现协同。

为此，企业发展的战略要实现两个转变：一是经营思想的转变，要从与地质遗迹资源利用可持续发展相背离的经营观念向经济与环境双赢的经营观念转变；二是资源消耗和污染控制方式的转变，要从资源密集型的生产消耗方式向资源节约型的生产消耗方式转变，要从传统末端污染治理和浓度控制向以预防为主的生产全过程控制和总量控制与浓度控制结合转变。企业实施可持续发展应该以推广应用清洁生产工艺和生命周期管理为主要内容，进行技术创新和管理创新。清洁生产（cleaner production）是通过原料选择、产品设计、工艺改革等途径，使生产活动最终产生的污染物达到最少的生产方式和管理模式，主要包括资源综合利用、改革工艺和设备、组织厂内物料循环、改进操作、革新产品体系、进行必要末端处理等内容。生命周期管理（life cycle assessment）可以比清洁生产更加一体化地减少产品和服务对环境的影响。生命周期管理方法要求考察和评估产品与服务的整个生命周期，包括原料开采、制造、加工、运输、使用、维护、再循环、废弃物处理等各个阶段，明确产品和服务"从摇篮到坟墓"的整个生命周期的可持续发展问题，从而进行有效的控制和管理。

（3）公众的理解和参与。可持续发展战略的重要原则是公众参与。公众参与是实现地质遗迹资源利用可持续发展战略的社会基础，公众的参与方式和参与程度决定着地质遗迹资源利用可持续发展战略目标实现的进程。

在地质遗迹资源利用可持续发展中，人始终是可持续发展的目标指向和依靠力量。一方面，地质遗迹资源的可持续发展必须满足广大人民生存与发展的各种需求，提高人民的生活质量；另一方面，地质遗迹资源利用可持续发展的依靠力量也是广大公众。公众参与是实现地质遗迹资源可持续的根本社会资源。任何一个人只要生活在区域社会经济环境中，他的行为结果就会影响到区域的可持续发展。公众的行为如果符合地质遗迹资源利用可持续发展的原则的要求，就是对地质遗迹资源利用可持续发展的正向参与；反之，就是负向参与。提倡公众对地质遗迹资源利用可持续发展的理解与参与，就是要抵制各种各样的违背和偏离可持续发展原则要求的负向参与，转变公众在个人事务和公共事务中表现出来的各种不利于地质遗迹资源利用可持续发展的观念和行为模式，提高公众的可持续发展意识，促进公众在思想上认同地质遗迹资源利用可持续发展的战略，形成可持续发展的道德规范，用可持续发展的道德观念和科技知识去提高公众的可持续发展行为能力，实现有利于地质遗迹资源利用可持续发展的公众正向参与。

（4）可持续发展的人力培训和基地建设。地质遗迹资源利用可持续发展的实施，重要的一点还在于提高各级领导、管理人员和技术人员对地质遗迹资源利用可持续发展的认识水平，加强他们在各自领域中处理与地质遗迹资源利用可持续发展相关问题的能力，造就有利于实现地质遗迹资源利用可持续发展的人力资源。

因此，必须加强地质遗迹资源利用可持续发展的教育、宣传和培训。由于决策者和管理者在政策制定与执行中起着重要的作用，他们对地质遗迹资源利用可持续发展的理解和认同程度直接影响到政府各部门、企业和社会的发展方向和进程。所以，各级各类涉及地质遗迹资源利用可持续发展的决策者和管理者应该成为地质遗迹资源可持续培训的首选对象。除了针对成年人进行地质遗迹资源利用可持续发展的培训和再教育外，青少年的可持续发展教育应该融入到他们的基础教育和学历教育之中。地质遗迹资源利用可持续发展的宣传则强调通过电视、报刊、广播等媒体推广可持续发展的思想和意识。

4.4 协同管理与资源可持续利用研究

4.4.1 管理与资源利用的耦合

资源保护中的最主要的矛盾是保护与利用之间的矛盾，而保护与利用都是依靠"管理"这个手段来实现的。

作为生产力支配性要素的管理，在当代社会生产力发展阶段通常是社会生产力系统诸要素中最重要的要素。因为管理不仅是生产力其他诸要素转变为现实生产力的关键所在，而且也是对社会经济实体系统进行分工、协作和综合运筹的基本保证。运用管理科学的基本原理和方法进行科学管理，是任何社会经济系统良性发展演化的必要条件。

地质遗迹资源可持续利用系统中的保护与利用子系统包含地质遗迹资源的保护、开发、利用、布局、生产等要素，是人类在地质遗迹中获取财富和精神满足过程的人工系统。运用适当的管理方法，施加相应的管理过程，从保护、开发、利用、生产、布局等诸要素的整体出发，通盘考虑，运筹帷幄，进行永续开发利用，就相当于为资源可持续利用系统，甚至更高层次的区域社会经济系统输入了"负熵流"，从而可以使这一系统的结构和功能向更加有序的方向发展演化。具体来讲，就是有利于优化社会经济系统的结构，如产业结构、商品结构、分配结构、消费结构等，从而促进经济发展和社会进步。

根据系统自组织理论的基本原理，不管是自然系统还是社会系统，系统的自组织过程都遵循着其内在的演变规律，不断地实现着其结构和功能的有序和优化，且这一过程是不以人们的意志为转移的。然而，资源的保护与开发利用与通常都是包括了管理活动，靠的是保护与利用时各个环节上相应的各类管理过程和管理方法。方法、措施得力，将会实现最有效保护和最大限度的利用；方法、措施不力，可能就是无效、无利甚至是有害的。

因此资源可持续利用系统的要素构成含有人的社会活动，有人的意识参与，所以资源可持续利用系统的发展演化是比自然过程更为复杂的动态过程。也正是因为有人的意识参与，才使得系统的发展和演化虽然存在于一个更为复杂、多变的外部环境之中，但是人们可以通过改变环境条件，来实现对系统动态过程的有效制约和控制，即对这种存在有"非自然"要素的系统，按照人们的主观愿望，通过实施人为的管理来实现其最优化。

4.4.2　协同管理对区域可持续发展的重要作用

协同管理的实质是指基于所面临的复合系统的结构功能特征，运用协同学原理，根据实现可持续发展的期望目标对系统实施有效管理，以实现系统协调并产生协同效应。

复杂系统实施有效管理并实现整体性协调后，系统的整体性功能是由各子系统功能耦合而成的全新的整体效应，这种耦合能使系统整体功能生成倍增，因此远远超出各子系统功能之和。系统整体协调后所产生的系统整体功能的增强，称为协同管理的协同效应。越是复杂的复合系统，系统协调对实现系统发展期望目标的作用就越显著，系统协调后产生的协同效应就越明显。

根据协同学的支配原理，对区域可持续发展系统的协同管理在很大程度上主要表现为区域管理能力的强弱。在《2001 中国可持续发展战略研究报告》指标体系中，区域管理能力指数包括：

(1) 政府效率指数：政府财政效率、政府工作效率、政府社会效率。

(2) 经济社会调控指数：经济调控绩效、社会调控绩效。

(3) 环境管理指数：环境影响评价执行力度、三同时制度执行力度、污染源限期治理及目标责任制执行力度、环境问题来访处理率。

区域管理能力指数高的区域，意味着该区域协同管理的程度高；反之亦然，区域管理能力指数小，标志着该区域协同管理的程度低。

4.4.3　协同是当代自然资源管理的发展趋势

无论是在宏观领域，还是在微观领域，协同管理对区域可持续发展系统社会经济发展演化的作用已被人们所共识。尤其是在可持续发展战略已被人们普遍接受和认同的今天，不管是一个国家、一个区域、一个行业还是一个企业，协同管理越来越成为经济增长与社会发展中的首要因素。

如何从系统自组织理论高度，在实践中运用协同管理，实现对区域可持续系统社会经济发展演化长期有效的最优控制，受到人们的普遍关注，且是一项意义深远且异常艰巨的任务。在世界经济全球化背景下，为了应对经济发展中资源过度消耗，以及由此引起的资源耗竭和污染问题，各个国家在自然资源管理领域内，积极探索协同管理，采取了一系列的改进和改革措施，以提高资源利用效率，在保障经济快速发展的同时，实现生态、环境和经济的可持续发展。

4.4.3.1　管理理念由传统走向现代

当前，资源管理理念由传统走向现代，管理手段与管理方式上发生了重大变化。主要表现在以下五个方面：

(1) 资源管理的综合化、产业化与生态一体化。管理机构和职能适度综合，在行政管理上，强化多种资源综合调查和规划监督管理成为必然的发展趋势。管理职能向产业管理延伸。对自然资源进行产业化、市场化管理已成为一种趋势，许多发达国家如美国和法国等正在尝试对一些环境资源和水资源进行产业化、市场化、资产化管理。在国土资源管理过程中，各国都无一例外地加强了对生态环境的保护，这一点在各国的立法、机构设置及资源管理机构职能定位上都有所体现。

(2) 资源管理手段与方式的创新。首先，加强资源综合调查与综合评价。其次，信息化推进资源综合管理的实现。再次，国土综合规划与整治是优化资源配置，合理开发利用与保护资源的有效途径。

（3）资源管理理念的重大变化。一是树立理性发展理念，强调在资源开发利用和分配过程中考虑长远利益和子孙后代的福利。二是树立资源与生态安全理念，经济全球化从根本上说是竞争的全球化。三是树立循环经济理念，循环经济是国际社会推进可持续发展的一种实践模式，它强调最有效利用资源和保护环境，表现为"资源—产品—再生资源"的经济增长方式。

（4）倡导经济效益中性化。在各种自然资源尤其是矿产资源开发利用中，不能仅考虑经济目标，还要评估其开发利用过程中对当地自然环境产生的影响，同时对开发后的社会经济以及环境影响进行预评价。

（5）管理制度的创新。管理制度的创新主要表现在：一是资源法系的逐步建立与完善，如美国以土地资源和水资源的开发利用为中心，制定了一系列的法律法规。二是资源有偿使用制度的建立。各种自然资源尤其是稀缺的自然资源具有公共物品性质，不具备排他性使用功能，在利用时容易出现搭便车和低效率，鉴于此，许多国家采纳了资源有偿使用和许可证制度。三是自然资源管理中的协调机制和社会中介组织的建立与完善。为协调各级政府、各部门、中央与地方、产业部门与政府部门之间的关系，许多国家都建立了协调机构。

4.4.3.2 资源管理由分散走向综合

自然资源综合管理是指以整体的自然资源为管理对象，以不同门类自然资源的共性为基础，以不同门类自然资源之间的相互关系为协调的纽带，利用一种一体化的综合的运行机制将不同门类的资源统一管理。资源的综合管理不仅仅是简单的机构合并，而是各资源管理机构之间的相互协调，相互牵制。机构合并后可以大幅度提高管理系统的整体运行效率，而不是一加一等于二的关系。综合管理的效果集中体现在制度效率的提高和交易成本的降低。

美国就是较早实行资源综合管理的国家之一。于1849年成立的美国内政部不仅管理公共土地资源，还有管理公共土地上的矿产资源、能源、森林资源和水资源及野生动物资源等职能，有力地促进了美国国土资源开发利用和国土规划工作的开展，同时也有利于生态和环境的保护。俄罗斯近年来也十分重视对自然资源的管理，加大了对自然资源管理体制的改革力度，自然资源部的职能不断扩大，除加强对矿产资源、水资源的管理外，又逐步把森林资源、野生动植物和环境、生态等管理职能合并到自然资源部，强化了相关的管理职能，以对自然资源进行更加有效的管理。另一种是实行资源分散管理的国家，通过由政府或社会组建的协调机构来实现对资源的综合管理，如日本的"审议会"制度和俄罗斯实行的联络员制度。这种制度的建立成本相对较低，对既得利益团体的影响相对较小，因而比较容易实施。尤其在当今信息化时代，通过资源信息集成可以更加有效地促进资源的集中统一管理，如日本政府"政策评价系统"的运用，就大大加快了信息的传递，为政府各部门之间纵向、横向的沟通和协调提供了可靠保障。

4.4.3.3 资源管理与资源资产管理理性结合

世界各国对自然资源管理及以其为依托的产业管理十分重视。产业管理的主要内容包括两个方面，宏观的法律、制度、政策、规划管理和微观的产权、市场和价值管理。在市场经济国家，资源管理在纵向上适当延伸，走一种资源管理与资源产业管理理性结合的道路，资源管理与产业管理截然分开的例子，基本上未见到。为了实现资源管理与资源产业管理的理性结合，出现了三种比较有代表性的资源管理模式：

（1）资源管理与产业管理相结合的模式。采取这种模式的国家以加拿大和澳大利亚最为典型，其主要特征是：资源丰富，相对生态环境压力小，依托于资源的产业非常发育、成熟。加拿大的自然资源部，澳大利亚的工业、科学和资源部（原初级产业能源部）都是典型的例子。它们既负责广义的资源管理和资源资产管理，也负责资源产业政策的研究、制定与执行。

（2）资源管理与生态管理相结合的模式。这种模式在资源利用和管理过程中强调资源的合理利用、环境保护和生态平衡，以美国最为典型。实行这种模式的国家的特点是资源丰富，且多样化，生态压力较大，自由市场极为发育，只有对市场进行规范才能引导产业健康发展。例如，美国内政部土地管理局、农业部和商业部海洋大气管理署的 2000～2005 年战略目标规划中，都专门提出了保护环境、维持经济可持续性发展的管理问题。俄罗斯政府在《俄罗斯联邦资源政策的任务和优先方向》中强调，需要建立新的、以自然环境保护为目标的国家政策，使自然资源得到综合合理利用，减少对作为当代及后代生活和发展基础的自然资源的破坏、污染和滥用。

（3）资源管理、产业管理和生态管理并重模式。在资源管理方面采用资源、产业和生态管理相结合的模式，以日本最为典型，德国和英国也属于这种类型。这些国家都是处于后工业化阶段的发达国家，普遍重视产业发展和生态保护问题，早在 20 世纪 80 年代后期就已经开始由消耗资源的资源型管理模式向保护生态环境的生态型管理模式转变。

4.4.3.4 资源管理与生态管护协同发展

世界各国强调在加强对资源的资产属性管理的同时，开始注重协调资源开发与生态保护之间的关系，并且两者之间在管理上表现出综合的趋势。资源管理在生态上的日趋耦合，首先体现在资源管理观念和理念的转变，从可持续发展，到理性发展，再到生态安全战略，循环经济理念，几乎无一不与资源的生态问题紧密相连，且都是这些理念的核心内容。许多国家的管理机构紧密把握住这些观念与理念的转变，先是将这些观念与理念在本门类资源内部进行贯彻实施，随后，他们发现，要想真正实现生态环境的改善，还需要实行资源的综合管理，即更密切地实行资源的生态系统综合管护。

生态系统管护把各种资源看成是相互联系的整体，将建立健康的、具有生产力的多样化的生态系统以及健康的人类社会作为终极目标。通过生态灾害的预防、控制以及受损生态系统的修复保障生态系统的良性循环和健康发展实现保障国家资源、生态安全与经济持续发展的双赢目标。仔细研究世界各国的资源管理机构可以发现，各国对生态系统管理中土地资源的作用给予了充分重视，在 85 个国家中，由环境资源部门管理土地的国家为 32 个，占 38%（如菲律宾的环境和自然资源部，意大利的环境和国土保护部，葡萄牙的城市、环境及国土规划部，斯洛文尼亚的环境和自然规划部，丹麦、芬兰的环境部，荷兰的住房、自然规划和环境部，乌干达的土地与环境部，卢旺达的土地安置与环境保护部，爱沙尼亚的环境部等）（据刘丽，2003）。

总体上讲，美国比较注重资源管理的统一性和综合性，强调从流域甚至更大范围对自然资源实行统一管理，强调资源的综合利用，重视单门类资源开发利用对其他资源和生态环境的影响，田纳西管理模式是美国实行多门类资源综合生态管护的典型案例。田纳西河流域历史上曾经是水旱灾害频繁、水土流失严重、经济最落后的地区之一。1933 年美国政府通过一项法律，决定成立田纳西流域管理局，并授予其规划、开发、利用田纳西河流域各种资源的广泛权力，对整个流域进行综合治理、统一规划、统一开发、统一管理。经过 10 年的努力，田纳西流域管理局修建了 31 座水利工程，建设了 21 座大坝，控制了洪水，扩大了灌溉，发展了航运，开发了电力，同时，通过植树造林、防治水土流失等措施，改善了生态环境。田纳西流域的综合治理，极大地促进了当地经济的发展，10 年间流域居民的平均收入提高了 9 倍，创造了举世赞誉的田纳西奇迹。田纳西流域成功的经验是多方面的，其中非常重要的一条是：通过立法为流域内自然资源在生态系统水平的综合管护提供法律保证。

4.4.4　协同发展是可持续发展的创新战略

协同发展战略是可持续发展战略的继续和发展，它是在可持续发展战略的基础上，引进当代协同学、系统科学及自组织理论之后的创新与发展，是在可持续发展战略的基础上，关于更多系统、更大范围和更高层次的社会发展战略，是可持续发展的创新战略。

所谓协同发展亦即协调（协作）同步发展之意。在社会、生态、经济协同发展的过程中引入了协同学的思想，包含两个最基本的含义与内容：一是构成自然社会复合系统中的各子系统，如生态系统、社会系统、经济系统及社会生态系统、生态经济系统、社会生态经济系统等，必须协调同步地向前发展，既不能偏废又不能偏重某一子系统的发展、从而避免自然社会复合系统尤其是社会生态经济复合系统发展的不均衡性；二是构成当代整个科学技术体系中的有关学科如自然科学、社会科学、生态学、经济学等，也必须协调（协作）同步地获得发展，既不能偏废又不能偏重某一个或两个学科的发展，从而避免当代科学技术发展的不平衡性。

可持续发展战略注重当代人与后代人之间的持续发展，亦即突出代际持续性战略的中心地位，协同发展战略则以系统协同战略为核心，并以时间协同发展和空间协同发展为两翼而全面展开。与可持续发展战略相对比，协同发展战略的具体内容更系统和全面。协同发展在我国的战略实施主要表现在以下六个方面：

（1）根本转变经济增长的方式。发展经济是硬道理，是中心任务。我国经济属粗放型增长方式，这种高投入、低产出的状况，既对环境造成巨大压力，又加重了为支撑经济增长而再投入的恶性循环。为实现经济增长方式的转变，一要从以外延为主向以内涵为主转变，通过各种经济要素的协同作用出效益出质量；二要从外延粗放型向内涵集约型转变，大幅度提高科技进步对经济增长的贡献值，用协同方式消除负效应；三要从数量型向质量型转变，着重适度规模、合理布局、整体素质和协同效益；四要实现从单一型向综合型转变，要实现生态保护和社会发展的综合目标。

（2）加强协同发展的法律建设。实施协同发展战略，首先应加强可持续发展的法制建设，并在此基础上形成促进社会、生态、经济协同发展的法律体系或法规政策体系。

（3）实现协同发展的综合决策。所谓综合决策就是要在决策过程中对生态、经济和社会诸因素进行综合平衡和统筹兼顾。使之逐步实现协同发展，法制建设是综合决策的保证，而综合决策则是社会生态经济诸方面协同发展的保障。

（4）确立协同发展的指标体系。协同发展与可持续发展的指标体系大体是一致的，都具有生态的、经济的和社会的三种指标。需要有一套可操作的评价指标体系，用以反映各考评对象协同发展的状态和水平，并且从它的负面效应、正面效应和综合效应三个角度来进行全面评价。

（5）实施协同发展的公众教育。在我国实施可持续发展和协同发展战略，必须依靠广大公众的有效参与。通过各种传播工具和大众传媒，进行有效的教育和培训，从而树立协同发展的思维方式。为此，要加大宣传力度，在全社会形成关心生态、经济、社会协同发展的社会心态和社会舆论。

（6）加强协同发展的理论研究。"协同发展"源于"自组织理论"的"协同"、"自组织"等概念，它涉及的方面和领域更加广泛。可以说，它比可持续发展理论所涉及的问题更多、更复杂。亟待进行深入细致地研究。协同发展的理论研究，离不开政府、企业和理论研究机构各路有识之士的通力协作和相互支持。

综上所述，协同发展战略将是社会发展模式的一场深刻革命。衡量与检验协同发展应有两个"持续维"存在：一是生态持续维，它表征生态资源和环境的可持续性；二是人类持续维，它表征人类社会和经济发展的可持续性。两者相辅相成，缺一不可。

贵州地质遗迹资源可持续开发利用

5.1 社会经济、人口、资源与环境

贵州省简称"黔"或"贵",位于我国西南的东南部,介于东经103°36′~109°35′、北纬24°37′~29°13′之间,东毗湖南省,南邻广西壮族自治区,西连云南省,北接四川省和重庆市。全省东西长约595km,南北相距约509km,总面积为176167km²,占全国国土面积的1.8%。春秋战国为楚黔中和且兰、夜郎地,秦分多郡。汉属荆、益二州,隋、唐置黔中道。宋属夔州路,元分属湖广、云南、四川三个行省,明设贵州布政使司。清为贵州省。现辖贵阳、六盘水、遵义、安顺4个地级市,黔东南、黔南、黔西南3个少数民族自治州,毕节、铜仁两个地区,下辖9个县级市,56个县,11个自治县,10个市辖区,2个特区。

5.1.1 社会经济

"欠发达、欠开发"是贵州的基本省情,集中体现为人口多、底子薄,经济总量小、人均水平低。2010年贵州省人均GDP全国倒数第一;经济总量全国第25位;工业化程度系数0.8,落后全国15年;城镇化率29.9%,与全国水平相差16.6个百分点。若干年来,贵州省经济增长主要依靠能源、化工、冶金等资源型产业的带动,而许多资源型企业还在走能耗物耗高、环境污染大的传统工业老路,导致贵州省二氧化硫等废气排放量偏高,工业固体废弃物排放量过大,资源开发质量不高、综合效益低。

2012年1月12日国务院颁布了《关于进一步促进贵州经济社会又好又快发展的若干意见》(国发〔2012〕2号)。明确指出:"贵州是我国西部多民族聚居的省份,也是贫困问题最突出的欠发达省份。贫困和落后是贵州的主要矛盾,加快发展是贵州的主要任务。贵州尽快实现富裕,是西部和欠发达地区与全国缩小差距的一个重要象征,是国家兴旺发达的一个重要标志。贵州发展既存在着交通基础设施薄弱、工程性缺水严重和生态环境脆弱等瓶颈制约,又拥有区位条件重要、能源矿产资源富集、生物多样性良好、文化旅游开发潜力大等优势;既存在着产业结构单一、城乡差距较大、社会事业发展滞后等问题和困难,又面临着深入实施西部大开发战略和加快工业化、城镇化发展的重大机遇;既存在着面广量

大程度深的贫困地区，又初步形成了带动能力较强的黔中经济区，具备了加快发展的基础条件和有利因素，正处在实现历史性跨越的关键时期。进一步促进贵州经济社会又好又快发展，是加快脱贫致富步伐，实现全面建设小康社会目标的必然要求；是发挥贵州比较优势，推动区域协调发展的战略需要；是增进各族群众福祉，促进民族团结、社会和谐的有力支撑；是加强长江、珠江上游生态建设，提高可持续发展能力的重大举措。"首次明确对贵州进行"战略定位"，将贵州定为全国重要基地和西南重要陆路交通枢纽及示范区、创新区等。同时提出努力把贵州建设成为世界知名、国内一流的旅游目的地、休闲度假胜地和文化交流的重要平台，提出贵州是全国重要的能源基地、资源深加工基地、特色轻工业基地、以航空航天为重点的装备制造基地和西南重要陆路交通枢纽。贵州省还是国家扶贫开发攻坚示范区、文化旅游发展创新区、长江、珠江上游重要生态安全屏障以及民族团结进步繁荣发展示范区。

未来，中央将依据战略定位，从各方面给予大力支持。在工业方面，国家将大力实施优势资源转化战略，构建特色鲜明、结构合理、功能配套、竞争力强的现代化产业体系，建设对内对外大通道，打造西部地区重要的经济增长极。贵州将按照市场需求导向、发挥资源优势、优化空间布局、促进转型升级的要求，坚定不移地走新型工业化道路，加快构建现代产业体系。

作为国家规划的文化旅游发展创新区，国家将探索特色民族文化与旅游融合发展新路子，努力把贵州建设成为世界知名、国内一流的旅游目的地、休闲度假胜地和文化交流的重要平台。在发展文化和旅游产业中，国家依托贵州多民族文化资源，建设一批文化产业基地和区域特色文化产业群，并支持贵州符合条件的地区申报世界自然遗产地。

总之，贵州进入了经济发展的"黄金期"，已经站在工业化、城镇化加速发展的起始线上。

5.1.2 人口

贵州是一个多民族共居的省份，其中世居民族有汉族、苗族、布依族、侗族、土家族、彝族、仡佬族、水族、回族、白族、瑶族、壮族、畲族、毛南族、满族、蒙古族、仫佬族、羌族等18个民族。据全国第六次人口普查，全省常住人口为3474.65万人，其中，汉族人口为2219.85万人，约占63.89%；各少数民族人口总和为1254.80万人，占36.11%；男性人口为1795.15万人，占51.66%；女性人口为1679.50万人，占48.34%；0~14岁人口为876.46万人，占25.22%；15~64岁人口为2300.47万人，占66.21%；65岁及以上人口为297.72万人，占8.57%。

贵州不仅人口基数大，而且人口整体文化素质也处于较低水平。据全国第六次人口普查，全省常住人口中，具有大学（指大专以上）文化程度的人口为183.88万人，占5.29%，比全国具有大学（指大专以上）文化程度所占比率8.93%（以大陆31个省、自治区、直辖市和现役军人的总人口为基数）低3.64个百分点；具有高中（含中专）文化程度的人口为253.02万人，占7.28%，比全国具有高中（含中专）文化程度所占比率14.03%（以大陆31个省、自治区、直辖市和现役军人的总人口为基数）低6.75个百分点；具有初中文化程度的人口为1035.07万人，占29.79%；具有小学文化程度的人口为1368.07万人（以上各种受教育程度的人包括各类学校的毕业生、肄业生和在校生），占39.37%；文盲人口（15岁及以上不识字的人）为303.85万人，文盲率为8.74%，比全国文盲率高出4.66个百分点。

据《2011年贵州省国民经济和社会发展统计公报》，2011年末贵州常住总人口3469万人，其中，城镇人口1212.76万人，乡村人口2256.24万人。

5.1.3　资源与环境

5.1.3.1　矿产资源

贵州矿产资源种类多、储量大，至今贵州已发现矿种（含亚矿种）129种（含2011年12月31日国土资源部新列为矿种的页岩气），发现矿床、矿点3000余处。有21种矿产资源储量排名全国前10位。稀土矿资源储量149.79万吨，占全国总量的47.93%，居全国第二位；磷矿资源储量27.73亿吨，占全国总量的15.85%，居全国第三位；锰矿保有资源储量9882.49万吨，锑矿保有资源储量26.72万吨，铝土矿资源储量5.13亿吨，分别占全国总量的10.07%、8.07%和16.30%，锰矿储量居全国第三位，锑和铝土矿居全国第四位；重晶石保有资源储量1.26亿吨，占全国总量的30.65%，居全国第一位。丰富的矿产资源为贵州发展以铝、金为主的冶金工业，以磷、重晶石为重点的化学工业和以水泥为代表的建材工业等，提供了充足的资源保障。

页岩气是指赋存于富有机质泥页岩及其夹层中，以吸附或游离状态为主要存在方式的非常规天然气。近几年，美国页岩气勘探开发技术突破，产量快速增长，对国际天然气市场及世界能源格局产生重大影响，世界主要资源国都加大了对页岩气的勘探开发力度。我国国民经济和社会发展"十二五"规划明确要求"推进页岩气等非常规油气资源开发利用"。据全国页岩气资源潜力评价与有利区优选成果显示，贵州省页岩气资源地质储量达10.48万亿立方米，位列全国第四。

经"全国页岩气资源潜力调查评价及有利区优选"国家页岩气专项论证及我国第一口超千米页岩气战略调查井（设计井深1500m）位于贵州省黔东南州岑巩县境内，2011年8月底完成钻井施工，并2012年4月29日成功出气点火，一改了贵州长期"缺油少气（天然气）"的局面，并将对贵州能源结构产生深远的影响。

5.1.3.2 能源资源

贵州河网密度高，自然落差大，水能资源理论蕴藏量达 1874.5 万千瓦，居全国第六位，可开发量为 1683 万千瓦。贵州素以"西南煤海"著称，全省潜在资源量 2400 余亿吨，保有资源储量逾 500 亿吨，列全国第五位，是南方 12 个省（市、区）煤炭资源储量的总和，被誉为"江南煤海"。丰富的煤炭资源不仅为贵州发展火电，实施"西电东送"奠定了坚实的资源基础，而且良好的煤质与类型多样的煤种，为发展煤化工提供了资源条件。贵州能源资源具有"水煤结合"、"水火互济"的优势。贵州是中国新型洁净能源煤层气的主要产区，煤层中蕴藏有丰富的煤层气，埋深小于 2000m 的资源量达 3.15 万亿立方米，仅次于山西，列全国第二位，六盘水煤田是我国最重要的煤层气产区之一。

5.1.3.3 能源资源

贵州生物资源种类繁多。野生植物中，有维管束植物近 6000 种（可供食用的 500 余种），工业用植物 600 多种，绿化、美化以及能抗污染、改善环境的植物 240 种。野生动物中，脊椎动物 999 种。列入国家一级保护的珍稀植物有银杉、珙桐、杪椤、贵州苏铁等 15 种。"夜郎无闲草，黔地多良药"。贵州是中国四大中药材产区之一，全省有药用植物 3924 种、药用动物 289 种，享誉国内外的"地道药材"有 32 种，其中天麻、杜仲、黄连、吴萸、石斛是贵州五大名药。

5.1.3.4 水资源

贵州雨量充沛，年降水量 1120mm。河流众多，河网密布，长度在 10km 以上的河流有 984 条，水资源丰富。然而特殊的地理环境使河流地带山高水低，水资源难以非工程利用。贵州水资源相对丰富，但山高谷深，长期以来，一直开展水资源保护、城镇供水、水库及大型灌区的规划与建设以解决工程性缺水严重的问题，以及城市防洪能力建设。同时不断加大水资源开发利用，加强水电建设。在乌江干流及方村河、野纪河、洪渡河、桐梓河、习水河、芙蓉江、大田河、麻沙河、打狗河、曹渡河、六洞河、都柳江、坝王河、瓮安河、红辣河、洛泽河、清水江、三岔河等河流建设水电，促进水资源的开发利用。

5.1.3.5 生态环境

贵州是长江、珠江上游重要的生态屏障，生态脆弱，水土流失严重，石漠化面积达 34800km^2，占全省土地面积的 19.8%，是世界上石漠化最严重的地区之一，全省有 78 个县（市、区）境内石漠化严重。"两江"流域面积分别占贵州省国土总面积的 65.7% 和 34.3%，水土流失面积达 73200km^2。截至 2011 年年底，贵州省累计综合治理水土流失面积 $29600km^2$ ，其中，长江流域为 $19200km^2$ ，珠江流域为 $10400km^2$ 。森林（含灌木）面积 731.6 万公顷，森林覆盖率达到 41.53% 。

据《2011 年度贵州省环境状况公报》，贵州主要河流、湖（库）地表水的水质基本稳定。在纳入监测的 44 条河流中，水质达到或优于所在功能区类别标准的比例为 72.9% 。纳入监测的 8 个湖（库）中，达到或优于 Ⅲ 类标准的占总数的 80% 。中心城市饮用水源地水质达 100% ，贵阳等 9 个中心城市的 19 个饮用水源地进行的水质检测中，水质达标率均为 100% 。各县城的城镇饮用水源地水质达标率为 86.8% 。

12 个城市的空气监测数据，贵阳、安顺、遵义、六盘水等 10 个城市达到国家环境空气质量二级标准，兴义、毕节达到国家三级标准。除兴义市外，其余 11 个城市可吸入颗粒物年均浓度值全都达到空气质量二级标准。但贵阳、安顺、遵义、凯里、都匀、兴义、仁怀等 7 个城市在 2011 年均不同程度地出现酸雨。其中，贵阳、安顺和凯里的酸雨率大于 20% 。噪声污染控制取得成效，区域声环境质量基本保持良好。辐射环境质量稳定，仍然维持在天然本底值涨落范围。

截至 2011 年年底，共建立自然保护区 130 个，面积 96.02 万公顷，约占全省国土面积的 5.46% 。其中，国家级有 9 个，省级 4 个，地市级 21 个，县级 96 个。在现有自然保护区中，属森林生态系统、野生动物、野生植物类型的 120 个，内陆湿地类型的 8 个。

5.2　地质遗迹资源特征与保护开发利用状况

5.2.1　地质变迁与遗迹资源特征

5.2.1.1　地质变迁过程

贵州位于华南板块，跨上扬子陆块、江南造山带和右江造山带三个次级大地构造单元（图 5 - 1），为特提斯构造域和滨太平洋构造域的交接部位。在漫长的地质历史时期中，经历了众多的地质事件和多次构造作用。

贵州地壳演化可以追溯至距今 14 亿年的中元古代，即 Rodinia 超大陆演化的早期聚合阶段，可能为陆缘环境；中元古代末的格林威尔期陆陆碰撞造山及 A 型俯冲形成超大陆。新元古代初，地壳发生强烈隆升；之后，有类双峰式岩浆作用，超大陆发生裂解，形成裂陷盆地，直至中寒武世初期。此后由被动大陆边缘向前陆盆地转化，并有幔源镁铁质岩浆爆发；志留纪末的加里东造山，完成了扬子与华夏两陆块的拼合。泥盆纪至中二叠世为陆内裂陷盆地发展阶段，形成台盆（沟）格局。晚二叠世由于峨眉地幔柱作用，使之隆升，形成大陆溢流拉斑玄武岩（高钛）系，且改变了以往的沉积格局，即安源运动结束了贵州海相沉积的

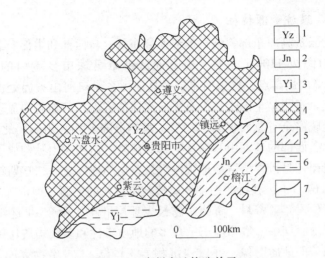

图 5-1 贵州大地构造单元

1—扬子板块；2—江南造山带；3—右江造山带；4—前震旦纪基底；
5—加里东期褶皱（主）；6—印支期褶皱（主）；7—大地构造单元界线

历史，标志着贵州地壳演进中的一次重大变革。

中三叠世至早白垩世中期进入特提斯构造演化阶段；早白垩世晚期至晚白垩世为西太平洋型陆弧造山阶段，即燕山运动，它是贵州很重要的一次造山运动，使晚白垩世以前的地层普遍发生褶皱断裂，奠定了现今所见贵州地质和地貌发育的基础。此后，贵州长时期的处于构造相对稳定阶段，侵蚀作用强于构造抬升速率，总体趋向于被夷平的发展态势中，于早第三纪末或中新世早期形成整体起伏不大的地貌形态，被称为大娄山期地面。

早第三纪末到中新世中期，由于受喜马拉雅运动的牵动，地壳又开始隆升，地层发生褶皱，将大娄山地貌面破坏，老第三系地层发生变形。进入中新世中期以后，贵州进入第二次构造宁静期，流水作用将依照新的侵蚀基准，破坏大娄山地貌面，并在该地貌面下部形成新的起伏较小的地貌，原地貌仅部分残留，形成山顶面。此期形成的地貌面被称为山盆期夷平面，但总体表现为同期不同形，即形成梯级地貌单元。

在第三纪和第四纪之交，青藏运动（在贵州体现为翁哨运动）开始，将山盆期地貌面抬升，侵蚀基准面相对降低，流水进行新一轮的剥蚀作用，一直到早更新世中期又一次构造抬升开始。相对来说，这次夷平作用持续时间相对较短，只在河流两侧形成宽缓的河谷，并未形成广泛的夷平面。早更新世中期碧痕运动以后，贵州地区地壳体现为间歇式抬升，周期逐次缩短，仅在河流两侧形成规模更小的阶地，并对此前形成的各级层状地貌进行破坏，最终形成当今地貌景观，并仍在继续演进中。

5.2.1.2 遗迹资源特征

贵州地处云贵高原东部斜坡，地势西高东低，自西部和中部向北、东、南三面倾斜，平均海拔 1100m 左右，毕节地区赫章县珠市乡境内的韭菜坪海拔2900.6m，为境内最高点；黔东南州黎平县地坪乡水口河出省界处海拔 147.8m，为境内最低点。贵州是全国唯一没有平原支撑的省份，其地貌的显著特征是山地多，山地和丘陵占全省总面积的 92.5%，境内分布着四大山脉：北部的大娄山、东部的武陵山、西部的乌蒙山和横亘中部的苗岭，这四大山脉构成了贵州高原的地形骨架。贵州还是世界上岩溶地貌发育最典型的地区之一，喀斯特出露面积占全省总面积的 61.9%。独特的地理环境造就了贵州的美丽与神奇。

据已有同位素年龄资料，贵州出露最老地层的年代距今 14 亿年以上。在这漫长的地质历史时期中，贵州经历了众多的地质事件和多次构造作用，铸就了现今这幅复杂纷繁的地质图像，并以"沉积岩王国"、"古生物宝库"著称于世。具有地层发育齐全、碳酸盐岩广布、沉积类型多样、古生物化石丰富、岩浆活动微弱、变化作用单一、薄皮构造典型、地壳相对稳定等特点。形成、发展并保存了丰富的地质遗迹资源，显现的发育特征是：（1）资源丰富、类型多样；（2）喀斯特地质地貌分布广泛、特色鲜明；（3）沉积地层类景观发育、典型性强；（4）地质遗迹类型的地域分布明显；（5）古生物化石门类齐全、科学意义大。

韭菜坪（图5-2）是世界最大的连片喀斯特地区，位于贵州六盘水市钟山区与毕节地区赫章县交界处，因山腰生长成片野韭菜于山脊侧坡一处处缓平地带，故名。有两座名叫"韭菜坪"的山峰，分别是"大韭菜坪"和"小韭菜坪"。其中小韭菜坪有"贵州屋脊"之称，是贵州的最高峰，主峰海拔2900.6m，为贵州最高峰，夏季凉爽、冬季积雪，登上山顶、望眼四周，乌蒙磅礴的气势尽收眼底。

图 5-2 韭菜坪

贵州黎平县地坪乡水口河（图5-3）出省界处海拔147.8m，为境内最低点，是侗族、苗族、瑶族等少数民族聚居地，人与自然十分和谐。

图5-3　贵州黎平县地坪乡水口河

5.2.2　地质遗迹资源保护状况

贵州地质遗迹资源主要有以下保护形式：

（1）地质公园；

（2）含地质内容的自然保护区；

（3）风景名胜区中的地质遗迹；

（4）森林公园中的地质遗迹；

（5）重点文物保护单位的古猿和古人类遗迹；

（6）矿山公园。

自2000年以来，经国土资源部批准建立的国家地质公园9个，即关岭化石群国家地质公园、织金洞国家地质公园、绥阳双河洞国家地质公园、兴义国家地质公园、乌蒙山国家地质公园、平塘国家地质公园、黔东南苗岭国家地质公园、思南乌江喀斯特国家地质公园、赤水丹霞国家地质公园；国家矿山地质公园1个，即万山国家矿山公园；经省国土资源厅审批建立的地质公园3个，即乌当省级地质公园、独山省级地质公园、花溪省级地质公园；专门保护地质遗迹的台江古生物自然保护区。

贵州省地质遗迹保护和各类地质公园现状见表5-1。

表 5 – 1　贵州省地质遗迹保护和各类地质公园现状

序号	地质公园名称	主要保护的地质遗迹	批准建立时间
1	关岭化石群国家地质公园	以海生爬行动物及其伴生的鱼类、海百合、菊石、双壳、牙形石、鹦鹉螺、腕足类及古植物化石为主要保护对象	2004 年 3 月
2	织金洞国家地质公园	主要保护对象为峰丛、峰林、溶柱、溶洞、岩溶峡谷等岩溶地貌及核心景观织金洞	2004 年 3 月
3	绥阳双河洞国家地质公园	以保护岩溶洞穴和孑遗植物及其产地为主，兼有其他多种地质遗迹如温泉、岩溶峡谷与峰林等	2004 年 3 月
4	兴义国家地质公园	以海生爬行动物化石及产地和典型的喀斯特地貌景观为主要保护内容	2004 年 3 月
5	乌蒙山国家地质公园	以白雨竖井、花嘎天坑、韭菜坪、天生桥等喀斯特地貌景观及新民化石遗址和大洞古人类遗址等遗迹为主要保护内容	2005 年 8 月
6	平塘国家地质公园	以高原岩溶地貌景观，如峰林盆地，峰林洼地，峰丛洼地及峰丛漏斗等，还有地层剖面及瀑布等遗迹为主	2005 年 8 月
7	黔东南苗岭国家地质公园	以古生物化石、喀斯特地貌、山原地貌、地层剖面、典型地质构造等为主要保护内容	2009 年 8 月
8	思南乌江喀斯特国家地质公园	以喀斯特地貌景观为主体，兼有典型的峡谷、流水、重力等地貌，以及地质构造形迹、温泉、冷泉、间歇泉、瀑布、河流等水体景观	2009 年 8 月
9	赤水丹霞国家地质公园	青年早期高原峡谷型丹霞地貌，侏罗纪标准地层，与侏罗纪红色砂岩同时代的桫椤植物	2012 年 4 月
10	乌当省级地质公园	典型层序地层剖面；典型构造形式；猫猫上古人类文化遗址；奥陶纪古生物化石群；第四纪冰川遗迹；以及溶沟、溶丘、漏斗、落水洞等岩溶地貌景观	2005 年 12 月
11	独山省级地质公园	主要是泥盆纪—石炭纪典型标准地层剖面，包括泥盆系的大河口组等七个地层单位，及丰富的古生物化石	2005 年 12 月
12	花溪省级地质公园	早—中三叠世海陆变迁和碳酸盐岩台地边缘进退及相关海平面升降变化等地质事件，造就的丰富的三叠纪地质遗迹，及遗留下的丰富的海洋生物遗迹化石	2006 年 2 月
13	台江古生物化石自然保护区	主要保护台江动物群、凯里生物群的化石和产地及正在研究的国际中、下寒武统界线层型候选剖面——乌溜—曾家崖剖面及辅助剖面等	2001 年 2 月

　　贵州铜仁万山汞矿是国内外著名的汞矿山，有"中国汞都"之称（图 5 – 4）。2001 年 10 月政策性关闭后，因有着数千年汞矿开采、冶炼遗留下来的诸如仙人洞、大小洞、黑洞子（图 5 – 5）、云南梯等矿业遗迹历史悠久、内涵丰富，层层叠叠长达 970km 的地下坑道，堪称地下长城，规模宏大、世界罕见。于2005 年获得国土资源部批准建设万山国家矿山公园，2009 年 10 月 28 日正式揭碑开园。有景点矿山博物馆、岩鹰窝、仙人洞、黑洞子等，矿山博物馆是由原贵

州汞矿办公大楼改建而成,博物馆内详细介绍了万山汞矿的开采历史和从古至今的开采方法,并附有关于汞的介绍。

黑洞子景观是古代采矿遗迹之一,由于古代用火裂石,黑洞子大量留下了火烧痕迹,且有大量的小洞子存在。

图 5-4 贵州铜仁万山汞矿

图 5-5 黑洞子

此外,截至 2011 年底,贵州还建有省级以上风景名胜区 72 个,面积 95.98 万公顷,约占全省国土面积的 5.5%,其中,国家级重点风景名胜区有 18 个,省级风景名胜区 54 个;贵州有森林公园 73 个,面积 26.08 万公顷,约占全省国土面积的 1.5%。其中,国家级 22 个,省级 31 个,县级 20 个。其中包含丰富地质遗迹资源。

在全国重点文物保护单位中也包含一些贵州古人类遗址,它们是黔西观音洞古文化遗址、盘县大洞古文化遗址、普定穿洞古文化遗址、赫章可乐古墓葬等。

总体来说,贵州地质遗迹资源保护区的建设工作起步晚,面积较小,数量较少,与贵州丰富的地质遗迹资源相比极不协调,远远不能够满足地质遗迹保护与开发的需要。许多地质遗迹因处于风景名胜区、森林公园、自然保护区等而得以自然状态保存,但针对地质遗迹的专项保护还处于初级阶段。

5.2.3　保护与开发利用中存在的问题

5.2.3.1　保护管理中存在的问题

（1）地质遗迹调查评价工作滞后，资源量不清。贵州至今没有进行过全面系统的地质遗迹调查登录工作，对贵州地质遗迹的分布数量、规模、类型、成因属性、科学价值与开发价值，没有确切的数据，没有完整的登录资料。由于缺乏资源数据基础，给保护对象的确立、保护范围与级别的确定、开发规划的制定带来困难。

（2）保护地质遗迹的地方性法规缺乏。我国地质遗迹资源的保护、管理与监督，还处于探索与建设过程，各项规章制度、各项法规的建设亟待健全与完善。虽说贵州在 2002 年 10 月 1 日施行了我国首个保护古生物化石的地方性法规《关岭布依族苗族自治县古生物化石保护条例》，但这对于保护贵州丰富的地质遗迹来说存在着很大局限性。

（3）许多有价值的地质遗迹尚未得到有效保护。一方面，保护条件普遍薄弱，缺乏一个切实可行的全省地质遗迹保护规划和缺少专项保护经费，在设施设备和日常管理上资金投入不足，技术人员匮乏，严重制约着地质遗迹保护工作的开展。另一方面，即使在国家级或省级自然保护区、国家级或省级森林公园、国家级或省级风景名胜区里包含了许多地质遗迹，但由于管理类型的不同，以至在对旅游资源价值和属性认识上存在差异，导致其保护与开发规划的定位与科学而有效地保护地质遗迹的要求存在着偏差。特别是许多有价值的景观地质遗迹往往被风景名胜所"埋没"，人们对它价值的认识趋于"表面化"，以至于在开发中（如修路开道、建旅游设施）遭到不同程度的破坏。

（4）地质遗迹管理体制不健全。一方面，由于地质遗迹资源的保护与开发工作起步较晚，贵州现在有许多地质遗迹分别归林业、建设、环保、文物、文化、宗教、旅游等部门行使管理权，导致地质遗迹资源权属不清，经济利益冲突致使开发利用与保护协调性差，如赤水十丈洞瀑布因水电工程造成平时瀑布断流现象。另一方面，还没有建立专门的地质遗迹（地质公园）规划评估中心。地质遗迹资源的保护与开发，只有在国土资源部职能部门对地质遗迹（地质公园）规划评估进行考核，审定资质和承担的业务范围，以规范地质遗迹（地质公园）规划评估的行为，才能促进地质遗迹（地质公园）规划、评估和咨询业的良性发展。

（5）生态环境破坏严重。贵州由于人地矛盾尖锐，造成毁林毁草，陡坡开荒，忽视生态环境保护，致使本就十分脆弱的喀斯特生态环境遭到严重破坏，石漠化日趋加重，生态环境日益恶化，许多珍贵的地质遗迹也因此遭到严重破坏。例如，贵州草海——贵州最大的高原淡水湖泊，由于山丘人为活动的影响和破坏，森林覆盖率已不足7%。稀疏的林木根本无力发挥涵养水源、保护水土的功能,造成水土大量流失。据调查,草海西部、北部山坡水土流失面积已达710km²,约占保护区总面积的15%。水土流失造成泥沙淤填草海,使湖底抬高,湖水变浅,湖面缩小。

(6)古生物化石被非法采掘盗卖严重。随着贵州古生物化石知名度的扩大,破坏地质遗迹以及盗掘、损毁、倒卖、走私具有科研价值古生物化石的活动随之猖獗。有人出资收购,当地农民乱采乱挖,致使大量化石流出境外。例如,产于贵州省关岭、兴义等地的贵州龙、海百合、鱼龙等化石,目前在国外的比在国内的多,在省外的比省内的多,个人的比国家的多。2003年,美国圣地亚哥警方查获大量来自中国的化石,其中大部分为关岭的古生物化石。据相关统计显示,近些年来关岭古生物化石的破坏面积达到10km²左右。

　　海百合是地球上最古老的动物之一,已经生存了5亿年,在23000万年前,海洋里到处都生长着海百合,由于海百合对环境要求非常苛刻,如今,人们只能在深海里见到它们美丽的身影。这些珍贵的海百合化石(图5-6)在地下沉睡了两、三亿年,如今依然栩栩如生,恰似国画大师笔下绽放的百合花。

图5-6　海百合化石

5.2.3.2　开发利用中存在的主要问题

(1)开发利用过程中,缺乏地质方面的专业人员,对于地质遗迹的合理开发及保护不够,地质遗迹遭到一定破坏,同时诱发和加剧了地质灾害的发生和水土流失。例如,1992年,黄果树瀑布向联合国教科文组织申报"世界自然遗产"称号。该组织受理了申请,经过认真的考察之后,联合国官员指出"申遗"失败的原因在于景区植被覆盖率低、环境差、商业化气息过重,喀斯特地表石漠化严重。的确,由于景区内居住着3.5万多的布依族、苗族农民,过量的人口载荷和缺乏有效的管理,使得垦荒量逐年增加,水土流失加剧,石漠化现象严重。无序的旅游开发进一步破坏了脆弱的生态环境。

（2）地质遗迹开发利用和保护的经济关系缺少理论研究，在实际中地质遗迹开发利用的所有者、投资者、经营者、保护者和受益者的经济关系也没有理顺，严重制约了各方面的积极性。

（3）规划缺乏，地质遗迹资源开发投入严重不足。一方面由于没有开展过正式地质遗迹资源调查，缺乏基础性工作，因此对资源状况不清，无法制定切合实际的开发和保护规划；另一方面，由于财力薄弱，同时没有广开思路，建立起多渠道、多形式的筹资体制，广泛吸纳和利用外资和社会资金。投资政策还不完善，已有的政策也未能很好落实。景区开发不够，分布过于分散，影响其带来的旅游收入。

（4）科学价值开发不够，地质旅游的特色没能充分体现。对景点地学科学属性的介绍不多，旅游导游词、旅游标识突出旅游地质景观不够，特别是没有深入的地质旅游景观的成因、演变、保护的科学解释，专门的地质旅游线路缺乏。以贵州旅游洞穴为例，大多在景观类型上单一，缺乏文化内涵，洞内景点规划重点不突出，遍地是景；景点的命名随意性较强，脉络不清；重神话及传说或"象形表征"现象严重，缺乏科学性及艺术性，景点文化解释雷同较多，而且浅显，意境不够深远。导游词多以民间传说、神话故事为主，对洞穴重要景点和自然景观较少有或没有相应的科学名词及洞穴科普知识（包括洞穴的成因、生成年代、发现、开发和科学研究历史等；介绍发现或研究该洞穴的重要人物或科学家；科学解释洞内各种自然现象）介绍，不能针对游客的类型与文化素质之不同，在导游讲解时有所侧重，不能做到形象导游、意境导游与科学导游相结合。

（5）保护与利用管理工作没有及时跟上。例如平塘国家地质公园甲茶风景区，两年前，游人稀少，人们来到这里，乘着木筏，荡漾在河面上，听着潺潺的河水声，望着两岸的枯藤老树、奇石翠竹，遐思无限，感慨千万，有一种回归自然、返朴归真之感。如今，野外烧烤现象出现，机动船代替了木筏，河水受到污染，纸屑果皮塑料袋随处可见，机器的轰鸣声更使人们的这种感受大减。该风景区也未被充分利用。人们来到甲茶，除了门票和船票外，其他方面的消费项目几乎没有。在甲茶名声在外，游人渐增的情况下，保护与利用的管理工作没有及时跟上。

甲茶风景区位于贵州省平塘县摆茹镇甲茶村，属平舟河下游，面积45.1km²，景物景观20个，包括瑶家河峡谷、沙漠河、牛织峰、羊角洞、甲茶瀑布、九龙戏水、清恬园、竹溪、九曲十分湾、拉七峡谷、燕子洞等景物景观。风景区以瀑布、竹林峡谷、溶洞、沙滩、河湾及亚热带南国风光为主要特色，是贵州难得的科学文化旅游和休闲度假的好地方。图5-7所示为甲茶瀑布。

图 5 - 7 甲茶瀑布

（6）已建的地质公园没有起到很好的示范作用。地质公园的申报建设与后续管理脱节,已经批准建立的国家地质公园和省级地质公园没有起到很好的示范作用。特别是省级地质公园,建设不到位,经营管理也跟不上,目前没有一个在经营上取得成功,前期地方政府投入达不到预期目标,不能为地方经济做出贡献。

5.3 地质遗迹资源可持续利用战略研究

基于系统科学的可持续发展研究思路,地质遗迹资源的可持续利用战略研究涉及资源利用可持续发展系统分析和评价的过程和资源利用可持续发展管理和决策的过程,在综合集成方法论的指导下,选择通过需求分析明确资源可持续利用发展的条件与潜力,通过采用 SWOT 分析方法对资源可持续利用发展的内部条件和外部环境条件进行分析,明确发展状态、发展趋势、发展能力,以达到系统分析和评价的目的,为系统战略决策确定战略使命与战略目标提供依据,把知识、经验和模型、数据等进行有效系统综合和集成以地质遗迹资源可持续利用发展中的复杂问题。

5.3.1 地质遗迹资源需求分析

5.3.1.1 贵州旅游业的发展机遇

（1）旅游业是战略性产业, 资源消耗低, 带动系数大, 就业机会多, 综合效益好, 是贵州经济发展战略性支柱产业。贵州是"欠发达、欠开发"的省份,改革开放以来的探索与实践已经证明, 依托贵州良好的旅游资源优势发展旅游业, 以旅游的发展来带动贵州全省经济的脱贫、地方的致富是一条可行且行之有效的路子。贵州省"十二五"旅游规划提出, 着力打造最佳避暑度假基地、特色红色旅游基地、特色乡村旅游基地、养生与老龄度假基地、原生态民族文化体验基地、山地户外活动基地、自驾游与自助游基地七大旅游基地, 以黄果树国家公园、多彩贵州城等十大旅游重点工程建设为龙头，以涵盖生态观光、休闲度假、商务会展、文化体验等 50 个成片开发的旅游招商项目为重点，通过高起点编制项目建议书，引进优强投资商和战略合作者，抓好项目落地，促进旅游业态进一步优化和产业链延伸。

　　2011 年初，贵州提出申报建设以黄果树国家级风景名胜区为龙头的黄果树国家公园，形成以黄果树为重点的旅游产业集群。根据规划，这一国家公园涵盖黄果树、龙宫、天龙屯堡、关岭化石园等 12 个景区（点）120km^2 的范围。图 5 - 8 所示为黄果树瀑布。

图 5 - 8　黄果树瀑布

　　(2) 国务院《关于进一步促进贵州经济社会又好又快发展的若干意见》（国发〔2012〕2 号），鲜明地提出"文化旅游发展创新区"和"努力把贵州建设成为世界知名、国内一流旅游目的地、休闲度假胜地"，首次从国家层面明确了贵州旅游业的战略定位，这对于加快推进"旅游强省"建设，促进旅游业跨越发展具有重要的里程碑意义。《意见》明确提出，要建设黄果树、荔波、梵净山、雷公山等精品景区，培育"爽爽贵阳"、"梵天净土"、"水墨金州"、"凉都六盘水"等一批旅游休闲度假胜地。在实施精品战略中，要着力完善和提高规划建设的水平，引入最新理念、最新经验、最佳模式为我所用，让"四意旅游"理念融入到开发建设的各个环节。一是在空间布局上突出区域重点，加快整合打造黔中旅游区，发挥贵阳中心城市功能和黄果树景区的龙头作用，通过整合发展使之成为贵州旅游发展的战略平台。二是规划建设遵义、黔东南、黔南、黔西南等高速通道沿线旅游产业带，加快培育梵净山、赤水、万峰湖等新的旅游增长极，形成旅游业的战略增长带。三是开发建设有竞争力的精品旅游景区，形成核心吸引物。加快黄果树、荔波、梵净山、西江、肇兴、赤水、镇远古城、潕阳河、百里杜鹃等重点景区建设，完善接待服务设施，优化景观系统，提升服务质量，力争培育30个左右年游客接待量过百万的景区，创建150个左右AAA级以上旅游景区。四是把旅游发展与实施城镇化带动战略紧密结合。积极推进旅游城市（镇）建设，加快把贵阳、遵义、安顺、茅台、青岩古镇、百里杜鹃等一批城市（镇）建设成为各具特色、功能配套的旅游目的地和休闲度假胜地。大力发展红色旅游，加强以遵义会议纪念体系为重点的经典景区基础设施建设。五是大力开发旅游商品，不断提高旅游购物比重，使旅游商品产业成为全省转移农村剩余劳动力和创业带动就业的重要产业，成为贵州省重要的特色优势产业。

梵天净土是指云贵高原与湘、渝、鄂交界的黔东北边缘铜仁地区的江口、印江、松桃三县的梵净山（图5-9），联合国人与自然生物圈保护网成员单位。其古老的山体距今已有10~14亿年的历史，是从沧海磅礴的大海繁衍为巍峨峥嵘、苍莽逶迤、秀美纯净、原生古朴的桑田的见证。山体庞大深邃，峰峦巍峨雄奇，主峰高耸入云，海拔2572m，不仅是贵州的第一山，更是武陵山脉的主峰。

图5-9 梵净山

百里杜鹃（图5-10），位于贵州省毕节地区大方、黔西县交界处，因整个天然杜鹃林带宽1~3km，绵延约50km，总面积125.8km²而得名。百里杜鹃是"世界上最大的天然花园"，有"地球的彩带、世界的花园"的美称。

图 5 – 10   百里杜鹃

（3）世界旅游业与中国旅游业的可持续发展将有助于贵州旅游业的可持续发展。在世界旅游组织和中国旅游部门等有关方面的指导下，贵州旅游资源的经营开发将继续坚持严格保护、合理开发和永续利用的原则，实施积极的财政政策和扩大内需，进行旅游产品、开发方式和运作机制的创新，强化旅游承载力管理，逐步塑造起以生态旅游为重点、与多元民族文化等相结合的可持续发展的特色旅游目的地的鲜明形象，增强产品吸引力和产业竞争力，成为促进中国旅游业可持续发展的一个重要组成部分。

5.3.1.2 贵州旅游业发展态势

贵州旅游起步于 20 世纪 80 年代，1980～1990 年旅游总收入为 1.7 亿元，旅游发展速度缓慢。1990～2005 年期间贵州旅游发展总体呈现高速增长态势，"十一五"以来，贵州旅游增长速度进一步加快，全省实现旅游总收入年均增长接近 40%，较"十五"期间年提高了近 10 个百分点。旅游总收入在全国的位次不断前移，2011 年，贵州实现旅游总收入 1429.48 亿元，是 2004 年的 8.53 倍，年均增长 36.77%，接待旅游总人数 1.7 亿人次，是 2004 年的 6.8 倍，年均增长 32.03%，旅游收入、接待人数增速分别高于全国 13.9 和 19.3 个百分点，在全国排名达到 15 位和 19 位。

贵州从 2006 年开始，采取举办旅游产业发展大会和优先发展重点旅游区申报评选的等方式，进一步形成了全省上下大力发展旅游产业共识和氛围。采取市场引领的思路和新举措，到海内外宣传推介贵州旅游，在国内外旅游市场刮起强劲的"多彩贵州风"，掀起了中外游客到贵州旅游的新高潮。

预计到 2015 年，贵州接待旅游总人数达到 2.5 亿～2.6 亿人次；旅游总收入达到 2800 亿元以上，年均增长 20%；旅游增加值达到 800 亿元左右，占 GDP 比重达到 8% 以上。

5.3.1.3 地质遗迹资源需求分析

A 贵州省旅游发展总体规划

"十五"期间，贵州采取国际招标方式编制了《贵州省旅游发展总体规划》，对贵州已登记的独立经营或已进行规划的491个旅游景区（点），根据旅游资源的形态、特性、特征及所被认识重视的程度和地位划分为自然形态类、自然保护区、特殊旅游区和混合旅游区、文化遗迹、民族村寨、传统文化和传统建筑等6类，其中与地质遗迹资源密切相关，在不同地质景观基础上建立和开发的旅游景区（点）有144个，占29.33%。

在总体规划确定的贵州11大旅游区中，提议五年内优先发展的七个大区，即黄果树瀑布群和龙宫景区、马岭河和万峰湖景区、潕阳河峡谷景区、乌江和梵净山景区、荔波樟江景区、赤水—习水—仁怀景区、贵阳中心旅游区，除贵阳中心旅游区因省会城市外，其余都是因各具特色的地质景观闻名中外。

马岭河（图5-11）发源于乌蒙山脉，流入黔、桂交界的南盘江，横穿贵州省兴义市境内约80km。其位于兴义城东北6km的马岭河峡谷集雄、奇、险、秀为一体，是一条在造山运动中剖削深切的大裂水地缝，谷内群瀑飞流，翠竹倒挂，溶洞相连，两岸古树名木点缀其间，千姿百态。

图5-11 马岭河

B　旅游发展需要再挖掘

贵州的旅游产品仍处于粗放式、低层次、分散开发状态，旅游资源优势转化率低、旅游产品开发结构单一，缺乏"个性化、特殊化、参与化"的旅游产品，更没有形成有机的、形象鲜明的旅游形象和主题。面临激烈的市场竞争，贵州旅游的发展急需在已经建立的国家级或省级风景名胜区和自然保护区内，充分挖掘已有的地质资料，运用地质公园开发与建设的思路、方法和评价标准进行再研究，从而发现具有重要价值的地质遗迹，类比出新的地质公园。以提升贵州旅游业的科技含量和文化内涵，提高旅游层次，促进贵州旅游业的快速发展。

C　旅游扶贫需要新发现

"以旅游促进对外开放，以旅游促进脱贫致富"，是贵州旅游业发展的理念之一。"十一五"期间，贵州省旅游业总收入由 2005 年的 251.14 亿元增加到 2010 年的 1061.23 亿元，增长 34.3%，累计 42 万人依托发展旅游业脱贫致富。地质遗迹旅游开发扶贫是一种特殊的扶贫形式，贵州的贫困地区往往是自然生态保护较完整的地方，由于交通不便，开发不够、产业基础薄弱等，是造成这些地区贫穷的主要原因，但同时也使得这些地区得以保存比较原始的地形地貌。因此，在这些地方有许多未被人们发现与认知的地质遗迹，需要新发现，通过地质旅游扶贫的方式改变这些地区的落后状况。

D　产业升级需要资源保障

把旅游业作为贵州大力培育和发展的支柱产业来建设，实现贵州旅游业的持续快速增长。地质遗迹资源作为贵州旅游资源重要的组成部分，分布广、种类多、风格奇特，需要形成一个比较完整的地质公园体系，为贵州旅游业的发展提供战略保障。

5.3.2　SWOT 矩阵分析

5.3.2.1　优势

A　地质遗迹资源禀赋

贵州地质遗迹资源，有着极为重要的科学价值和观赏价值的典型地质遗迹几乎遍布各县市。现已经闻名于世的有梵净山、雷公山、乌蒙山、黔灵山、黄果树瀑布、织金洞、龙宫、万峰林、荔波喀斯特世界自然遗产地、草海、赤水十丈洞瀑布、息烽温泉、石阡温泉、剑河温泉、遵义枫香温泉、赤水的桫椤林、梵净山的洪桐、黔西县的观音洞、普定穿洞等。

十丈洞瀑布群（图 5-12）是赤水丹霞世界自然遗产的主景区，其中十丈洞瀑布高 76m、宽 81m。气势磅礴，雄伟壮观。有"丹霞瀑布王，神州又一瀑布奇观"之美誉。

图 5-12　十丈洞瀑布群

贵州被誉为天然"大公园"，据贵州省旅游局统计，贵州可开发的自然旅游资源有 1000 余处，可开发的旅游点 1000 余个。现有黄果树、龙宫等 13 个国家重点风景名胜区；花溪、百花湖等 56 个省级风景名胜区；梵净山、草海等 8 个国家自然保护区；宽阔水、雷公山等 3 个省级自然保护区，这些风景名胜区或自然保护区几乎都是依托于独具特色的地质遗迹而驰名中外。

B　协同发展的旅游资源丰富且独具特色

a　贵州具有无可比拟的长征文化资源

贵州是中国革命由挫折向胜利的转折之地，中央红军为期两年的长征，有近一年的时间在贵州境内活动，先后攻克了 31 座县城，经过了 30 多个县境。黎平会议、遵义会议、突破乌江天险、娄山关战役、土城战役、四渡赤水、兵临贵阳、威逼昆明等都是长征历史上最为辉煌的重大历史事件。留下许多革命遗址：红军"四渡赤水"经过地——赤水河畔土城渡口、娄山关战斗遗址、遵义会议会址、红军总政治部旧址等。其中最为著名的是具有伟大转折意义的遵义会议。遵义会议会址已成为全国最重要的爱国主义教育基地。

遵义会议会址（图 5-13）位于贵州省遵义市老城红旗路 80 号。1955 年，在遵义会议会址建立了遵义会议纪念馆；1964 年，毛泽东为纪念馆题写了"遵义会议会址"六个大字。

图 5 – 13　遵义会议会址

b　多种民族构建的文化原生性

贵州是古代苗瑶、百越、氐羌和濮人四大族系交汇的地方，又是汉族移民较多的省，加之贵州地理环境的多样，山川的阻隔，历史上长期实行"土流并治"，各种民族文化在这里形成多元的复杂体系，构成一个绚丽多彩的文化长廊。各民族在迁徙、流动的过程中，逐渐形成"大杂居，小聚居"、"既杂居，又聚居"的分布状况。长期以来，这些少数民族以及各个分支都按照各自不同的自然环境组织着自己的生产生活，传承和发展着自己的历史，各民族的建筑、服饰、饮食、婚俗、祭祀、节庆、艺术等，无不富含着异彩纷呈的人文底蕴，形成了人类学上极为独特的"文化千岛"现象。走进民族村寨，人们会发现，汉晋遗风、唐代发型、宋代服饰、明清建筑等古老的文化模式，在这里仍被原汁原味地保存着，成为中华民族珍贵的一笔文化遗产。

早在 1992 年，世界保护乡土文化基金会就把黔东南的苗族，列入了该组织在全球的 18 个保护圈之列；1995 年，由挪威政府援助，在六枝梭嘎苗族社区设立了中国的第一座"生态博物馆"，其后，挪威政府又帮助贵州陆续建立了隆里、镇山、堂安三个"生态博物馆"。近年来，世界旅游组织又把贵州黔东南巴拉河流域的苗族村落和安顺屯堡文化，列入了发展乡村旅游的示范点。

安顺屯堡文化（图 5 – 14）系明代从江南随军或经商到滇、黔的军士、商人及其家眷生活方式的遗存。随着岁月的变迁，安顺一带的屯堡人仍奇迹般地保存着 600 年前江南人的生活习俗，其民居、服饰、饮食、民间信仰、娱乐方式无不具有 600 年前的文化因子，这种屯堡文化为古代汉民族的研究提供了丰富的资源。

图 5 - 14 安顺屯堡文化

c 厚重的历史文化

人类可能起源于中国的云贵高原,在这里人类完成了由猿到人的演变●。在距今 4 亿~2.3 亿年前的古生代,这一带曾几经海浸。在贵州发现的大量古生代的鱼、龙化石表明,陆地脊椎生物的祖先,很可能最早就出现在这里。此外,贵州还发现有旧时器时代中期的"桐梓人"、中晚期的"水城人"和晚期的"兴义人"文化遗址。贵州不仅是古生物的发源地之一,也是古人类的发源地之一。

"桐梓人"是在中国南方洞穴中发现的早期智人(尼人)化石之一。1971 年,在贵州省桐梓县岩灰洞(图 5 - 15)发现了大量的哺乳动物化石等。翌年,发现了古人类牙齿化石 2 枚、旧石器数件和用火痕迹以及相当丰富的哺乳动物化石。

图 5 - 15 贵州省桐梓县岩灰洞

● http://www.gov.cn/test/2005 - 08/10/centent - 2156.htm.

春秋时期，牂牁国是贵州这块土地上的大国之一，春秋后期夜郎国取代牂牁国。今天，在贵州毕节、安顺、六枝、遵义一带，仍能找到夜郎文化的遗踪。宋代播州二冉修合江钓鱼城抗元，被称为"上帝之鞭"的蒙歌在这里战死，使宋朝延续了20年；遵义杨家修海龙囤抗元，留下了一座至今保存最完好的中世纪中国军事城堡遗址；明太祖朱元璋从南京等地调集30万大军到贵州屯田驻军，屯堡人古老的石头民居、独特装束、饮食习惯、宗教文化、民间艺术，在安顺一带完好地得到保存。被称为"中国儒学最后一个高峰"和"近代启蒙思想先导"的王阳明，在"王学圣地"贵州修文龙场"悟道"，开一代学风，推动了中国思想界的变革；后"王学"又留洋海外，直接影响到日本的明治维新。

阳明洞（图5-16）位于贵阳市修文县城东北的龙冈山上，是明代思想家、哲学家、教育家王阳明读书悟道和讲学之所，是阳明文化的发源地和传播地，是中外驰名的王学圣地，被誉为中国第一哲理山洞；是王学研究者和文人学士拜谒游览的佳地，也是进行阳明学术研究、国际文化交流、历史文化教育和爱国主义教育的好场所。

图5-16 阳明洞

C 生物资源丰富

贵州生物资源丰富，目前还保留有一大批珍稀的生物物种和完整而原始的生态系统。此外贵州林地资源丰富，高出全国平均水平20个百分点，具有创造"山川秀美"的自然条件。

贵州植被具有明显的亚热带性质，组成种类繁多，区系成分复杂。贵州维管束植物（不含苔藓植物）共有 269 科、1655 属、6255 种（变种）。植物区系以热带及亚热带性质的地理成分占明显优势，如泛热带分布、热带亚洲分布、旧世界热带分布等地理成分占较大比重，温带性质的地理成分也不同程度存在。此外，还有较多的中国特有成分，由于特殊的地理位置，贵州植被类型多样，从亚热带到暖温带的植物在贵州几乎都能生长。既有中国亚热带型的地带性植被常绿阔叶林，又有近热带性质的沟谷季雨林、山地季雨林；既有寒温性亚高山针叶林，又有暖性同地针叶林；既有大面积次生的落叶阔叶林，又有分布极为局限的珍贵落叶林。还保留了许多成规模的原始的、独特的生态系统和大量的古树名木，尤为典型的是原始的常绿阔叶林生态系统和独特的喀斯特森林生态系统，在国内外均具有很高的科学研究价值。

D　天然避暑型气候的独特性

贵州地势西部高，向北部、东部和南部逐渐降低，平均海拔 1100m。贵州属亚热带高原季风气候，温暖湿润，冬无严寒，夏无酷暑，大部分地区的年平均气温在 15℃左右。降水较丰富，年降水量在 1300mm 左右。日照比较充足，年日照时数在 1300h 左右。全省森林覆盖率达到 40%，且以每年超过一个百分点的速度增长。夏季平均温度 23.1℃，有天然空调省的美誉，形成了理想的人居环境和避暑度假胜地。

贵州属中亚热带，由于纬度偏低，不像北方那样严寒。但贵州海拔又相对较高，平均值在 1100m 左右，因而比同纬度的东部地区凉爽。"低纬度"与"高海拔"两相调节，所以气温"寒暑适中"，称得上是一个"天然大空调"。春季是冷暖气流交替的季节，冷气流不断北撤，西南暖湿气流日渐强劲，贵州的天气，或是"春寒有雨"，或是"时雨时晴"。春回大地，万木复苏，柳色青青，百花争艳。阳光透过迷雾照射下来，在朦胧中使人感到春意更浓。夏季虽然偶尔也有较热的日子，但遇雨则凉，一场大雨之后，暑气全消，十分清凉。入秋以后，西风渐起，虽然有道"天凉好个秋"，有时是秋风秋雨，但十月还有个"小阳春"，算得上是"秋天里的春天"。冬季虽然有阴雨连绵的天气，但也不时放晴。部分高寒地区会出现凌冻，但大部分地区并不很冷，偶尔一两天雪花飘飘，也只是点缀而已，转眼就是春暖花开。在世界气候发生较大变化的今天，像贵州这样冷暖适中的地方更显得宝贵，适合人居，适合休闲，适合旅游，适合度假。

贵州气候宜人，为旅游业发展增加得天独厚的气候资源优势。2005～2007年，贵阳连续 3 年获"中国十佳避暑旅游城市"第一名，获得"中国避暑之都"的美誉；"凉都"六盘水市连续 2 年入选"中国十佳避暑旅游城市"，分获第五名、第六名。

E 以茅台酒为代表的酒文化的显赫性

"酒"和"游",自古以来就结下了不解之缘;贵州酒文化对贵州旅游的影响尤为深刻。在贵州各种文化品牌中,酒文化叫得最响。茅台酒被誉为文化酒、外交酒、健康酒。在少数民族村寨饮酒,所领略到的酒文化则别有一番情致,敬酒、劝酒、饮酒的方式林林总总,酒伴着舞,酒和着歌,无酒不成席,无酒不会客。从浓浓的酒香中,可以品味出各民族的风土人情,感悟到酒文化的真谛。

茅台中国酒文化城(图5-17)是茅台集团投资建成的目前国内规模最大的酒文化博览馆,占地面积30000m²,建筑面积10000多平方米,规模浩大,气势恢宏,建有汉、唐、宋、元、明、清、现代及国酒茅台规划展示馆一共八个展区,馆藏大量的群雕、浮雕、匾、屏、书画、实物、图片和文物,从不同的角度介绍了中国历代酒业的发展过程及与酒有关的政治、经济、文化、民俗等,展示了我国酒类生产的发展沿革、工艺过程和酒的社会功能。

图5-17 茅台中国酒文化城

5.3.2.2 劣势

A 生态脆弱

贵州是世界上主要的生态环境脆弱地区之一。贵州一个喀斯特广泛发育的地区,由于地表崎岖,地下洞隙纵横交错,水文动态变化剧烈,地表水渗漏严重,旱涝交迭,土地薄瘠,植被生长困难,自然和人为影响的灾害频繁,生态系统极为脆弱敏感。

石漠化是贵州近几十年来生态破坏的最终结果。"过度开垦—生态恶化—生活贫困",这种恶性循环不仅加剧了水土流失,还使喀斯特地貌发育充分的贵州石漠化日趋加重。目前，贵州仍有 100 万人居住在生态脆弱区。在这些地区，一些地方已经失去了基本生存条件，有的地方只要稍加开发或开垦，就会造成生态失衡，导致生态危机。

B　贫　困

按照 2300 元的国家新扶贫标准，贵州还有 1521 万贫困人口，占全国贫困人口的 11.9%，占贵州农村户籍人口的 45.1%。贵州贫困人口和贫困发生率均为全国第一，在全国贫困面最大、贫困程度最深、贫困人口最多。目前尚存的贫困地区一是地域偏远，交通不便，信息不灵，市场经济发育程度低；二是自然条件恶劣，自然灾害频繁，自然资源耦合性差；三是基础设施不足；四是科技文化教育卫生落后。

尽管贵州在扶贫开发中取得显著成绩，但贫困问题仍然是贵州在实现经济社会发展历史性跨越进程中面临的最突出问题。特别是剩下的贫困人口大多生活在深山区、石山区和高寒山区，扶贫开发需要的投入越来越多，工作难度越来越大。

C　欠开发、欠发达

贵州是一个经济薄弱，各方面发展相对落后的省份，"欠开发、欠发达"是贵州的基本省情。当前，贵州经济社会发展中存在的突出困难和问题主要包括：

（1）农业基础设施依然脆弱，抗灾能力不强，农业产业化程度和农产品商品率低。

（2）投资来源渠道较为单一，融资渠道不宽，过分依赖国家投资和国有单位投资，非公有制经济投资主体少、实力弱，社会投资上不来。

（3）经济结构矛盾突出，服务业、轻工业、加工制造业发展水平较低，重工业在工业经济中所占比重进一步上升，而受资源约束，重工业持续增长的空间有限，这种产业结构将影响整个国民经济持续较快增长的后劲，同时也给节能降耗带来很大压力。

（4）经济增长方式粗放，高投入、高消耗、高污染和低效益这"三高一低"的问题仍很严重，资源环境对经济发展的约束日益突出。

（5）国企改革难度大，企业运行机制等方面的改革仍较滞后，经济活力不足。

（6）政府职能、管理方式和工作作风的转变，还不能完全适应经济社会发展的需要。

（7）就业形势仍很严峻，社会保障体系仍需进一步完善。

（8）安全生产基础薄弱，煤矿和道路交通安全生产形势仍很严峻，维护社会稳定的压力仍然很大。

5.3.2.3 机遇

A 世界地质公园网络计划

自 2002 年联合国教科文组织地学部提出了建立地质公园网络计划以来，世界地质公园的建立不仅推动了全球自然资源特别是地质遗迹保护的进程，而且其所提倡的保护和发展地方经济并重，为更好地保护地质遗迹和发展地方经济找到了解决问题的途径。如今，这种全新的地质遗迹保护形式越来越显示出强大的生命力，在地质遗迹保护、地质环境优化、地学生态重建、地质景观开发、地球科学普及、地学旅游休闲、地学研究深化、地方经济发展等方面都产生了巨大的作用。

中国是积极参与推动联合国教科文组织"地质公园计划"的国家之一，从地质遗迹保护到地质公园建立一直与 UNESCO 密切合作，走在了世界前列。中国的地质公园是以地质科学意义、珍奇秀丽和独特的地质景观为主，融合自然景观与人文景观的自然公园。她的建立基础在于引人入胜的地质景观，寓教于游的科学内涵，脍炙人口的文化底蕴，让人流连忘返的社会风俗。与单个地质遗迹不同的是，地质公园把一个区域上的重要地质遗迹点，结合生态系统，科学、系统地形成公园。在保护地质遗迹的前提下，供科普教育、地质研究、生态旅游等，使地质遗迹的保护与当地的经济发展结合起来。

B 世界旅游业的蓬勃发展

当今，世界旅游业在经济全球化和世界经济一体化的作用下，进入了快速发展的黄金时代，并已发展成为世界第一大产业，世界旅游市场需求持续增长。据世界旅游业理事会（WTTC）预计，到 2020 年，全球国际旅游消费收入将达到 2 万亿美元。2011 年 9 月联合国世界旅游组织秘书长塔勒布·瑞法依在中国旅游产业博览会表示，21 世纪前十年是国际旅游业发展最繁荣的十年。这十年来国际旅游业表现出三大发展趋势：在旅游业超常增长的趋势下，新兴经济体成为新的旅游目的地和客源地，为国际旅游产业带来了新的发展动力，同时科技革新为旅游业的扩展创造了无数新机遇。据世界旅游协会预测，从 2010 年到 2020 年，国际旅游业人数和国际旅游收入将分别以年均 4.3%、6.7% 的速度增长，高于同期世界财富年均 3% 的增长率；到 2020 年，旅游产业收入将增至 16 万亿美元，相当于全球 GDP 的 10%；所提供工作岗位达 3 亿个，占全球就业总量的 9.2%，从而进一步巩固其作为世界第一产业的地位。

C 中国旅游消费时代到来

按照国际上的一般规律，当人均 GDP 达到 1000 美元时，旅游需求开始产生；突破 2000 美元，大众旅游消费开始形成；达到 3000 美元，旅游需求就会出现爆发式增长。随着我国经济的快速发展以及人们生活水平的明显提高，我国城乡居民的消费观念和消费结构悄然变化，已经从温饱型消费模式向小康型消费模式转变，居民消费支出中发展和享受型消费比重上升，与此同时旅游逐渐成为新的消费热点，国内旅游消费人数不断攀升，我国进入了大众旅游消费时代。

根据国际货币基金组织（IMF）公布数据显示，2011 年中国人均 GDP 排名世界第 89 位，人均 GDP 为 5414 美元。这就意味着旅游消费能力大大提升，也就意味着旅游产业发展空间将大为扩展。把贵州旅游放在全国经济大背景下去考量，会得出一个令人振奋的结论，这就是"商机"。

D 西部大开发战略实施

贵州是西部大开发 12 省市区之一。实施西部大开发战略以来，贵州省经济持续快速增长，社会事业全面进步，综合实力明显提升，以交通和水利为重点的基础设施建设、以"西电东送"为重点的能源建设、以退耕还林为重点的生态建设、以"两基"攻坚为重点的教育事业等取得显著成效，贵州经济实现持续快速增长。2001～2009 年，全省生产总值年平均增长速度为 11.4%，比全国快 1 个百分点，除 2002 年与全国增速持平外，其余年份均快于全国增速。

新一轮西部大开发战略的总体目标是西部地区要上三个大台阶：综合经济实力上一个大台阶，人民生活水平和质量上一个大台阶，生态环境保护上一个大台阶。同时，在财政税收、投资金融、产业、人才和帮扶政策等方面给予西部地区特殊的政策支持。这为包括贵州在内的西部省份带来了新的重要历史机遇，新一轮西部大开发的 10 年，将是贵州交通、水利、生态等发展的基础条件加快改善的机遇期，是贵州省综合经济实力加快提升的机遇期，是人民生活水平和质量加快提高的机遇期，也是发展动力和活力显著增强的机遇期。

E 旅游业正在成为贵州的优势产业

贵州旅游业在国民经济中的地位逐年提高，在缩小城乡差距、新农村建设和满足城乡居民消费需求等方面的积极贡献进一步增强，并已成为贵州重要的支柱性产业之一。

贵州省旅游局有关数据显示，"十一五"以来，贵州旅游发展势头强劲：已有世界自然遗产地 2 处，国家 5A 级旅游景区 2 家、国家 4A 级旅游景区 27 家、国家风景名胜区 18 个、国家自然保护区 8 个、国家森林公园 22 个，全国重点文物保护单位 39 处，国家级非物质文化遗产名录 73 项 125 处；已评定的星级饭店 355 家，其中五星级 4 家，四星级 45 家，三星级 150 家；出境游组团社和入境及国内游组团社共计 287 家。旅游产品体系完善迅速，产品体系已形成了休闲度假、文化体验、生态观光、康体运动、会展商务、科考探险、乡村旅游、自助自驾八大类，打造出以贵阳为中心向东南西北延伸的 6 条精品旅游线路和特色鲜明的四季旅游项目。旅游产业带动作用增强：旅游业增加值在贵州省服务业中所占比重从 11.5% 上升到 12.5%；旅游从业人员增加到 93.72 万人，均比 5 年前增加了将近一半。据不完全统计，由此带来的社会拉动作用使全省共有 42 万贫困人口依托旅游业摆脱贫困。

5.3.2.4 威胁

A 人地矛盾突出

（1）人均耕地少，人地关系高度紧张。"五普"时，全国人均耕地 1.54 亩；贵州人均耕地 0.73 亩，仅占全国人均耕地的 47%。已突破联合国人均 0.8 亩的警界线，部分县市还突破人均 0.5 亩的联合国危险线。

（2）贵州可用于农业开发的土地资源不多。贵州不仅没有可利用的草地资源和海洋资源，而且还是全国唯一没有平原草地支撑的内陆山区省份，土地资源中山地为 108700km^2，占 61.7%；丘陵为 54200km^2，占 30.8%；山间平坝区为 13200km^2，仅占 7.5%。这种地理特点，使得可用于农业开发的土地资源不多。

（3）环境恶化，耕地面积缩减。一方面，由于人口增多，非农用地逐年增多，耕地面积在缩小；另一方面，贵州山高谷深，沟壑纵横，水土流失（石漠化）现象严重，使耕地面积缩减。

（4）贵州不仅人均耕地少，而且由于喀斯特地貌占 73.8%，土地质量不高，土层较薄，肥力低，水利条件差等，致使农业效益低下。

（5）生育高峰的到来，将使人地矛盾更加恶化。贵州人口总量的变动，经历了四个发展阶段：1949～1959 年，出现了第一次人口出生高峰期，总人口由 1416.40 万人增加到 1743.96 万人，共净增 327.56 万人。1961～1975 年，总人口由 1623.53 万人增加到 2530.95 万人，形成了贵州第二次人口生育高峰期。1976 年末至 1999 年末，由于全面开展了计划生育工作，生育率大大下降。总人口由 2530.95 万人增加到 3710.06 万人，24 年净增人口 1179.11 万人，年均净增 49.13 万人，年增长率为 1.61%。由于第二次生育高峰的周期性影响，贵州自 1986 年后至 90 年代末，一直处于第三次生育高峰时期，这一高峰期将一直延续到 2001 年后才逐年下降。而第三次生育高峰期出生的人群，预测将在 2010～2022 年形成贵州第四次生育高峰期，这就决定了贵州人口增长惯性大，人口总数还将持续增加，人地矛盾会更加突出。

B 管理权属不清、开发利用与保护协调性差

除已经建立的 9 个国家地质公园和 3 个省级地质公园外，贵州以其他保护形式存在的地质遗迹还有很多，主要分布于风景名胜、文物保护、旅游度假、疗养和其他保护区内，涉及旅游、林业、文物、水利等多个部门，形成多头（或多

重）管理。不同的部门从不同的角度出发、在各自不同的利益驱动下，往往会产生分歧甚至是冲突。

C　观念落后、管理落后

经济基础决定上层建筑，欠发达的贵州，许多地区由于长期为生计奔波，忙于最基本的生存和生活，其经济形式具有自然经济和小农生产的特征，长期脱离社会化生产分工和协作，导致观念的落后、自我封闭，缺乏市场经济意识。人们头脑中的封建意识和小农经济观念根深蒂固。

由于观念落后，导致对外开放滞后，管理落后，跟不上时代发展的形势。举例来说，织金洞作为洞穴景观天下第一洞的地位举世公认，是贵州建设面向全国和世界旅游市场的最重量级的品牌。然而，织金洞从 1984 年开发，1985 年正式开放以来，20 多年了，连织金洞所在的织金县的旅游业都未能培育出基本的行业规模，形成应有的产业优势，确立应有的产业地位，发挥其应有的功能和作用，更不要说在对贵州旅游业的发展上有多大作为。织金洞为什么没有旅游发展通常引发的轰动和带动效应呢？贵州至今普遍认同的原因是交通制约、体制不顺。这的确是两条根本性的制约因素。但是我们对此还需深思的是为什么同期发展的，处于相同状态，面临同样问题的湖南的张家界、四川的九寨沟，今天却能成为世界级旅游目的地呢？

D　人力资源开发亟待提高

一方面，缺乏足够的专业人才来进行管理和服务。地质公园由于其鲜明的特色，因此对人才的要求较高。服务人员的个人素质、专业知识的水平无疑将决定地质公园所提供的产品的质量。目前贵州能够将地质学和旅游学结合起来的院校几乎没有，这将成为地质公园在未来发展中的瓶颈。加快人才培养、人才引进和员工的在职培训是贵州各地质公园发展的当务之急。

另一方面，贵州旅游业从业人员整体素质不高。贵州旅游业经过 20 多年的发展，旅游专业队伍确实在不断壮大，但懂得旅游市场经营和管理业务的专业人员较少，高层次的管理人才、旅游信息处理与分析人次及导游人员还是非常缺乏，而低学历、无学历的旅游从业人员较多，从而使不文明管理、不文明旅游经营和不文明导游现象经常发生。

E　竞争激烈

周边省市旅游业发展迅速。旅游业在西部发展中优势突出，优先发展旅游业，是西部开发战略中的亮点。重庆、云南、四川、陕西、甘肃、西藏、宁夏、新疆等省市也先后把旅游业作为经济发展的支柱产业，纵观西部旅游业的竞争现状，可以说已经进入了"战国时代"。然而贵州旅游业的"盆地现象"至今尚未明显改变。所谓贵州旅游业的"盆地现象"，是指贵州旅游业发展总体水平远远落后于云南、四川、重庆、湖南、广西等周边省市区，像一块下陷的"盆地"。这使得贵州的旅游在区域竞争中处于较为不利的地位，如果贵州再不采取相应的措施将会使贵州旅游经济表现出"马太效应"。

就现阶段而言，贵州旅游业存在的差距主要有：旅游基础设施及配套设施建设仍然滞后，交通"瓶颈"仍较为突出，酒店、旅游车辆等设施的规模、档次不适应发展需要，在旅游旺季和"黄金周"期间接待能力不足矛盾更显突出；旅游产业规模较小，综合竞争力不强，缺乏有号召力的大型旅游企业集团；旅游产品结构、布局不尽合理，旅游产品建设和市场开发投入不足，面向高端市场的推广力度需进一步加强；体制机制仍是束缚我省旅游产业发展的根本性障碍，资源整合、利益共享的体制机制尚未形成；旅游业人才的数量和素质不能适应旅游业发展需要；旅游法制建设、标准化建设还存在较大差距，旅游市场秩序有待规范，旅游业发展的社会环境亟需改善。

5.3.2.5 SWOT 矩阵分析

针对贵州地质遗迹资源利用可持续发展的 SWOT 矩阵组合分析见表 5 - 2 和表 5 - 3。

表 5 - 2 贵州地质遗迹资源利用可持续发展的 SWOT 矩阵组合分析

子项	内容
优势 （strengths）	S_1 地质遗迹资源禀赋 S_2 协同发展的旅游资源丰富且独具特色 S_3 生物资源丰富 S_4 气候舒适宜人
劣势 （weaknesses）	W_1 生态脆弱 W_2 贫困 W_3 欠发达、欠开发
机遇 （opportunities）	O_1 世界地质公园计划 O_2 世界旅游业的蓬勃发展 O_3 中国旅游消费时代到来 O_4 国发 2 号文与新一轮西部开发 O_5 旅游业正在成为贵州的优势产业
威胁 （threats）	T_1 人地矛盾突出 T_2 管理权属不清，保护与利用协调性差 T_3 观念落后，管理落后 T_4 人力资源开发亟待提高 T_5 竞争激烈，周边省市旅游业发展迅速

表5－3 贵州地质遗迹资源利用可持续发展战略SWOT矩阵分析

			机 会		威 胁
			O_1、O_2、O_3、O_4		T_1、T_2、T_3、T_4、T_5
优 势	S_1 S_2 S_3	$S_1 O_1$	世界公园计划的实施和中国国家地质公园建设相关规定的出台，使我国国家地质公园的建设和管理一开始就纳入了法制化的轨道，为以后的健康发展提供了有力的保证； 地质公园建设已经成为旅游产品开发的一个品牌	$S_1 T_1$	人地矛盾的恶化，资源破坏严重
		$S_1 O_2$ $S_1 O_3$	为贵州旅游业的发展提供了广阔的市场空间	$S_1 T_2$	资源产权不存在或不安全，将影响人们对地质遗迹资源保护、投资的积极性和引起广泛的短期行为； 地质遗迹资源的有效保护与合理利用受损，资源优势散失
		$S_1 O_3$	为地质遗迹资源的保护与利用创造了良好的宏观环境； 转变了贵州许多传统守旧的观念； 交通、水利、能源、通信等重大基础设施建设取得了实质性进展	$S_1 T_3$	解放思想，提高认识，理清发展思路； 现代化管理
		$S_1 O_4$	旅游业发展的良好机遇将促使贵州地质遗迹资源优势凸现； 旅游资源的开发将提高人们对地质遗迹资源的认识，促进地质公园建设； 地质遗迹资源在贵州旅游资源中的重要地位，为其资源优势转化成区域发展优势提供了可持续发展的路径	$S_1 T_4$	人力资源的匮乏，直接降低了地质遗迹资源的使用价值
				$S_1 T_5$	直接影响到资源利用的经济效益，进而影响到社会效益和生态效益
劣 势	W_1 W_2 W_3	$W_1 O_1$ $W_2 O_1$ $W_3 O_1$	保护生态，解决贫困，发展地方经济，世界地质公园的建立提供了一个解决问题的途径	$W_1 T_1$ $W_2 T_1$	破坏环境，生态恶化，贫困加重，恶性循环
		$W_1 O_4$	开展生态旅游	$W_3 T_4$	实施人才战略
		$W_2 O_3$	旅游扶贫	$W_3 T_4$	后发优势，跨越式发展
		$W_3 O_4$	积极发挥旅游产业在经济增长和产业结构调整中的作用		

5.3.3 战略使命与战略目标

5.3.3.1 战略使命

通过对贵州地质遗迹资源利用可持续发展的战略分析，贵州地质遗迹资源利用可持续发展的战略使命应该是：保护地质遗迹于保护环境中，在"保护第一，永续利用"的原则下，合理开发地质遗迹资源，利用地质公园开展地质旅游活动，促进地方经济发展，不断提高人民的生活质量和水平；充分发挥地质遗迹资源在贵州旅游业发展中的支柱作用，促进贵州旅游业的可持续发展，使地质遗迹资源开发利用的综合效益（经济效益、社会效益和生态效益）最佳，实现地质遗迹资源的持续利用和永续发展。

5.3.3.2 战略目标

"实现保护与利用的和谐统一，保证贵州地质遗迹资源的持续利用与永续发展"是总目标，它是由一系列目标构成的目标体系的提炼。

地质遗迹资源可持续利用系统是一个十分复杂的不断发展的区域性多层次的巨系统，它涉及地质遗迹资源、开发利用、人口、环境、经济、社会、科技等要素。因此，贵州地质遗迹资源利用可持续发展的战略目标是综合考虑这些要素形成的完整的战略目标体系。贵州地质遗迹资源利用可持续发展战略目标体系分为总体目标体系（表5-4）和基本目标体系（表5-5）两部分。

表5-4 贵州地质遗迹资源利用可持续发展基本战略总体目标体系

总体目标	内　容
社会目标	科学规划地质遗迹资源，在满足当代人需求的情况下，实现代际间的公平使用，保证子孙后代对地质遗迹资源的需求； 促进地质遗迹的学术研究和公众教育； 合理开发地质遗迹资源，实现地质遗迹资源资产的保值和增值，增进社会的共同利益
经济目标	优化资源配置，提高地质遗迹资源使用效益，保证经济发展需要； 促进地质遗迹资源产业化进程，提高地质遗迹资源产业的生产效率
环境目标	保护生态环境，合理利用地质遗迹资源，实现资源、环境的承载能力和社会经济发展相协调，实现地质遗迹资源的持续利用

表5-5 贵州地质遗迹资源利用可持续发展基本战略目标体系

基本目标	内　容
保护与利用战略目标	构建贵州地质公园体系，促进资源与环境保护； 开发利用，扶贫致富，促进地方经济发展，促进贵州旅游业发展
组织战略目标	建立地质遗迹资源统一管理体制，确立地质遗迹行政部门的职责和权限； 加强权属管理，政府、事业与组织剥离，理顺产权关系； 优化地质遗迹资源产业结构，促进地质遗迹资源经济的发展； 建立和加强地质遗迹资源开发与保护行业管理； 确立地质遗迹资源产权管理体系，形成投资多元化格局
人力资源战略目标	深化地质遗迹资源开发人事制度的改革，建立和完善与社会主义市场经济体制相适应的地质遗迹人才管理体制； 提高人事人才管理的信息化水平； 加强培训，加快地质遗迹开发与保护人才的知识更新； 调整和优化地质遗迹人才资源的结构布局，增强地质遗迹人才资源的总体实力

续表 5 - 5

基本目标	内　　容
技术开发战略目标	加强对贵州地质遗迹资源的多学科、多层次的科学调查研究； 加强地质遗迹资源保护与利用、地质公园开发与管理的综合研究； 建立地质遗迹信息化体系，实施跨学科、跨领域的科技攻关，建立地质遗迹保护与利用的科技创新体系
财务战略目标	构建地质遗迹资源产业与市场经济相一致的地质遗迹资源利用可持续发展财务机制； 构建多渠道、多方式的筹资体系； 构建有效的投资决策体系
法制建设目标	对地质遗迹资源本身的管理进行立法； 对地质遗迹资源可能涉及的产业进行相应立法，形成相应的地质遗迹资源产业法律法规； 对地质遗迹资源的利用、消耗行为方式进行立法，特别要注意防止地质遗迹资源利用的破坏、污染等问题； 加强法律宣传，提高公众对地质遗迹保护意识，充分发挥法律的导向作用

5.3.4 可持续发展利用战略模型

5.3.4.1 保护开发与可持续利用的路径分析

具有比较丰富的资源不等于形成现实的经济实力和物质富裕。只有把地质遗迹资源保护与促进贵州社会经济发展紧密地联系在一起，在保护优先的前提下，进行开发利用，将地质遗迹资源优势转化为区域发展优势，才能够实现地质遗迹资源的可持续发展。

那么如何才能实现资源优势向区域发展优势的转化呢？在经济学中，有绝对优势（亚当·斯密）、相对优势（大卫·李嘉图）、要素禀赋优势（俄林）、竞争优势（迈克尔·波特）和核心竞争优势之别，上述理论范畴的发展与替代，既是学理认知上的不断深化，也反映了市场竞争中区域分工与格局形成动因与机理的发展演变。大卫·李嘉图在亚当·斯密"绝对成本"学说基础上创立的"比较成本"学说给后人以深刻的启迪：不能搞全能经济，而应寻求自身的比较优势。比较优势主要是指在不同区域中，由于生产要素的相对稀缺性及经济发展和收入水平的不同，生产要素的价格存在差异，从而会使同一产品在区际间出现成本上的差异。比较成本可从静态和动态两方面来考察。从静态看，每个区域的生产要素禀赋各有不同，抓住这种"先天"优势，建立具有特色的产业或发展拳头产品，便可确立本区域在市场竞争中的优势。正如赫克歇尔 - 俄林的模型所言，如果一个区域的劳动力资源相对丰裕，则其比较优势在于劳动密集型产业，如果能遵循比较优势原理建立相应的产业，就可提高竞争力，形成产业优势，经济优势。换言之，资源优势、产业优势、经济优势表达一个地区资源价值运动的不同阶段，资源优势是条件，经济优势是目标，产业优势则是从资源优势到经济优势的桥梁。

贵州地质遗迹资源禀赋，是贵州重要的旅游资源。只有充分发挥其地质遗迹资源的独特性、稀缺性、垄断性优势，以优势地质遗迹资源开发优势旅游产品，以优势旅游产品发展优势旅游产业，变地质遗迹资源的潜在优势为现实的经济优势促进贵州旅游业的发展，以及贵州社会、经济、环境的可持续发展，才能实现地质遗迹资源的可持续利用与发展。这就是贵州地质遗迹资源实现可持续利用之路（图5-18）。

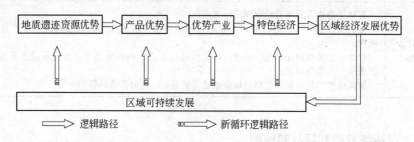

图5-18 贵州地质遗迹资源优势转化为区域发展优势以实现可持续利用的路径

首先，要珍惜地质遗迹资源，加强生态环境建设，建立地质公园，切实保护地质遗迹的真实性与完整性。

其次，在保护的前提下，充分发挥市场机制的作用，运用市场机制组合协调国内外资源，促进各种生产要素流动和聚集，使外部的资本、技术优势和地质遗迹资源优势有机融合，并以市场为导向打造一批以贵州独特性、稀缺性、垄断性优势地质遗迹资源为基础的占有相当市场份额的旅游名优特产品，形成特色产业。

第三，以"特色+质量"赢得市场，吸引客源；使地质遗迹资源资源开发融入市场经济和开放环境，加快科技进步与创新，着力培育旅游业的竞争力，提高特色产业的竞争优势。既要守住特色，又要突出创新能力和市场适应力，跟上科技和市场的发展，依托大规模的产业开发，形成较大的市场优势和快速的积累性发展，对地区产业结构进行专业化整合，形成独具优势的以地质遗迹资源为基础特色旅游产业。

第四，加强产业技术和人力资源开发，通过科学的规划创造条件等手段，以产业集聚为基础，以实现产业化为前提，使其比较优势动态化、市场化，依托大规模的产业集群开发，以市场为导向，实行区域化布局、专业化生产、一体化经营和社会化服务，形成独具优势的区域化的产业群体，进而形成规模经济，以增强价格、成本及价格、成本之外的非价格竞争力，发展以地质遗迹资源为基础的特色经济，变"优势"为"胜势"，最终实现地质遗迹资源优势向区域发展优势的转化，促进贵州经济社会的可持续发展。

第五，区域发展的优势，将会大大促进区域可持续发展，使区域可持续发展系统不断进化，从而深化和发展地质遗迹资源可持续利用系统。

5.3.4.2 可持续发展利用战略模型

贵州地质遗迹资源利用可持续发展的路径是地质遗迹资源保护→资源优势→产品优势→优势产业→特色经济→区域发展优势。它涉及地质遗迹资源、保护与利用、人口、环境、经济、社会、科技等多要素，具有规模大、层次多、分工细、关系复杂、目标多样、信息量激增等特点，加强这些要素间深层次的关联和调节，形成一种互相促进、互相制约、彼此协调、充满生机与活力的活泼局面，系统的机制就会完善，贵州地质遗迹资源利用可持续发展战略实施效果就会加强。

因此，笔者根据地质遗迹资源利用可持续发展的系统构成，基于自组织理论的理论视角和方法，围绕贵州地质遗迹资源利用可持续发展战略路径的选择，构建了贵州地质遗迹资源利用可持续发展战略模型（图 5 – 19）。

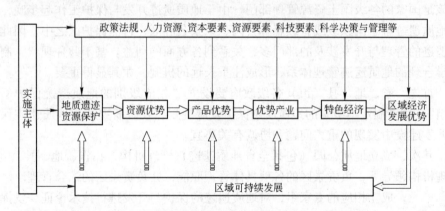

图 5 – 19 贵州地质遗迹资源利用可持续发展战略模型

5.4 地质遗迹资源可持续利用实施策略

地质遗迹资源可持续利用系统是以地质遗迹资源为基本载体，涉及人口、环境、经济、社会、科技等多要素，这些要素的构成含有人的社会活动，有人类意识的参与，如何来实现对资源利用可持续系统动态过程的有效制约和控制。"协同"是可持续发展观中解决发展问题的关键，根据系统自组织理论的基本原理，地质遗迹资源可持续利用系统的自组织过程遵循着其内在的演变规律，不断地实现着其结构的有序和优化。而系统有序结构出现的一个重要关键是系统协同作用所激发的系统的自组织能力，它是地质遗迹资源利用可持续发展协同作用的核心，也是地质遗迹资源利用可持续发展能力建设的核心内容，制定实施策略的根本。

5.4.1 切实发挥实施主体的作用

5.4.1.1 政府

建立完善的地质遗迹资源保护和利用的制度体系是政府的责任。一方面，由于地质遗迹资源是大自然和前人遗留下来的珍贵遗产，具有脆弱性和不可再生性，政府在对其拥有所有权和使用权的同时，也有保护它不受破坏，使其永续利用的责任和义务；另一方面，由于地质遗迹资源是政府掌控的公共资源，政府有责任保证它的公平、合理地使用，保障社会各公民都有享用它的平等权利，避免它成为某一部分人或某一集团的牟利工具。因此，在地质遗迹资源保护与利用中，政府可以而且应该根据其实际需要建立和完善相应的制度体系，通过制度体系实现这些基本目的。

（1）统一管理体制，依法行政。按照地质遗迹的性质和特点，其主管部门应该是国家的各级国土资源管理部门。由于地质遗迹开发与保护工作起步晚，很多地质遗迹融于国家级或省级森林公园、风景名胜区、自然保护区之中，因此地质遗迹的管理与开发涉及的部门多，关系到各方面的利益。基于此种现状，制定科学合理的地质遗迹管理体系、形成注重长远的机制，尤其显得重要。

首先，省、地、县（市）各级政府要设立"相应级别的地质遗迹保护领导小组"，负责制定本级别的地质遗迹保护发展规划，及时研究解决地质遗迹保护和开发建设中发现的重大问题和协调有关事宜。

其次，成立地质公园（包括全省地质遗迹）管理机构，在省、地、县（市）管理机构领导下，负责景区的各项具体管理职能，并负责景区的综合管理。

第三，成立相应的专家组，对地质遗迹的保护与开发进行技术论证，发挥地质遗迹保护区优势，提高地质遗迹保护区的自我生存和自我发展能力。

此外，对于省级以上的地质公园，要有政府或人大授权，赋予省级以上地质公园风景名胜区管理机构具有县级人民政府行政管理职能，统一对景区财政、税收、公安、工商建设、旅游、林业、环保、文化、宗教等事业进行综合管理。景区管理机构的设立依据景区的规模、资源特点而定。景区管理机构只能承担政府相应管理职能，不得从事景区有盈利的业务。景区的商业及经营活动，由景区管理机构向社会公开、公平招标，所得的特许经营收入纳入景区保护专项基金，专项用于景区保护事业。

（2）强化政府责任，搞好资源规划。资源的发展规划是可持续发展由一种理论变为现实的一条基本途径。贵州地质遗迹资源禀赋，开发潜力巨大，是促进贵州旅游业发展，推动贵州经济增长的新动力。要建立地质遗迹资源可持续利用的运行机制，首要的任务就是强化政府的责任。在全省范围内开展地质遗迹普查工作，制定出地方和贵州省地质遗迹保护规划，尽快纳入区域经济发展和社会发展计划中，统一规划、分步实施。

（3）加快建立特许经营制度，保证资源的优化配置。只有建立特许经营制度，才能杜绝乱开发破坏资源的现象。通过特许经营投标制即通过拍卖或招投标的方式，引入多家企业竞争某一产品或服务的特许经营权，以使最有效率的企业能够中标，同时设定期限构造潜在的竞争压力，促使其不断降低成本，改善质量，提高生产效率，实现资源的有效配置，进而实现社会福利最大化。制定特许经营制度的关键在于要把握住特许经营制度的市场特征：一是坚持公开、公平、公正的原则，严格通过拍卖和招投标进行转让，而不能协议出让；二是要按照有关特许经营制度的基本要求，加快制定一个对旅游景区转计价格评估的分类管理办法，按资源品位和相关保护要求，科学合理地评估转让价格；三是对贵州已经通过租赁、委托经营等方式实施经营权转让的景区进行一次集中清理，对清理出来的问题在充分调查研究的基础上，制定相应的解决措施，以规范其转让行为。

（4）优化政策工具，提高政策效率。优化政策工具就是通过政策工具有效性的比较，从中选择最优政策工具的过程。它是提高政策效率，制定有效的政策措施，实现资源可持续利用规划目标的关键的首要问题。资源有偿开采是提高资源开发和利用效率，实现资源可持续利用的重要途径，这一观点已经形成共识，我国对资源有偿开采也制定了一系列法律、法规和相关政策，但在实践中，资源的有偿开采仍需解决一些重大问题：第一，资源价值的评价。第二，资源产权的问题。第三，资源有偿开采政策的优化问题。资源有偿开采政策是从全局利益最大化的目标出发，制定相应的价格、税收、租金、补贴和利率等价值杠杆，引导资源市场有效运行。

（5）建立合理的利益分配与补偿机制，理清利益与责任的对应关系。对地质遗迹资源的开发利用必将牵涉到利益的重新分割，不可避免地触及各利益主体的利益损益情况，会遭受各方面的压力和阻挠，这是一个长期的博弈过程。利益主体主要包括上下级地方政府、管理部门、地方居民和经营企业（旅游）。发展的核心就在于如何在各利益主体之间建立合理的利益—责任机制，找到共同利益之所在，建立多方参与的利益协调与分配机制，使大家都有利可图，这样的管理才能有效、高效。所以，在对地质遗迹资源进行权利与利益再分配的时候，管理的权限必须与相应承担的责任严格挂钩，同时利用市场的补偿机制完成地质遗迹资源权利和利益的转移，形成一种各种利益主体相妥协的"相互监督、共同受益"的互动机制，而微观上则体现为产权的明晰化。例如，可按照"谁污染、谁治理"的原则，向经营者征收资源税，对经营性设施资源消耗和水、气、固废等污染征费，所得收益统一用于环境保护事业。对环保做出贡献的企业，管理机构也应给予税费豁免权或贷款补贴等相应的激励政策。

（6）建立公众参与机制，有效发挥社会监督作用。建立公众参与机制，引进听证制度，保障公众表达意见的法定权利。对公众普遍关心的地质遗迹保护与利用的管理政策、总体规划、重大项目等依法进行听证和公示，充分征求社会各方面的意见和建议。

开拓多种途径，鼓励公众参与地质遗迹的保护活动，广泛招募志愿者，合理发挥非政府组织在地质遗迹保护中的作用。利用社会力量建立相关机构，或利用现有组织，分解和承担相关职能。组织一个包括政府、专家学者、当地居民等在内的监督机构，对各主体进行实时有效地监督，奠定坚实的社会基础。

通过媒体、展览等各种形式，向公众广泛宣传地质遗迹保护的相关知识，进一步增强公众保护意识。加大对保护地质遗迹有功人员和团体的表彰力度。

5.4.1.2　民间组织

民间组织的产生是公民意识发展的产物，是社会进步的重要标志。根据国务院1989年发布的《社会团体登记管理条例》对社会团体的有关定义，本书中笔者所指的民间组织是：中国公民自愿组织，为实现成员共同意愿，按章程开展活动，与地质遗迹保护相关的非营利性社会团体。为避免误解，以下笔者将该类民间组织统称为地质遗迹民间保护组织。

地质遗迹民间保护组织在保护地质遗迹资源中具有其特有的优势：一是地质遗迹民间保护组织作为非营利组织，以公共利益为指向，拥有强大的群众基础、教育功能和舆论优势，是解决地质遗迹保护与开发问题上市场失灵和政府失灵的重要力量；二是民间组织作为公民自愿参加、自主筹款为主的非营利性社会团体，数量众多，全国各地普遍分布，对减轻政府在地质遗迹保护方面的人力、物力、财力不足方面显然可以发挥巨大作用，可以大大降低政府的保护成本；三是地质遗迹民间保护组织在监督地质遗迹不合理开发方面可以发挥巨大作用，一方面是对地质遗迹资源开发方进行监督，另一方面是对作出地质遗迹保护决策的政府进行监督。

（1）加强组织建设，推进专业化进程。

1）自身要对地质遗迹友善。虽然该行为只停留在自律程度，但由于民间组织是自由结社组织，因此这种共同的兴趣爱好会带动和影响一大批人形成保护地质遗迹的自律习惯。

2）加强学习，推进专业化进程。发达国家民间组织之所以对政府影响很大，一个重要原因就在于其专业化程度高。以美国世界自然基金会（WFF）为例，不仅有自己的办公大楼、刊物及研究人员，还吸纳了大批环保学家、经济学家、动物学家，被称为环境经济学的摇篮。

（2）积极开展保护地质遗迹的各项活动。

1）宣传活动。主要是通过散发传单、举办展览、知识讲座等方式向公民宣传保护地质遗迹的重要性。该行为由于具有较强公益性，更容易获取大众关注和媒体支持，从而在社会上形成广泛的保护地质遗迹的风尚。

2）参与政治和立法，对破坏地质遗迹的行为和违法执法行为进行监督。该方式上升到了对公民权利的兑现和争取，除具有促进公民地质遗迹保护知识的丰富外，更有利公民民主意识和参政意识的提高。

3）加强非正式沟通与交流。当前，英、美等发达国家的民间组织在地质遗迹保护方面已发挥重要作用，但中国国内关于其如何具体发挥作用的资料却少之又少。因此，中国地质遗迹民间保护组织肩负着吸收国外先进经验，为地质遗迹保护献计献策的重要使命。

5.4.1.3 企业

（1）转变经营思想，有效利用资源。凡是与地质遗迹资源保护与利用相关的企业，首先应该在企业发展战略上要与地质遗迹资源利用可持续发展战略实现协同。实现两个根本转变：一是要从与地质遗迹资源利用可持续发展相背离的经营观念向经济与环境双赢的经营观念转变；二是要从资源密集型的生产消耗方式向资源节约型的生产消耗方式转变，合理有效地利用资源。因此，企业应该在指导思想、发展规划、管理体制、技术研究、产品开发和社会服务等方面进行深入、细致的工作：1）广泛开展可持续发展的指导思想和技能教育，这是实施企业可持续发展的先决条件；2）将可持续发展战略纳入到企业发展目标和规划之中，自觉地在企业的成本—效益核算中考虑资源环境的价值；3）大力加强有利于可持续发展的技术创新，充分发挥科学技术在企业可持续发展能力建设中的不可替代作用；4）与新型的环境管理相结合，尤其是要重视国际环境质量标准认证 ISO14000 带来的机会；5）推进绿色生产、绿色消费，走以绿色市场为导向的企业可持续发展之路；6）企业要积极参与和支持全社会的可持续发展，提高企业的社会形象和综合效益。

（2）发展循环经济，清洁生产。地质遗迹资源的开发利用必须树立环境保护的理念，达到保护性开发与可循环的目的，其开发利用应融入循环经济的原则。传统旅游业发展模式是一种"旅游资源—旅游产品—旅游消费—污染排放"的单向线性开放式经济过程。在这种经济模式中，人们在生产旅游产品（建设自然保护区、风景区等）和旅游消费过程中把污染和废物大量地排放到自然环境中去，对资源的配置是低效的，而且资源的利用常常是粗放的，传统旅游业发展模式实际上是通过把旅游资源（主要是自然旅游资源）持续不断地变成废物来实现旅游产品和旅游消费的数量型增长，导致自然旅游资源的破坏、不可恢复，环境污染、生态恶化等后果。

　　循环经济模式倡导的是一种与环境和谐的经济发展模式，遵循"减量化、再使用、再循环"原则，以达到减少进入生产流程的物质量、以不同方式多次反复使用某种物品和废弃物的资源化的目的，是一个"资源—产品—再生资源"的闭环反馈式循环过程，最终实现"最适开采、最优生产、最适消费、最少废弃"。循环经济为传统经济模式向可持续发展和产业生态化的经济模式转变提供了一种全新的战略性理论范式，从而从根本上消解了长期以来环境与发展之间的尖锐冲突。

　　（3）保护环境，履行社会责任。保护环境，要求企业在生产经营活动中不能因为追求经济效益而污染环境、破坏生态，必须从保护生态环境，尊重自然的道德责任感出发，以可持续发展为活动经营的指导原则，以正确处理人与自然的关系为企业发展的基本宗旨。不管企业经营的是什么，都应为环境保护做贡献，做到绿色生产，绿色营销。按照生态规律的要求安排经营活动，并对自身的健康生存和可持续发展以及企业所处环境的质量承担必要的责任。

　　企业不仅要从自身做起，避免与控制本企业生产对环境的污染，同时还要积极参与社会性的环保公益活动，成为环境保护运动的主力军，为环境保护承担更多的社会责任。

5.4.1.4　社区居民

　　（1）加强学习，提高认识。积极主动地接受环境保护、地质遗迹资源利用可持续发展的宣传和教育。通过电视、报刊、广播等媒体或者接受教育培训，一方面增长对地质遗迹知识和环保知识；另一方面提高保护环境、保护地质遗迹的思想和意识，并付诸于行动。

　　（2）积极参与到地质遗迹和环境保护的社会实践之中，从生活、学习或工作中的点滴做起。参与的形式是多样的，关键在于要有积极性和自觉性，特别是青少年学生应通过义务劳动的形式支持地质公园建设和环境的保护，如清除垃圾，从事一些有意义的建设活动等；专家学者应经常提供无偿的技术咨询服务，为地质公园建设和环境保护出谋划策，与社区居民一起对各主体进行实时有效地监督。

5.4.2　加强可持续发展要素保障建设

5.4.2.1　法律体系

　　在可持续发展的今天，随着对地质遗迹资源系统认识的深化和实践的需要，应全面审理现行有关地质遗迹资源的法律、法规和管理体系，提出修订和补充措施，并制定相应的法律实施细则、条例和管理办法，把法律规定的原则具体化，增强其可操作性。这一认识与完善过程中，要特别注意有关法规的前后一致性和相互之间的协调性，首先要把地质遗迹资源的法制建设上升到资源法制建设系统的高度去认识，去审理与完善；其次才是加强地质遗迹资源保护与开发的法制建设，制定一套管理办法，完善评价标准和规范，切实做到依法依规推进地质遗迹保护和地质公园建设。

A 完善我国资源法律体系

我国的资源法律体系已经初步形成，资源管理正逐步纳入法制化管理的轨道，但不容讳言，以可持续发展为目标的资源管理法律体系等建设还不完善。存在的主要问题是：

（1）立法不健全，我国是一个人均资源短缺严重的大国，资源的可持续利用是关系到中华民族永续发展的重大问题，但由于我国人口众多，经济技术基础薄弱，生产力发展水平较低，经济发展的任务非常艰巨，资源、人口与经济增长的矛盾日益尖锐，我国国际竞争力比较弱，因此，以牺牲资源环境为代价，取得了经济高速发展，以牺牲后代人的利益为代价取得了当代人的生活水平的提高。多年来，我国在资源、环境和经济增长的矛盾取舍中，是以经济增长为首选目标。在资源开发、利用、保护方面的力度不够，资源可持续利用的法律体系薄弱。

（2）法律教育薄弱，没有形成全民的意识，在我国教育体系中，资源可持续利用法律并没有成为各级教育体系的必修课，社会公众参与的力度也不够，这就难以形成社会公共意识，使法律的导向作用发挥不够。

（3）执法力度不够，经济社会活动中的资源破坏、环境污染、生态破坏行为屡屡发生，一些乱采、乱占资源的现象久治不绝，实际上这些行为受到地方政权直接或间接的保护。

这些说明，资源可持续利用并没有得到足够的重视。完善资源法律体系势在必行，其重点方向是：

（1）完善资源可持续利用的法律体系。在我国现有资源法律法规的基础上，应研究制定以下新的法律法规：《可持续消费法》、《可持续生产法》、《资源循环利用法》、《资源与环境核算法》、《绿色技术法》、《消除贫困差距法》等。

（2）建立全民普法教育体系。使可持续发展战略要求的行为规范真正成为全民的自觉行动。

（3）严肃执法，真正发挥法律的制约作用。

B 地质遗迹资源保护与利用的立法

在我国目前与地质遗迹资源相关的法律级次较低，而且不系统、不健全。目前仅有《中华人民共和国环境保护法》、《地质遗迹保护管理规定》、《中华人民共和国自然保护区条例》等相关法规，还缺乏对地质公园建立和保护的法律，给保护工作带来了一定困难。因此，有必要在已有的地质遗迹资源法律法规基础上，不断完善地质遗迹资源政策法规体系。首先，建设综合性的资源法，用以界定各种资源,从自然资源系统来考虑各种自然资源之间的相互关系及其总的管理原则。其次,对地质遗迹资源本身的管理进行立法,规定资源权益的配置,目前已有土地、矿产、森林、草原等单项资源法或资源管理法,尚没有专门的地质遗迹资源法。再次,对地质遗迹资源可能涉及的产业进行相应立法,形成相应的地质遗迹资源产业法律法规;对地质遗迹资源的利用、消耗行为方式进行立法,特别要注意防止地质遗迹资源利用的破坏污染问题。因此,建议全国人大应加快对这方面的立法;贵州省人大及其常委会应加快"地质遗迹保护管理规定实施细则"的制定,确保相关法律法规的贯彻落实;各级地方政府及管理部门要严格管理,依法履行管理职权和职责,确保管理落实到位。

推广地方制定自然遗产保护法规规章的做法。借鉴美国国家公园的保护经验,凡是自然遗产保护地区都可以根据实际情况制定该地区的自然遗产保护法,来对该地区的自然遗产进行保护。在地方行政立法的技术和层次上,一个省可以有两个层次不同的行政性法规。例如,四川省制定了《四川省世界遗产保护条例》,也可以就该省的单个遗产再制定相关法规;湖南省已经就武陵源世界自然遗产制定了《湖南省武陵源世界自然遗产保护条例》。

5.4.2.2 资源要素

地质遗迹资源是自然环境的重要组成部分,人类社会发展的重要物质基础。查明地质遗迹资源状况,作好评价工作,规划管理,实现地质遗迹资源的有效供给,才能使地质遗迹的保护与开发利用在规范、有序的环境下进行。

(1)开展地质遗迹调查,建立地质遗迹系统网络。

首先,加紧进行地质遗迹资源普查,对地质遗迹进行统一登录,建立贵州省地质遗迹数据库,内容包括:1)地质遗迹的地理位置、行政隶属关系、交通概况,区域构造位置等;2)地质遗迹的名称、编号、类型、特征、形态、范围、地质简况、遗迹评估等级、保护建议等;3)地质遗迹的相关文字资料(如遗迹组合形态的照片、素描图和平剖面图)等;4)地质遗迹所在地的历史、文化遗产、社会经济、自然生态环境、风景名胜等;5)遗迹保存环境、受威胁程度、是否建立保护区、保护区级别、保护设施建设、保护机构名称、管理人员状况等;6)地质遗迹开发、研究对象、开发形式、开发范围、开发规模、开发管理与经营形式、经济与社会效益等建议。然后根据其分布、种类、质地、价值和消蚀程度,遵循全面规划、突出重点;抓好典型、带动全面;近期抢救性保护与长期保护相结合、长期保护与合理有效利用相结合等原则,做出全面的评价和系统的保护利用规划。

其次,在上述工作的基础上,建立地质遗迹名录。通过各级政府将遗迹的保护通过立碑方式和公告向社会昭示。明确保护地质遗迹的名称、保护范围、保护内容和保护级别。

第三，针对不同区域的地质遗迹资源状况，实施规划性管理。有计划、有重点地建立一个布局合理、类型具有特色、面积适宜、管理水平先进、效益良好的地质公园体系。

（2）保护与开发并重，通过开发提升地质遗迹的内在价值。地质遗迹自然保护区有别于其他自然（或人工）遗迹和珍稀、濒危野生动、植物等自然保护区，除以特定人为方式（采掘、挖凿、机械打击等）的毁坏或对其周围环境的特殊污染与损害造成危害外，一般不致造成破坏。因此，对地质遗迹自然保护区的管理实行"积极保护、合理开发"的原则，在不破坏自然景观的真实性、完整性，以及不改变地质遗迹高品位的前提下，应该鼓励开发。

开发是目的，不开发资源，社会经济就无从发展，从可持续发展的角度看，资源保护归根到底是为了更好的发展，地质遗迹资源必须通过开发利用，才能发挥其功能和效益，也才能具有经济意义和社会意义，资源保护的必要性只有通过开发才能得以体现，开发是促进资源价值充分体现的手段。

对于具有世界意义的地质遗迹资源可建立世界地质公园，对具有国家意义的地质遗迹资源则可建立国家级地质公园；对科考价值较大的资源如古生物化石、古人类遗址、地质构造遗迹、地质灾害遗迹等，可进行以保护为主的开发，在取得经济效益的同时，更要强调对其重大社会价值的保护；对分布较广泛、省级甚至县级地质地貌景观资源和水体资源等，则可进行以开发为主的开发以争取较大的经济效益。

总之，在保护的前提下，依据不同地质遗迹资源的层次，结合区域内人文旅游资源特征、环境条件、历史情况、现状特点，以及经济和社会发展趋势，以旅游市场为导向，突出自身特色和优势，因地制宜地有序开发，切实注重发展经济的实效，为促进当地社会经济可持续发展服务，才能不断提升地质遗迹资源的内在价值。

（3）重视生态环境的保护，加强灾害防治。地质遗迹资源本身就是人类生存环境的一个重要组成部分，也是构成自然生态环境的基本格架，影响生物多样性的基本要素。环境质量的好坏，直接影响着资源开发利用，进而影响到资源的生存。因此，在地质遗迹资源开发利用过程中，要切实加强淡水、森林、草地、动植物、气候等自然资源和生态环境的保护，在维护生态平衡的前提下，进行合理开发利用。

同时，还要创造良好的资源保护条件，加强灾害防治。一方面，在保证地质遗迹的真实性、完整性的前提下，投入专项资金，对一批受威胁的重要的典型地质遗迹进行抢救性工程、保护管理设施、科普展示设施建设以及基本装备购置安装和居民点的调控搬迁等，各项基础设施的建设，必须做好环境影响评价工作，要将对遗产地环境的影响降至最低；另一方面，还要建立健全遗产地监测和评估系统，推进多层次、多类型、全要素的监测和评估系统建设，实现动态管理，防治各种自然灾害和人为破坏。

减缓地质遗迹的自然风化程度。由于风化的原因是由于大气中光、热、水等因素变化引起的，因此在一定范围内改变环境条件，使风化过程减缓，就可以对一些典型的地质遗迹进行保护。例如，对于洞穴资源，可以采取控制游人数量，减少 CO_2、水分的生成，减小洞穴内空气流动速度来进行保护。

5.4.2.3　人力资源

人力资源管理的概念在传统的地质遗迹管理中并不存在。但是，随着地质遗迹资源对社会经济增长贡献的日益提高，目前的状况已经表明，地质遗迹资源管理的好坏往往与管理者的素质有直接关系，也与如何有效培养、运用、开发各种有关的人才相关。在市场经济的条件下，地质遗迹资源不再仅仅是属于专业领域的自然遗产保护、风景区保护、自然生态保护，而且还要社会、经济、法律因素的管理，在这方面对人力资源的需求已经成了地质遗迹资源发展的瓶颈。

从地质公园的申报到地质遗迹资源管理涉及许多不同的专业和领域，有的是非常专业化的，有的涉及国际、国内法律和专业知识，有的需要特有的保护管理的经验，有的需要综合性的管理才能。所有这些人才无论是宏观管理还是具体的地质遗迹体的微观管理都十分重要。特别是以地质遗迹资源为主体的地质旅游的蓬勃兴起，引入了企业经营管理，现在则需要有多样的综合管理。人们一般会关注地质遗迹资源保护与开发中的资金缺乏问题，但深层次的保护与开发的人才缺乏问题却往往被忽视，没有人才也就没有地质遗迹资源的可持续发展。一些拥有地质遗迹资源的地区，出现的不正常的破坏现象，不仅仅是体制问题，缺乏高素质管理人才就不能实施科学的管理，所以如果不重视人力资源建设，地质遗迹资源的可持续发展就是空谈。

A　建立规范的地质遗迹人力资源管理体系

根据一般的人力资源管理规范和地质遗迹资源管理的特殊要求，建立科学规范的人力资源管理主要包括以下内容：（1）人力资源管理过程。这一过程包括人力资源规划、人员招聘工作、人员选聘、员工培训、员工绩效评估、薪酬管理、员工职业发展等。这一过程要求地质遗迹资源管理机构建立一套公开规范的制度。（2）人力资源规划。紧缺人才库的建立，关键管理岗位人员的备选方案。（3）员工的招聘与解聘。（4）人员的选聘与组织。员工选聘与组织要考虑两个方面的要求，即员工的素质与岗位的要求，这两个方面的有机配合。（5）人员培训。行之有效的日常培训与针对个人能力提高培养的结合。（6）人员的绩效评估。在传统人事管理中也强调绩效评估，但在现代人力资源管理中需要强调与组织的目标一致，并且以科学的方法来进行。（7）薪酬管理。传统的工资福利不可能代替现代薪酬管理，现代薪酬体系涉及广泛的人员激励体系的运用。

（8）人员的职业发展。地质遗迹资源管理的发展既是地质遗迹资源的可持续发展，也是人的可持续发展，将地质遗迹资源管理系统内的人员发展作为一项重要的可持续发展内容，应该是现在地质遗迹资源管理的新理念。

B 制定地质遗迹资源发展的人力资源战略

围绕地质遗迹资源自身的发展基本使命需要建立相应的人力资源发展战略。人力资源发展战略是地质遗迹资源管理的职能战略，在自己的战略使命、战略目标指导下，根据地质遗迹保护与地质遗迹开发的现状及未来发展需求，确立人力资源的发展目标与基本原则，再在这些目标与原则指导下建立地质遗迹保护区（地质公园）发展的人力资源规划，因此，具体的人力资源战略基本内容包括：（1）人力资源发展的战略目标与基本原则；（2）人力资源发展规划；（3）人力资源的培训与开发战略。

当然，这三项内容只是针对地质遗迹资源管理方面是最重要的战略内容，其中培训与开发战略是目前我国地质遗迹保护与开发亟待重视的人力资源战略，而对地质遗迹资源管理的人力资源发展规划，要纳入总体的发展战略计划中考虑，实现同步发展。例如，美国国家公园管理局在自己的战略计划中特别强调了人力资源的重要性，在"组织有效性保障"一章中指出，"国家公园管理局（NPS）必须尽力加强其财务及人力资源"，在人力资源发展的基本目标上，NPS设立了以下几个努力方向：员工的工作态度目标、员工发展工作有效性目标、工作丰富化目标、员工居住条件目标、员工的工作安全目标等。这些目标体现了美国国家公园管理局在人力资源管理上的基本思想，这种以人为本的管理思想体现了对自然遗产发展的独特看法。对于贵州现阶段的地质资源管理而言，最重要的是实现科学化、专业化和高效率，在人力资源战略上需要侧重于人与事的高效配置、近期与长期的动态平衡。

C 从战略上高度重视地质遗迹人力资源的培养与开发

人才培养与开发是一项增强地质遗迹资源管理能力的长期措施。地质遗迹资源管理的人才开发要着重于发现、发掘人才，获得具有某种专长的人才，地质遗迹资源管理机构需要根据自己的现状、中长期发展对所需人才的类型、数量、质量、结构等做出总体的规划。地质遗迹资源管理的人才培养要侧重于对人才能力培养、技能的训练、潜在能力的发掘和提高，包括对地质遗迹保护与开发的专业科技人员、管理人员的专业化培训，以及对全体职员的一般教育等。

地质遗迹资源管理需要多学科的相互支持，需要具有广泛知识和管理能力的各种人才。除了进行正常的招聘以外，各地质遗迹保护区（地质公园）应该在科学、实际、统一的基础上，建立自己的人才培养与开发战略，按照一定的程序、有组织、有计划地实施。一般而言需要有以下的程序：（1）了解目前及未来地质遗迹资源管理种类人才的需求状况；（2）明确人才开发培养的基本目标；

（3）确定人才开发培养的基本方式；（4）确立组织实施计划；（5）检查培训、开发的效果。

  D 实施完整的地质遗迹人员素质管理体系

  实施完整的地质遗迹人员素质管理体系是针对目前贵州地质遗迹资源管理现状提出的一种战略性措施。地质遗迹资源管理面对的是一个复杂的组织体系，涉及内外的众多人员，不能仅仅将眼光局限在管理机构内部，而应该提出一种整体的地质遗迹人员素质管理，即将政府相关主要人员、地质遗迹管理者、地质遗迹旅游者、地质遗迹资源经营人员纳入一个整体的素质建设体系，只有这些人员的素质获得普遍提高，地质遗迹的可持续发展才能真正落实。

  （1）地质遗迹资源管理者素质建设。一是完善地质遗迹资源管理者的有机构成结构，即在结构上解决人才缺乏与提高人才素质问题，应该具体综合管理者、专业人员、技术人员、市场经营人员等几个重要类型，相应提出各自的素质要求。二是建立管理者的专业资源，采取准入制，提高专业进入壁垒。三是通用素质要求包括基本的地质遗迹专业知识、一定的文化水平、责任沟通交流技能等。

  （2）政府主管人员的素质建设。一是提高主管人员的地质遗迹知识素质，如果他们决策知识失误，损失将非常巨大。二是提高对国际、国内地质遗迹资源管理和保护与开发相关法律的认识，鼓励从地质遗迹保护与开发中反映出问题的案例中吸取经验。

  （3）旅游者素质建设。一是基于公共道德与文明水平的要求，旅游者的行程短暂，但应该使以地质遗迹为主体的地质旅游成为提高其素质的特殊旅游，对游客的公共道德要求要作明文规定。二是普通地质遗迹保护基本知识，对旅游者普及有关知识应该是以地质遗迹为主体的地质旅游的一项活动。对于一些地质遗迹保护的核心区，只有具有一定地质遗迹知识的游客才能进入。进入地质遗迹保护区（地质公园），先到游人中心接受知识培训是一种良好办法。三是通过积极参与沟通改变观光旅游为体验式旅游，使游客在沟通、学习中体验乐趣。

  （4）旅游经营素质建设。一是建立特许经营制度，要求希望进入地质遗迹保护区（地质公园）旅游经营的人员接受基本地质遗迹知识教育。二是严格审查经营单位人员的地质遗迹知识素质水平，对失信和有重大损害者要有刚性退出机制。三是倡导旅游经营企业的知识化建设，旅游的知识特性应该得到加强，不能一味停留在粗放经营阶段，要求地质遗迹保护区（地质公园）的旅游经营企业有足够的投入保证相关法律和地质遗迹知识的学习。

  E 建立地质遗迹保护与开发的外部专家顾问机制

  加强地质遗迹资源管理的人力资源能力建设，不仅要考虑到现有地质遗迹管理部门的人才资源利用，而且还应该将眼光转向外部，通过机制创新利用外部人才。其中，针对贵州目前的地质遗迹资源管理状况，充分利用外部专家，建立专家顾问制度是一个切实可行的选择。

（1）地质遗迹资源管理需要专业的知识和多学科的支持。地质遗迹资源的保护与开发涉及到自然与人文几乎各个方面的知识，必须深刻理解其规律，按照规律办事才能取得良好成绩。由于人才的缺乏，致使地质遗迹资源的保护与开发的知识特征难以体现，严重影响了地质遗迹保护的效果。大多数损害并非出于恶意，而是出于知识的缺乏。

（2）将专家顾问制度作为地质遗迹资源管理决策制度的一部分。然而，将外部专家作为地质遗迹资源人才管理的重要组织部分，还需要解决一些机制问题：一是真正使外部专家的知识有助于增加地质遗迹资源管理决策的有效性。尊重专家的意见不能仅仅流于表面，而要转化为制度，例如，形成完整的咨询程序和决策程序，通过制度保证决策的有效性。二是采取一定组织形式保证专家对地质遗迹资源管理的知识贡献和相互的协作。三是通过外部专家的参与，培养地质遗迹资源管理人才。

5.4.2.4 资本要素

转换目前以政府为主导的融资模式和以门票为主的融资渠道，可以采用公共物品的私人供给方式，在旅游基础设施建设投资上向社会全面开放，吸引社会资金进入，使旅游景点进行市场化、企业化运作，多渠道广开门路融资。对国内其他地区的资金以及国外的资金有条件都可引入。具体的设想如下：

（1）建立特许经营许可证制度。管理机构从特许经营项目的利润中收取特许经营费，作为对地质遗迹资源的补偿。

（2）地质公园（或保护区）的门票收入是国家公共收益，必须完全用于地质公园（或保护区）的管理和保护。

（3）引导和提倡多元投资。政府应创造条件，吸引企业和私人的资金，将那些有经济效益的基础设施项目让给企业投资，解决基础设施建设严重滞后的问题。

（4）鼓励社会团体捐助。

此外，在经费管理方面，应按照国家的法律法规，结合基层地质遗迹资源保护与管理单位的具体实践，建立事业单位、企业管理、独立核算，一方面有着独立的内部财务机构，严格财务、财经制度；另一方面要严格预决算和各项经费的管理，接受相关主管部门财务监督、审计的管理体制。

5.4.2.5 科技要素

A 加强科学研究

加强科学研究，并及时将成果引入保护与开发之中。加强科学研究，提高地质遗迹的科学价值并及时将科研成果引入保护管理工作中。科学研究是保护开发的关键环节，只有通过研究才能对地质遗迹进行有效的保护和开发。研究包括两个方面：一是对地质遗迹价值和意义的研究，充分揭示地质遗迹的科学价值和社会经济意义，进而促进开发；二是对地质遗迹的保护研究，通过这种研究找出对地质遗迹的保护方法，从而更有效地保护地质遗迹。对地质遗迹合理地、科学地开发，可以促进保护和研究，在开发过程中要注意加强对地质遗迹的研究和保护。同时要力求避免和防止两种不良倾向：一是借保护之名，妨碍和禁止对地质遗迹的研究和开发；二是借研究和开发之名对地质遗迹进行破坏。

B   深化地质公园建设的科研工作

在地质公园的建设中，应将有关的科学研究工作深化和细化，在原有的地质资料基础下，深入进行点、线、面结合的科研工作，对一个地质遗迹点上若干个重要的地质现象做出详细的研究和解释，最终落实到各景点的地质解释牌上。既然是地质公园，就必须突出其地质方面的科学性，使它成为旅游者获得大量地质知识的最佳窗口，每一个地质现象所反映的地学内涵都不应轻易放过。

充分重视地质博物馆建设，在地质解释牌的设置、导游图和导游词的修改、地质科普电视片制作、地质科普旅游路线的设立等方面，兼顾科学性和通俗性，以多样化的内容和形式，增强公园的地质科普功能，寓教于乐，使游客在轻松游览公园的同时，获取地质科普知识，感受地质氛围。

C   深化旅游地质资源的探查研究技术

旅游地质是地质学与美学的一种结合，地质学则与数学、力学及化学等学科交叉，美学则牵连着社会学、经济学以及哲学。因此，旅游地质资源的探查研究技术，必将是多学科和多手段的联合。

作为信息时代产儿的旅游地质，其探查研究技术手段如果仍然靠地质工作者从前工作的"三大件"显然已经不行，必须广泛地利用卫星及航空遥感、计算机数值模拟、地质雷达探测、TSP 地质预报、CT 层析成像及网络等现代技术，充分发挥这些技术在旅游地质资源的探测研究中的重要作用。

D   发展地质遗迹自然遗产科学与技术研究

加强地质遗迹自然遗产科学与技术的研究，研究抵抗威胁地质遗产价值完整性的危险和防治自然灾害的技术与方法，研究遗产监测和动态管理的科学技术方案，制订以地质遗产动态管理为目标的景观生态网络工程方案。设立旅游地质资源开发、保护方面的研究课题，加强旅游地质景区（包括自然和人文景观）灾害（包括地质灾害和文物病害等）防治以及加固防护措施的研究和实施。

5.4.3   科学决策与管理

所谓管理就是管理者综合运用法律、经济、行政、技术等各种手段，使被管理者按照管理者的意志有序运动的控制行为。人们之所以要对客观事物进行管理，一是为了体现所有者或管理者的意志；二是使被管理系统有序、平衡、持续、高效运行，以达到系统运行的整体效果最佳；三是在保持系统整体运行效果的前提下，人尽其才，物尽其用。地质遗迹资源管理的目的是通过管理使地质遗迹资源得到有效保护和充分的合理开发利用，以促进区域经济发展，不断提高人民的生活质量和水平；在不断提高地质遗迹资源开发利用的经济效益的同时，通过资源保护，使地质遗迹资源开发利用的综合效益（经济效益、社会效益和生态效益）最佳，实现地质遗迹资源的永续利用，并为国民经济持续协调发展提供资源支持。

5.4.3.1　建立科学的决策体系

A　强化决策过程中的多学科专家的参与

科学的决策，必须在充分考虑和正确解释所有相关科学信息并且必须将这种科学认识展现给各方利害相关者的情况下来制定决策。专家学者的参与是科学决策的前提，在制定决策过程中，他们能提供独立于决策、有学识、客观的科学信息，而且就特定立场而言，他们独立于决策的制定或倡议。专家学者在科学决策中的作用主要体现在：

（1）利用科学集中解决关键问题，并以与政策相关的形式传播科学；

（2）利用科学信息阐明问题，确定可能的管理方案，并对后果做出估计；

（3）向所有参与者简单明了地传播重大科学研究成果；

（4）评价最终决策是否与科学信息保持一致；

（5）避免提倡任何特殊的解决方案。

因此，要强化决策过程中多学科专家的参与，推行遗产地科学家制度和专家决策咨询制度，组建贵州地质遗迹保护专家咨询委员会，及时了解贵州地质遗迹的保护状况，提出改进措施和建议。

B　增大决策的透明度与公众参与度

推进决策科学化、民主化，完善决策信息和智力支持系统，增强决策透明度和公众参与度。建立公众参与机制，引进听证制度，保障公众表达意见的法定权利。对公众普遍关心的地质遗迹保护与利用的管理政策、总体规划、重大项目等依法进行听证和公示，充分征求社会各方面的意见和建议。

5.4.3.2　遵循科学的管理原则

通过地质遗迹资源的管理，要能明确地质遗迹资源的状态与问题，建立资源行为规范并监督实施，帮助培养人们的地质遗迹资源意识，努力实现地质遗迹资源的有效保护、合理开发，为地质遗迹资源的可持续利用奠定基础。

A　科学性原则

地质遗迹是人类通往了解46亿年地球历史的必经之路，是获取地球演化变迁过程珍贵信息的唯一来源，是地球母亲赐予子民们的宝贵遗产，是一种现实的或一种消失的文明或文化传统，展示了一种独特的至少是特殊的地质见证，不可能仿造，一旦被破坏便不复拥有。所以，必须以科学价值观去管理地质遗迹：

（1）要对具有珍奇性、科学价值极高的地质遗迹进行绝对保护。

（2）暂缓开发。在开发利用地质遗迹资源时，无论是客观原因造成，还是主观原因所致，只要缺乏保护措施，不能对地质遗迹进行有效保护，就暂缓开发利用，维持原状，待保护条件具备后再开发利用。所谓"暂缓开发"不是不开发，而是暂时不开发，等保护条件具备后再开发。"暂缓"是这个原则的灵魂和核心，它对盲目开发利用地质遗迹资源是一种科学抑制；而永续开发利用地质遗迹资源则是它的根本目的。

（3）充分利用先进的科学技术、科学方法管理地质遗迹资源。

B　市场化原则

我国的资源管理过去主要运用行政方法，存在许多弊端，主要表现在：（1）单纯的行政性管理削弱或忽视了所有权管理；（2）只有实物性、技术性管理，忽视了经济管理；（3）自然资源的产权不能流转等。自改革开放以来，情况发生了很大变化，运用经济手段、经济杠杆管理资源有了很大的发展。如自然资源核算、自然资源的有偿使用、自然资源的合理定价、资源利用中的奖励与惩罚等。地质遗迹资源的开发利用，不仅要保证技术经济的合理性，还要保证开发利用地质遗迹资源所得经济效益归属的合法性和合理性，而且必须将地质遗迹资源作为具有一定经济价值的资源性资产进行管理，做到技术管理和所有权管理并重。

C　经济性原则

地质遗迹资源在自然属性上具有使用价值，在社会属性上具有资产价值。地质遗迹资源工作中经济性的核心也是效益，追求效益的不断提高是管理活动的出发点和归宿。效益是有效的产出与其投入之间的一种比例关系，可分为社会效益和经济效益，两者既有联系又有区别。经济效益是社会效益的基础，社会效益又是促进经济效益提高的重要条件。地质遗迹资源是一种资源性资产，具有稀缺性和能够带来经济价值两个基本属性。同其他自然资源管理一样，最终目的是追求效益，而且追求的是长期稳定的高效益。所以必须自觉地运用客观经济规律，最大限度地提高单位地质遗迹资源性资产的利用效率。

D　系统性原则

系统是指由若干相互联系、相互作用的要素结合形成的，在一定环境中具有特定功能的有机整体。系统的基本特征是具有集合性、相关性、层次性、整体性、涌现性、目的性和对环境的适应性。任何社会组织都是由人、物、信息等组成的系统，任何管理都是对系统的管理。地质遗迹资源的开发、利用和保护也是一个系统，而且是一个大系统，所以地质遗迹资源管理也必须应用系统的理论、思想、原则、方法。具体应该包括：（1）实现系统与环境的协调发展；（2）统筹考虑达到系统的整体最优化；（3）放眼全局进行综合管理；（4）运用动态规律，实施动态管理。

E 可持续原则

地质遗迹资源寓于环境之中，是环境的某种特定的存在形式，并充当着环境的载体或物质能量交换、传递和转移的介质，因而两者之间存在着相互联系、彼此作用与融为一体的关系，即连带性和孪生性的关系。在人类可持续发展系统中，经济发展是基础，自然生态保护是条件，社会进步才是目的。而这三者又是一个相互影响的综合体，只要社会在每一个时间段内都能保持与经济、资源和环境的协调，这个社会就符合可持续发展的要求。可持续原则是人类追求自然—经济—社会复合系统的持续、稳定和健康发展的基本准则。所以地质遗迹资源管理要体现可持续发展的公平性、持续性和共同性。

5.4.3.3 努力协调人地关系

A 解决贫困、发展地方经济

贫困是遗产地现状许多问题的根源。只讲保护，不讲发展，地方经济长期陷入贫困的窘境中，连基本的生存条件都难以保证，资源保护的经费也难以保证，因此，贫困和落后是保护不了资源的，只能造成生态环境的日益恶化。地质遗迹旅游开发扶贫是一种特殊的扶贫形式。从各个方面综合比较的结果来看，利用地质遗迹资源优势，发展旅游业，是实现遗产地经济良性增长，与环境资源冲突最小，环境代价最小的途径。

开展脱贫扶贫工作，不仅是地方政府、国家相关各部门的责任，同时也应该是多方参与的责任，例如非政府组织、相关科研机构、投资经营单位等，应该争取尽可能多的资金，或与资金等价的支持，居民参与式项目运作带动经济发展。2002年1月1日~7月30日受 IUCN——荷兰委员会资助，小型湿地赠款项目"少数民族社区参与喀斯特森林湿地资源保护"在茂兰国家级自然保护区拉桥寨实施，开展了助学项目、抽水泵项目、沼气池项目、种植经济植物项目、养鸡项目、妇女织布项目，促进了村寨经济发展，减少了社区对资源的依赖，很大程度上减少了对茂兰国家级自然保护区的破坏。

B 保护社区居民的正当权益

社区是遗产地最重要的利益相关者之一。保护地质遗迹，建立地质公园，利用地质遗迹资源发展旅游业，一般来讲，对区域经济发展会起到促进作用，但对旅游目的地的居民在一定时期内则可能会造成一定的不利影响，甚至有可能使目的地的居民生活水平下降。

虽然，旅游业的发展可能促使目的地一部分居民参与到旅游业发展中来，获得一定的经济利益，但对于大多数居民来说，则可能由于没有经济基础、地理位置较差、文化水平较低等原因而难以从旅游业发展中获得利益，这显然会使这部分居民的生活水平在一定时间内下降。旅游业的投资会给当地带来就业机会，但就业机会不可能遍及每一个居民，尤其是对范围较大的地质遗迹保护区。因此，单纯采取上述两种直接增加当地居民收入的方式，并不能解决所有问题，对于大量不可能参与到旅游业经营服务活动中的居民来说，从地质公园的旅游收益中获得补偿是有正当性的。

如果不处理好这样的矛盾，则可能由于当地居民的抵触而使旅游业的发展受到影响，地质遗迹的保护也难以实施。例如，某地居民的主要生活来源主要依靠林业，但由于地质公园的建立，禁止继续砍伐林木，致使旅游目的地的居民不能再依靠合法的林木买卖获取收益。为了维持原来的生活水平，一部分难以直接从旅游业中获取经济利益的居民则很有可能不顾法令的禁止而继续砍伐林木，甚至可能诱发当地居民对游客进行盗窃、抢劫等犯罪活动。对这些违法犯罪活动，固然可以运用相关法律予以制裁，但单纯的制裁往往不能从根本上解决问题，相反还有可能激化矛盾。

因此，为了保护社区居民的正当权益，为了更好地利用地质遗迹资源发展旅游业，应当建立补偿机制，即对于因利用地质公园建设发展旅游业而遭受损失的社区居民给予相应的经济上的补偿。此处所讲的补偿是针对地质公园范围内所有居民进行的，补偿的目的不仅仅在于因为国家占用当地资源，而主要是以维持社区居民生活水平不下降并可以使其取得进一步的发展为目的。具体的措施可以有以下几个方面：（1）对因利用地质公园发展旅游业而产生的直接损失，应当按照合理的市场价进行补偿；（2）应当允许有条件、有能力的社区居民直接参与旅游市场，开展合法的经营，在同等条件下，社区居民享有优先经营权；（3）因利用地质公园发展旅游业的主体所产生的收益，应当安排一部分资金作为对社区居民进行经济补偿；（4）对于社区居民，在同等条件下优先安排在利用地质遗迹资源发展旅游业相关的企业就业；（5）对于利用地质遗迹资源发展旅游业所产生的税费，在支付完必要的地质遗迹保护费用后，应当优先用于完善社区居民的公益事业的建设。

C 开展形式多样的公众教育

采取多种形式加强宣传，要增加宣传设施，组织有特色的宣传教育活动，如通过地球日进行集中宣传重视地质遗产保护的基础教育、专业教育，积极搞好社会公众教育充分发挥各种宣传媒体的作用，广泛宣传地质遗产的珍贵性、稀缺性、不可再生性,地质遗产在社会经济发展中的重要基础作用以及由于地质遗产粗放利用所遭到破坏的严峻形势,向公众普及地质遗产保护知识,使公众增强对地质遗迹价值的认识。在宣传工作中倡导公众对地质遗迹资源利用可持续发展的理解与参与,自觉抵制各种各样的违背和偏离可持续发展原则要求的行为,转变公众在个人事务和公共事务中表现出来的各种不利于地质遗迹资源利用可持续发展的观念和行为模式,提高全体公众自觉保护地质遗迹的意识,并积极参与地质遗迹保护、环境保护。

D 加强交流与合作

积极响应联合国教科文组织的旨在加强地质遗产保护、促进当地经济发展的世界地质公园计划,进一步推动贵州的地质遗迹保护。在开展科学研究的同时进行国际学术交流,学习国外的先进科学技术,并可通过召开国际会议、邀请国内外专家学者考察、举办地质遗迹资源保护与开发论坛和各种主题的地质旅游等方式,积极宣传贵州的特色地质遗迹资源,提高知名度。越是民族的,越具有世界性,越需要相互间的交流与合作米加强对它们的保护。

5.4.3.4 实施资源价值管理

A 遵循经济发展规律、实施地质遗迹资源资产化管理

国家作为自然资源的所有者对资源进行所有权管理,使国有资产得以保值和增值,这是发展社会主义市场经济的客观要求,是国有自然资源所有权在经济上得以实现的有效途径。实践证明,在社会主义市场经济体制下,资源资产化是市场经济的必然选择,也是管好资源的必然选择。只有实行资源资产化管理,才能真正管好资源。所谓资源资产化管理,就是遵循资源的自然规律,按照资源生产的实际,从资源的开发利用到资源的生产和再生产,按照经济规律进行投入生产管理。它具有确保所有者权益、自我积累增值性、产权的可流转性三大特征。

对地质遗迹资源实行资产化管理,就是把地质遗迹资源作为一种资产来管理,并纳入资产管理体系。在确保国家所有权完整性和统一性的前提下,有偿开发利用地质遗迹资源,并用经济手段调节地质遗迹资源开发利用中的各种利益关系。做到资源利用合理,良性循环发展,同步实现地质遗迹资源的经济效益、社会效益和生态效益。

B 开展以提高资源经济效益为中心的资源经济系统管理

当代经济系统是科技化的经济。为了发挥整个经济系统功能的作用,必须遵循科学原则,依据资源的体系及其整体性与相关性,构建以经济效益为中心的管理模式,分析其过程,并使其配置优化、消费合理、效益高,使资源业实现良性循环,从而发挥经济系统的功能作用。地质遗迹资源经济系统,是由一系列相互联系、相互作用的各种要素组成的发挥地质遗迹资源经济作为国民经济产业功能

的有机整体。中外资源产业发展实践证明，高效而合理地开发利用和优化配置各种资源的关键在于强化资源经济系统管理，而实施资源系统工程与资源价值工程则是当代资源经济系统管理的两大法宝。

地质遗迹资源经济系统是个大系统，它以地质遗迹资源的开发、利用和管理为核心，涉及一切利用和控制地质遗迹资源的经济活动，形成了一个内部结构多元化的地质遗迹资源产业经济体系，也成为国民经济巨系统中一个重要的基础产业经济大系统。地质遗迹资源经济系统既然是国民经济大系统的基础系统，理应以资源系统整体观为导向，坚持在技术上先进可行、经济上合理高效的前提下，对地质遗迹资源开发利用和合理配置的全过程实施现代化的组织管理技术和方法——资源系统工程，开展以提高资源经济效益为中心的资源经济系统管理。

C　全面推行技术经济评价和可持续发展影响评价制度

在地质遗迹资源管理决策中，要全面推行技术经济评价和可持续发展影响评价制度。灵活运用资源系统工程方法论和软系统工程方法，开展地质遗迹资源保护、开发利用项目的可行性研究，特别是重点进行技术经济评价。技术经济评价着重研究技术实施的经济效果，探讨技术与经济相互促进、相互制约和协调发展的内在关系，其主要内容包括：技术方案（技术选择、设备更新）的先进性、适用性与可行性评价；经济合理性评价，可再分为绝对经济效益评价与相对经济效益评价；或分为投资项目的财务评价（微观费用效益分析）、国民经济评价（宏观费用效益分析）与不确定性分析（盈亏平衡分析、敏感性分析、风险性概率分析）。

进行地质遗迹资源技术经济评价研究的主要目的在于从多种备选方案中优选出技术上先进可行、经济上合理高效的地质遗迹资源保护、开发利用方案，力戒资源管理决策上的失误。

D　实施资源价值工程、强化地质遗迹资源价值管理

价值工程是从合理利用资源而发展起来的一门软科学技术。实施资源价值工程，正是价值规律在技术经济管理活动中的具体化和实用化，是考察资源综合开发利用的系统功能、价值和经济效果的客观尺度和有效方法。它是正确处理人、财、物资源投入后所取得的产品功能与成本（费用）关系的一种先进管理技术和方法，一般可使成本降低30%，如果与全面质量管理（TQC）相结合，效果将更好。

功能成本分析是价值工程的核心。它按照合理程度来选择和实现最佳价值方案，其基本表达式为

$$V = F/C$$

即

$$F = VC$$

式中　V——产品（作业）价值或价值系数；

  F——功能;

  C——成本。

  价值(包括使用价值)与功能成正比,而与成本成反比,即功能越好,成本越低,则产品(作业)的价值就越大。提高产品(作业)价值无非有五种途径:(1)提高功能,降低成本;(2)保持功能不变,降低成本;(3)保持成本不变,提高功能;(4)大幅度提高功能,稍微增加成本;(5)稍微降低功能,较大幅度降低成本。

  实施资源价值工程的目的,就在于寻求最佳设计方案。在地质遗迹资源开发方案众多,各方案又存在优缺点而难以抉择时,价值工程方法是一种很简便有效的决策方法,它能较全面地反映每个方案的成本效益比即价值系数,由价值系数的排序就可以很容易的选择开发方案,且该方法思路清晰、操作简单,在实际的工作中应该有很普遍的实用意义,从而为决策者做出准确的决策提供有效的建议,以获取资源开发利用经济效果最佳化的预期目标。

5.4.4 协同贵州旅游业发展、培育特色经济

  旅游业是贵州实现经济社会历史性跨越的重要产业,是贵州未来的希望所在。然而,旅游业是一门综合性、交叉性、经济性和实用性的产业,其发展受制于旅游产品的开发程度和旅游市场的开发规模。在市场经济时代,贵州旅游业要实现快速、跨越式和可持续发展,必须以优势资源为基础、旅游市场为导向,打破"以量取胜"思维定式的束缚,创新发展模式,走出一条"以特取胜"、"以质取胜"、不断促进人与自然高度和谐的发展之路。

5.4.4.1 规范地质公园建设、打牢保护基础

  建立地质公园,不仅能保护不可再生的地质遗迹资源,而且又能拓展旅游空间,促进经济发展,是资源可持续利用的一种有效形式。作为地质旅游的目的地,地质公园建设是发展地质旅游的基础性工作。

  A 加强县级地质公园建设、促进保护与开发

  地质遗迹保护与开发的重点要放在县(市)级地质公园的建设上,地质遗迹的保护与开发才能真正落到实处。因此各级国土资源部门要把地质遗迹的保护和开发列为自身的一项重要工作任务。要在贵州省国土资源部门和当地政府的领导和支持下,在辖区内积极开展地质遗迹调查研究工作。选择那些离城镇近、交通方便、自然环境优美的地质遗迹分布区(或点),建立县级地质公园,这样既可有效保护地质遗迹,同样也为地方经济的发展增加新的经济增长点。研究表明,贵州的很多地质遗迹位于贫困山区、边区、少数民族地区。所以,兴建地质公园要充分注意到对贫困地区的扶贫工作,帮助他们改变传统的生产方式和资源利用方式,充分挖掘地质遗迹资源,发展旅游,促进脱贫工作。实践证明,开发

一个溶洞、一个漂流区可以激活一个乡镇乃至一个县的经济。使当地居民得到实惠，同时也使保护地质遗迹有了资金来源。

B　做好先期专项调查、保证地质公园的建设质量

申报地质公园所需材料包括地质公园申报书、地质公园综合考察报告和拟建地质公园总体规划，以及相关的图件和资料。其中地质公园综合考察报告是基础工作。因此必须做好地质公园的专题调查工作。

地质公园的综合考察根据景区面积的大小可采用 1:10000～1:50000 地形图进行地质路线观察和地质遗迹调查，了解地质公园基本情况、地质背景及地质遗迹保护现状等。查明主要地质遗迹及其他自然资源、人文景观资源，并做出客观的评价。其中，地质遗迹评价又是重点，要重点调查地质遗迹的分布状况、地质遗迹的类型、地质遗迹的特征等，并对其进行定性和定量评价。

定性评价要对地质遗迹的自然属性（典型性、稀有性、自然性、系统性和完整性、优美性）和科学价值（科研、科普、科教）进行形象表述和有依据的类比评价；定量评价是以地质遗迹的景观和构成要素为单元分别进行定量评价。例如种类数、个数、面积、高度、长度、宽度、直径、围度、厚度、深度、角度、排序等，数据要实地丈量真实。另外在地质遗迹单元调查时要有大比例尺平面图，例如在进行溶洞调查时，必须要有溶洞的平面图（附不同地段的洞穴剖面图），图上标明溶洞的形态、规模及各种地质遗迹景观的分布状况，为地质公园的申报提供翔实的资料。

地质公园范围的确定要强调适宜性。"地质公园是一个有明确边界线并且有足够大的使其可为当地经济发展服务的表面面积的地区"。地质公园范围大小和边界的确定要根据:(1)地质遗迹和其他自然、人文资源的分布范围大小;(2)地质遗迹和其他自然人文资源的可保护性;(3)发展旅游所需的面积;(4)地质遗迹和自然人文资源相关联性和公园的整体性等因素确定。按照地质公园中划分的核心区、缓冲区、旅游区和适宜性原则来圈定公园边界。地质公园面积过大了，散而难治，不利于经营管理;过小了不利于地质遗迹保护，不利于地方经济发展。

C　做好地质公园规划、促进地质公园健康发展

地质公园的规划有别于旅游经济规划，其核心是保护和利用的统一。它既要考虑地质遗迹自然演化的科学规律，又要考虑社会经济发展的需要;既要考虑自然资源保护，又要考虑土地资源使用的合理规划;既要为珍贵的自然资源划出一个完整的保护空间，又要为城镇社会经济发展给予一个足够的空间。所以，地质公园规划的指导思想应以独特的地质遗迹资源为主体，充分利用各种自然与人文旅游资源，在保护的前提下合理规划布局，适度开发建设，为人们提供旅游观光、休闲度假、保健疗养、科学研究、教育普及、文化娱乐的场所;以开展地质旅游促进地区经济发展为宗旨，逐步提高经济效益、生态环境效益和社会效益。

地质公园规划应遵循以下基本原则：一是地质公园应以地质遗迹资源为主体，突出自然情趣、山野风韵观光和保健旅游等多种功能，因地制宜，发挥自身优势，形成独特风格和地域特色的科学公园；二是以保护地质遗迹资源为前提，遵循开发与保护相结合的原则，严格保护自然与文化遗产，保护原有的景观特征和地方特色，维护生态环境的良性循环，防止污染和其他地质灾害，坚持可持续发展；三是为促进当地经济社会可持续发展服务，依据地质等自然景观资源与人文旅游资源特征、环境条件、历史状况、现状特点，以及国民经济和社会发展趋势，以旅游市场为导向，总体规划布局，统筹安排建设项目，切实注重发展经济的实效；四是要协调、处理好景区环境效益、社会效益和经济效益之间的关系，协调处理景区开发建设与社会需求的关系，努力创造一个风景优美、设施完善、社会文明、生态环境良好、景观形象和旅游观光魅力独特、人与自然协调发展的地质公园。

　　D　引入市场机制、建设好已批准的地质公园

　　目前，我国就整个国家国民经济而言还处在比较困难阶段，国家不可能一下拿出许多资金投入到地质遗迹资源保护和建设中。因此，应积极制定一些引导性政策，在地质遗迹资源开发中培育、形成市场机制，拓宽开发资金的融资渠道；吸引社会资金参与投资，积极争取国际有关基金援助等。

　　（1）对已批准的地质公园在建设过程中，要始终坚持"三个一体"，即地质公园要集科学性、启迪性、参与性和趣味性为一体；要集地学知识、人文知识和物种知识为一体；要集岩石、矿物、地层古生物、构造、水文地质和地貌景观为一体。通过坚持这"三个一体"，充分挖掘地质公园内的地学知识物种知识和人文知识；既挖掘具有外在美的景观知识，又挖掘具有内在美的岩石、矿物和构造等知识；既让人们有可观赏，有可读性的知识，还可让人投身自然，开展一些认识自然的动手项目。

　　（2）要处理好几个关系：1）要处理好地学解释碑或牌，在外观形态、用料和颜色等方面与当地自然条件的和谐关系；2）处理好地学知识解释碑或牌的展示点与游人安全的关系；3）还要依据地质遗迹的特点，处理好景观远视和近视的关系。一个叠层石科学介绍点应从近视距离来展示，然而一个漂亮清晰的构造背斜和向斜，则在远视地点介绍，效果更佳。

　　（3）要实施具体的建设工程。首先要建设好地质公园内的天然博物馆，这个天然博物馆就是依据公园内地质遗迹点，靠用科学解释碑或牌来建成的；其次要建好地质公园内的室内博物馆，可因地制宜，因陋就简，不追求豪华和现代化，但在内容上应包括公园地质背景、古地理演化、地质遗迹、人文资源和物种知识等，其目的是让游人在较短的时间内，通过室内博物馆了解公园的概况和全貌；第三要编写好具有地学知识的导游图和光盘，这些材料既要有人文趣味的解释，更要有地学知识的解释，使游人在游览地质公园后，真正能知其然又知其所

以然。

5.4.4.2 开展地质科普教育、植根贵州文化

地质公园从创建开始就一直强调其科学特征，因此，传播科学知识就成为建立地质公园的重要目的之一。地质公园发挥科普宣传功能，是历史赋予她的重要使命。

地质公园开展科普教育，不仅要宣传地质知识、地质遗迹、生物多样性、地质环境及环境保护等方面的内容，还应该包括贵州自然地理、民风习俗、传统文化、历史人物、生产和生活经验等内容，要植根于贵州文化之中。

贵州是一个喀斯特岩溶特别发育的高原山区，又是一个多民族聚居的省份。基于自然地理、生态环境和人文景观等特殊条件构成别具特色的贵州文化。何积金、林静等学者将贵州文化的发展分成了四个阶段：

（1）滥觞期（史前至公元前 28 ~ 公元前 25 年），包括旧石器时代文化、新石器时代文化及夜郎文化。

（2）形成期（公元 1413 ~ 1840 年），贵州省建制，汉族移民到来，铁器广泛使用，矿产资源得到开发，中央政府加强对贵州的管理与开发，实行改土归流，流官制度形成。教育事业较快发展，佛教、道教兴盛，儒、佛、道出现融合之势，学术研究与文化艺术成果繁荣。

（3）生长期（公元 1840 ~ 1949 年），贵州经历轰轰烈烈的咸同农民大起义、资产阶级领导的旧民主主义革命和无产阶级领导的新民主主义革命，本土文化发展壮大。

（4）成熟期（公元 1949 年至今），贵州本土文化进入到了社会主义文化的快车道。

代亚松、姜平平等学者指出贵州文化由史前石器文化、夜郎古国文化、少数民族文化、中原儒家文化、宗教文化、周边区域文化等方面构成。其中彰显的史前文化、喀斯特文化、多民族的"千岛文化"现象都与贵州特殊地质环境和丰富的地质遗迹资源有着直接的关系。

A 贵州史前文化

最具有特色和代表性的是史前人类文化遗址和相对集中成片的古生物群化石及银杉秃杉、桫椤等生物活化石。

早在 20 多万年前，古人类就在贵州这块土地上开拓、进取、发明、创造，放射出生命之光。从 1929 年在北京周口店发现"北京人"头盖骨化石起，到 1964 年在贵州黔西发现观音洞文化遗址，考古工作者从北到南苦苦追寻着人类起源的踪迹。观音洞遗址的发现，不仅把研究人类发祥地的目光由北向南转移，而且把今贵州地域历史之源向上延伸了 20 多万年。在迄今最权威的由白寿彝任总编的 22 卷本《中国通史》第二卷中，赫然写道："在我国南方，属于更新世

中期的遗址首推贵州黔西观音洞。"贵州的文化起于洞，黔西观音洞、桐梓岩灰洞、水城硝灰洞、兴义猫猫洞、普定穿洞、六枝桃花洞等古人类遗址都出于洞，贵州文化首先是在这些溶洞里。在黔西县观音洞，考古工作者发现了原始人使用过的石器——长江以南地区旧石器时代早期文化的典型代表。到了旧石器时代中期的"桐梓人"，有开始用火的痕迹。中晚期的"水城人"砸击石器的特殊方法等。这些遗迹也毫无例外地与溶洞有着密切的联系。在普定县境内发现的"穿洞文化"遗址，提供了1.6万年前的祖先在这片大石洞中生活的证据，被中科院专家们誉为"亚洲文明之灯"。就是这些大大小小的岩洞以及与之相联系的文化遗存，有力地证明了岩溶地貌是人类最早的活动区域，贵州不仅是古生物的发源地之一，也是古人类的发祥地之一。

穿洞古人类遗址（图5-20）位于安顺以北26km的普定县城郊，是我国继北京周口店遗址之后一次极其重要的发现。该遗址经国家考古队两次发掘，出土人类完整头骨两件，哺乳动物碎骨18000件，单个牙齿500多枚，动物化石13个属或种；出土石制器物20000余件，骨器1000余件，以骨锥最多，另有骨铲、骨针、骨棒等。此外，发现用火遗迹多处。穿洞古人类遗址一处发现两具头骨至今国内无先例，出土的骨器，超过全国发现总和的30倍，一举摘掉我国旧石器文化中贫骨器的帽子。穿洞古人类遗址具有极其重要的考古研究价值，现拟建"穿洞古人类遗址博物馆"。

图5-20 穿洞古人类遗址

（图片来源：《绿色的家园中国贵州》）

贵州为什么会成为古人类的栖居之地？考古学家谭用忠用考古的发现解释了这一问题。首先生活环境适宜古人类生存。贵州的地理环境在史前社会适合古人类居住。喀斯特地质、地貌造成岩溶洞较多，岩溶洞冬暖夏凉，为古人类栖居提供条件。由于当时猛兽很多，完全靠石器也不能很好保护自己，岩溶洞是很好的遮蔽场所。其次是生态环境很好，当时贵州森林植被很好，还有空旷的草原地带（通过遗址内的野鹿、马等多种食草动物化石考证），适宜人们狩猎、获取生活资料。

考古学家们认为，贵州黔西观音洞、北京周口店和山西西侯度，分别代表中国旧石器时代早期的三种文化类型。迄今为止，贵州已调查发现的旧－新石器文化遗址有 50 多处，正式发掘的有 20 余处。盘县大洞遗址，被列为 1993 年中国十大考古新发现之一。大洞遗址面积约 $8000m^2$，是一个规模巨大、文化内涵丰富的旧石器时代中期中国少有的文化遗址。"水城人"打制石器的方法与众不同，考古学上把它称为"锐棱砸击法"，是贵州古人类的一大创造。到了旧石器时代晚期，在兴义猫猫洞、普定穿洞、桐梓马鞍山、六枝桃花洞，"锐棱砸击法"都得到进一步发展，显示出区域文化的特征。虽然在西南地区、东南亚及台湾也发现这种打制方法，但有一点可以肯定，这种加工方法出现时间最早的是贵州，发展最为充分、典型的也是贵州。

贵州史前文化还有一个令人瞩目的闪光点，那就是骨角器特别丰富。骨和角质地坚硬而富有韧性，加工比石器要艰难得多，在这一技术重大突破的关节点上，贵州取得了丰硕成果，在国内外独领风骚。说明了贵州古人类最先进行了工具材料的选材。据统计，迄今为止，全国其他地区出土的骨角器不足 200 件，而贵州普定穿洞遗址竟出土骨角器 1000 件之多。这里的骨角器有刃缘光洁的骨铲，有扁钝、圆尖、三棱诸式骨锥，有可以刺鱼的骨叉和用以缝衣的骨针，还有一件标本类似骨笄。兴义猫猫洞的骨角器也颇具特色，骨刀为国内首次发现，角铲用鹿角制成，锋利而美观。骨角器的出现，标志着工具制造有了长足进展，呼唤新石器时代的到来。

有了人，便开始了人类的历史，同时也开创了贵州的史前文化。史前文化是一部没有文字记载的历史，它仿佛是一座巨大的无字碑，碑上虽然没有镌刻文字，但那点点斑痕，却依稀可见人类童年时代的足迹。

B　喀斯特文化

喀斯特文化是喀斯特地区世代居民对环境利用与改革的过程及其结果，以及所体现的一切人地关系。文化的主体是喀斯特地区居民和外来移民，客体是喀斯特环境。贵州喀斯特文化旅游资源的基本类型，包括古人类穴居、军事遗址遗迹、宗教与祭祀活动场所、喀斯特田园风光、喀斯特水利工程、城镇建筑和民居、民间习俗等内容。

贵州省是一个典型的不沿边、不沿江、不沿海的内陆省份，地处我国地势的第二阶梯——云贵高原的东斜坡地带。地势西高东低、地面崎岖破碎、地貌类型复杂、喀斯特地貌发育典型，73%的面积分布有石灰岩，造就了众多的奇峰、峻岭、峡谷、飞瀑、石林、溶洞、温泉、湖泊，形成了神秘、古朴独具特色的喀斯特文化旅游资源。

山清水秀、风景幽美的灵山福地及人迹罕至的悬崖峭壁和天然溶洞，不仅是历代僧人道士修身养性的佛国仙山，而且也是历代人民和文人墨客游览题咏挥毫涂抹的最佳天地。从几万年前的兴义人和六枝桃花洞人升始，就在他们栖息之地的洞壁上用丹砂或赭石作颜料，挥毫作画。后来人们在花江大峡谷等临河的悬崖峭壁上发现了古人同样用丹砂、赭石，粗线条勾勒绘制的许多古朴、粗犷、形象怪异的岩画，内容为人物、动物，日月风光、姿态各异，或奔驰，或逐猎，或对战，或舞蹈，给人似是而非的神秘感觉。如关岭马马岩岩画、汉元洞岩画、牛角井岩画、贞丰七马图岩画、开阳岩画、紫云岩画、长顺岩画及蜚声海内外的关岭红岩碑"天书"；蜀汉章武三年的习水三岔河摩崖赤水官渡牵崖，南宋时的桐梓夜郎溪摩崖、锦屏诸葛洞石壁岩刻，元代的怀仁观音阁圣像摩崖、桐梓松坎堰摩崖，明代的恩南题词摩崖、长顺罗永庵建文帝题壁诗、黄平飞云崖摩崖石刻等，以及明初傅友德在威宁、赫章，郭子章在贵阳龙洞堡、福泉仙影崖、龙里留云洞、瓮安仙桥、镇远香炉岩，邓子龙在黎平、永从、晴隆，王阳明在修文，清代林则徐在黄平飞云崖等地的题咏等。遵义桃源洞最早的摩崖诗是唐代代托谪仙李白所题的《马上闻莺赠德安宜二首》，其次是明代万历年间的"颠仙"及刘阮等人的神仙诗……自此桃源洞便成了神仙诗的荟萃之地。贵州岩画和摩崖石刻题咏之多之广在全国也是极为少见的。

佛家的山间梵字和石塔，如元代大德年间遵义湘山的大德报国寺．明代的遵义禹门寺以及梵净山、西望山、黔灵山、白云山、高峰山、天台山、丹霞山等处的寺庙建筑以及安顺的西秀塔、贞丰和普定的文笔塔、都匀的文峰塔均颇具特色。天台山的佛寺建筑融壁立百仞的山崖之奇险峻秀于一体，极富特色关岭灵龟寺的无梁殿全用石料砌筑，很有典型意义。兴义泥函菩萨洞岩溶造像是喀斯特自然岩溶与人工结合的特殊佛教雕刻，技法精湛，造型生动，堪称岩石雕刻的艺术精品。而石构建筑的坛祠，则以安顺文庙为最。这个始于明代宣德8年（公元1433年）的祠庙岩石建筑，殿前的两根檐柱是用两块巨石透雕镂刻的盘龙大柱。柱础是一雌一雄的两头石雕狮子。工艺精湛绝伦，石柱上，透雕的两条盘龙，祥云缭绕，龙身时隐时现，宛如从天而降，又似出海凌云。柱础雄狮足蹬绣球，雌狮怀哺幼狮，口含宝珠，欲吞欲吐，上擎楹龙，背负万钧，昂首奋吼，骁勇无比。

贵州的墓葬建筑，特别是少数民族的墓葬建筑，风格与外地迥异，具有喀斯特岩溶的鲜明特色。如分布在松桃、岑巩、百阡三县削壁千仞的古代悬棺葬；分布在贵阳高坡、惠水摆盒、长顺天星洞及平坝，望谟，罗甸，平塘，三都，荔渡、德江、务川、道真等地的苗族、瑶族、侗族、仡佬族和土家族的深山岩洞葬以及赤水、习水、桐梓、道真四县凿壁而成的岩葬墓和清镇、平坝源于铜石并用时代至铁器时代的濮人石板墓（最早年限距今 4000 余年）。此外，宋代的仿木构建石室墓和石棺，如遵义的杨灿墓。这是宋代贵州"宫廷式"房屋建筑的典型。墓室雕塑与雕刻达 190 件幅之多，其中雕塑俑 28 尊，仿木构建石雕动、植物及花卉和几何图案 162 幅。其明器岩石雕刻种类之多，数量之大，技术之高，工艺之精湛，不仅在贵州首屈一指，而且在全国也是少见的。此外，盘县天桥的龙天佑仿木构建石圈坟、黎平何腾蛟仿术构建石周坟、黔西李世杰夫妇的仿木构建合葬石圈坟、麝香夫人墓、遵义禹门邦珍仿木构建石圈坟及安龙的十八先生墓，这些都反映了贵州墓葬建筑的喀斯特文化习俗。

除寺庙道观和墓葬建筑体现了喀斯特文化的鲜明特色外，依山固险的古代岩石庄园建筑和古代城防建筑，如岑巩木召庄园遗址、遵义海龙坝庄园遗址、大方九重衙门遗址以及赫章可乐石头城遗址、三国诸葛亮南征遗物——威宁可渡河烟包山南夷道烽火台、普安白沙烽火台遗存，都是喀斯特文化的生动体现。

贵州文化的喀斯特特色还明显地反映在城镇建筑的风格、布局上，贵州的城镇大都散布在四周群山叠峦的山间盆地或依山傍水的河谷地带，集自然风光、蕴秀奇险峻美为一体，并辅以河流、湖泊、泉潭、溶洞、奇峰、怪石，成为灵秀奇丽，别具园林特色的山水城市。城镇周围的山峦不仅为美化环境、保持水土、涵养水源、净化空气起到积极作用，而且给城镇居民登高远眺，进行户外活动提供了理想天地。星罗城镇的河流湖泊和点缀于城中的泉潭、水井，如玉带明珠将城市装点得分外美丽。在碧波荡漾的水面上，人们可以划船、游泳，尽情享受大自然的恬静和靓丽。

贵阳就坐落在四周是山的船形盆地里。市区有苍翠幽深的黔灵山、鹿冲关、桐木岭和玉簪螺髻，青如螺黛的东山、螺丝山、照壁山、贵山、观风山、金顶山。市郊有云贵山、云雾山、青龙山、大将山。城区和近郊有 30 余条长 10km 以上的河流，如花溪、南明河、小车河等蜿蜒流过，还有红枫湖、百花湖、黔灵湖及松柏山、花溪和阿哈等大小水库 40 余座及信龙井、薛家井、玉之井、太乙井、汪家大井和闻名遐迩的圣泉等星罗棋布于中。城中的黔灵公园、顺海林场、森林公园、植物园、南郊公园、花溪公园、白云公园、长坡岭森林公园、海天园以及甲秀楼、文昌阁、忠烈宫、阳明祠、君子亭、黔明寺、宏福寺和青岩古镇及少数民族村寨，使贵阳成为全国唯一的一座极富旅游观光价值的喀斯特园林山水城市。

　　C　多民族"千岛文化"

贵州是一个多民族的省份，除汉族以外，还有 48 个少数民族。少数民族中，人口在百万以上的有苗族、布依族、侗族、土家族；十万以上的有彝族、仡佬族、水族、回族、白族；人口上万的有壮族、毛南族、瑶族、蒙古族、满族等。贵州是古代苗瑶、百越、氐羌和濮人四大族系交汇的地方，又是汉族移民较多的省，由于特殊的喀斯特地理生态环境，地形地貌复杂，道路崎岖，交通阻隔，历史上长期实行"土流并治"，各种民族文化在这里形成多元的复杂体系，构成一个绚丽多彩的文化长廊。各民族在迁徙、流动的过程中，逐渐形成"大杂居，小聚居"、"既杂居，又聚居"的分布状况。不同经济文化类型的民族，在贵州都找到了他们生存发展的空间，而且长期保持各自不同的文化。在贵州，就某一文化的局部区域而言，它与周围其他民族的文化显然不同，表现出"十里不同风"的特点，仿佛是一个"文化孤岛"。但从全省范围来看，这许许多多的"文化孤岛"，又显得千姿百态，融合成为"文化千岛"。这种多元文化的保存、共生的展示，不仅在国内，而且在世界上也是十分罕见的，它给人类留下许多宝贵的文化遗产。在其他地方早已消失的文化现象，由于历史和地理原因，在贵州延续下来，形成一条穿越时空的神秘隧道。一些古老的文化环境保存下来，成为鲜活的文化生态博物馆。长期形成的山乡异俗，显现出地域文化的鲜明特征。朵朵绚丽的民族文化之花，点缀在贵州高原，形成独特而亮丽的风景线。

5.4.4.3 打造特色旅游产品、培育特色经济

如果没有一批名优产品和拳头产品，发展区域特色经济是难以想象的。在日益激烈的市场竞争中没有名牌品牌的商品必然受到冷落，也说明没有特色。特色经济表现在物质形态上，就是产品的"名、特、优、新"，并根据市场的变化不断更新换代，实现产品的系列化，最终形成各种各样的名牌产品特色，以满足某种独特的、多样化的市场的需求，这种特色具有不可替代性。因此，特色经济的体现是靠特色产品来体现的，检验特色经济的综合效益，也要看特色产品的市场竞争能力。因此发展特色经济，首先就是要有特色产品。

A　丰富旅游景区内容、提升旅游产品档次

一个旅游产品应该包含三个层次：一是实质产品，即能够满足游客需要的基本功能，这是游客所购买的基本服务或利益；二是形式产品，指产品实在的形体及外观；三是延伸产品，指游客购买产品所得到的附加利益。贵州现在有许多典型的地质遗迹都在各风景名胜区或自然保护区中，要改建为地质公园不易，但可以在遵循"保护第一，永续利用"的原则下，以市场为导向，充分挖掘其科学文化价值，丰富景区内容，提升旅游产品档次，增强核心竞争力。

（1）研究市场，改变以往停留在资源导向型的开发模式。贵州旅游总体上依然停留在传统阶段，在旅游资源的开发利用上，基本上仍停留在"靠山吃山、靠水吃水"的初始、浅表阶段，由于对游客心理需求研究不足，贵州旅游业营销的生产观念导向明显。生产观念的突出特点就是，我生产什么就卖什么，这是传统计划经济体制下的思维，以生产观念为经营导向，只是尽力接待好已有的旅

游者，穷于应付，很少研究市场需求的特点、变化和发展趋势，等客上门的经营思想导致客源停滞，失去市场竞争力。由于对旅游者的旅游心理需求研究不够，定位不科学，没有创造性，贵州旅游产品与周边邻省区的产品有较大的雷同性，跟在别人的后头转，难以激起消费者的共鸣与响应。

（2）以满足日益多元化的市场需求，提高产品开发层次。从贵州旅游产品开发的层次来看，大多处于初级开发阶段提供的多为实质产品，仅能满足游客的基本需要，这是游客所购买的基本服务或利益。在所提供的旅游产品中，多为一般性的观光产品，不能满足游客更高层次的需要。虽然在相当长的时间内，观光型旅游仍将是到贵州旅游游客的主体，但是不能在低水平上重复开发，要对老产品进行重新包装，完善优化，进行形象设计和策划，争取创出一些在海内外有较大影响的品牌产品。实现由一般观光型向体验型和享受型的过渡。

（3）突出地质旅游的特色，提高旅游产品科学文化品位。贵州旅游产品开发过程中普遍缺乏对科学文化内涵的挖掘，只是简单粗糙的加工。许多有价值的景观地质遗迹往往被风景名胜所"埋没"，大多数在开发利用中其价值认识趋于"表面化"，其独特的形成、发育和发展过程等科学性被忽视。在几代地质工作者的努力下，针对贵州区域地质研究取得了丰硕的成果，形成了丰富而系统的贵州地质知识，运用这些知识充分挖掘景区地质遗迹的科学文化内涵，编写旅游地质景区（包括新开发景区和既有景区）有关地质结构、形成机理等方面的地质介绍资料或拍摄成科普电影，在景区中心设立包括地质在内的自然博物馆，普及地学知识，可以加深游客对景观地质遗迹的认识，更好地满足旅游的精神需求，增强体验。

B 展示优势资源、打造特色旅游产品

展示是资源开发的重要组成部分，是优势资源突出特色，引起关注，实现资源价值的先导。在贵州，可以完整地感受到整个地球演化的过程，可以让人真切地触摸到生命的进化和发展，这就是其他地方所没有的特色。

a 三叠纪

三叠纪是贵州心仪的一张"国际名片"。在贵州，尤其以中生代的三叠纪地层分布最为引人注目，全省中部、西部和南部地区广为分布。岩层的沉积物记录着大量的地质事件和生态环境信息，深海、半深海、浅海、陆地等各种环境的沉积层都有，其中最有名的贵州龙、海百合、鱼龙等生物化石是三叠纪的几大特征。

三叠纪是距今约 2.5 亿年的那次地球生物灭绝事件，导致超过 97% 的海底生物在瞬间灭绝，只剩下少量低级生物。此后，这些生物通过至少 400 万年的时间才逐渐进化为高级生物。长期以来，地质学家们都在寻找导致这次生物灭绝事件的原因。而贵州丰富的地质遗迹和中国科学家的一系列重大成就，使得这里成为全球古生物学家三叠纪研究的圣地。

兴义的贵州龙（距今2.3亿年）是中国最早发现的三叠纪水生爬行类化石，而关岭生物群（距今2.2亿年）则被公认为是世界上保存海百合和水生爬行动物种类最丰富、保存最完好的化石宝藏。关岭生物群产出地层厚度仅有10m左右，但大量保存精美的"龙"化石（海龙、鳍龙、鱼龙、幻龙等）、形态栩栩如生的海百合化石，以及其他大量的无脊椎动物菊石类、双壳类、腕足类和植物化石等密集成层堆积，为世界同期地层所罕见，被权威的美国《科学》杂志称为"世界古生物学的重大发现"。可以说，贵州西部是一个三叠纪的博物馆。对于普通人而言，贵州西部则是一个三叠纪的科普教科书，在这里可以"触摸"到三叠纪的各种生命信息，真实感受到2亿年前地球环境。不仅是神秘的化石可以佐证三叠纪的魅力，马岭河峡谷、花江大峡谷、黄果树瀑布群、天星桥岩溶地貌、龙宫溶洞、织金溶洞等贵州西部许多著名的旅游景点，也都是由三叠纪地层在地质作用下形成的。世界上目前还没有以三叠纪海洋生物爬行类和海百合为主要内容的地质公园，所以贵州世界级三叠纪地质公园的建立，是对世界地质公园有益的补充。打造贵州"三叠纪"品牌，让三叠纪如侏罗纪一样地家喻户晓。

b 中国南方喀斯特世界自然遗迹地——荔波

荔波被称为"地球腰带上的绿宝石"。荔波遗产地中心点地理坐标为N25°13′15″，E107°58′30″。以典型丰富的锥状喀斯特地貌和水文为基础，以世界罕见的中亚热带喀斯特原始森林为特色，是目前地球上同纬度地区绝无仅有的喀斯特森林生态系统和罕见的生物基因库。

荔波锥状喀斯特景观由最典型的峰林谷地、峰丛洼地，峰丛峡谷、峰林洼地、峰林谷与峰林溶原（盆地）等主要的喀斯特地貌形态呈有序排列，展示了峰丛景观与峰林景观的相互地貌演化与递变，代表了湿润热带—亚热带锥状喀斯特演化的基本规律，反映了锥状喀斯特发育的岩性、构造、气候、水动力等复杂地质——气候环境变化遗迹的全部过程，这在世界上独一无二。

荔波具有典型的喀斯特生态系统和生态过程：一方面，荔波遗产地植被具有旱生、石生、喜钙等生态特征；动物成分复杂，地方特有性突出，构成典型的亚热带喀斯特生态演替系列，是同纬度地带上的类型独特、保留面积大，连续分布的喀斯特原始森林，在全球生态系统中占有重要地位，遗产地的大量洞穴为洞穴动物生存繁育提供了很好的条件，遗产地现有洞穴动物174种；另一方面，荔波喀斯特具有显著的生物多样性，是众多特有和濒危动植物的栖息地。遗产地大面积的原生性喀斯特森林，具有完好的生态系统，是保护动物的理想栖息地，具有特殊生态过程。

"山水贵族"，是对荔波的真实写照。荔波喀斯特遗产地聚集着原始古朴的国家级茂兰喀斯特森林自然保护区和风光秀丽的樟江国家重点风景名胜区。这里以喀斯特多姿多彩的水景为特色，集瀑布、激流、暗河、清江、峡谷、溶洞、湖泊、森林为一体，曾被《中国国家地理》杂志评选为选"中国最美的地方"、"中国最美十大森林"。

打好"世界自然遗产"这块金字招牌，按照国际标准永久地保护荔波珍贵的自然遗产，从根本上提升荔波在中国乃至世界旅游业发展中的声誉和地位，引导贵州旅游业实现快速、跨越式和可持续发展。

C　构建特色产品体系、培育特色经济

旅游产品体系的建设是指在建设景区景点、节庆活动、组合旅游线路、城市线路的同时，还要对组成这些产品的相应配套设施进行建设，包括交通道路、景区内服务设施、住宿、餐饮、各景区间的联系及信息服务等所有相关设施的配备与建设，只有这样，才能组合成旅游产品，并构建成旅游产品体系。而特色旅游产品体系的建设是在旅游产品体系中找到独特之处，即自身的优势、特色，进一步加强建设，使旅游产品名牌化，从而带动整个产品体系产生名牌效应，在市场的竞争中立于不败之地，形成特色产业。

贵州旅游业发展需要根据现有旅游产品体系现状，实施以完善配套，提高档次，丰富内涵为重点的旅游产品升级工程，建设一批品位较高，特色鲜明，吸引力强的名牌旅游项目和名牌旅游度假区和特色旅游线，改变过去单纯发展观光旅游和古迹旅游的现状。所以，贵州要将地质公园的建设纳入到旅游区划和产品布局中，走旅游产品生产多样化的道路。地质公园的旅游产品集参与性、美学性、科普性和趣味性于一体。它与一般的旅游产品既有共同点，又强调其特殊性。一般的旅游活动强调"食、宿、行、游、娱、购"六方面，而地质公园应强调"食、宿、行、游、娱、购、学、研"八方面。地质公园的旅游开发从其科学性内容，到美学欣赏、科普熏陶的旅游开发形式，以及对管理的科学规范性要求，始终都贯穿着科技的主线。其核心旅游产品可归为 8 类，即地学科考旅游产品（包括地质奇观科考观光旅游的产品，教学研究和科普教育旅游产品）、自然地理考察旅游产品、自然观光旅游产品、避暑度假旅游产品、康复疗养旅游产品文化旅游产品、观光农业旅游产品和登山探险旅游产品。

在现代市场经济中，特色产品要形成巨大的经济优势，必须以产业集聚为基础，以实现产业化为前提，依托大规模的产业集群开发，以市场为导向，实行区域化布局、专业化生产、一体化经营和社会化服务，形成独具优势的区域化的产业群体，进而形成规模经济，以增强价格、成本及价格、成本之外的非价格竞争力。因此特色经济一方面具有调整地区产业结构的功能，另一方面还能够在区域内部实现有效的资源组合，不单形成特色产品生产的产业化，而且要形成一个有协调的、强力的产业链，一个有利于特色产业生长的经济生态体系和社会环境系统。

目前，贵州旅游业产业从总体上看规模还不大，产业结构不合理，其发展过多地依赖资源，依赖景区景点，粗放式经营突出，依靠先进科技进行深度开发滞后，产业链短，关联度不高，组成旅游产业各部分之间只是形成了一种松散的结合和简单的数量关系，产业组织化程度不高，缺乏有效的资源整合手段，加上体制机制的制约，与资源禀赋和现有条件相适应的旅游经济体系尚未形成。这种状况不尽快改变，将会影响整个旅游产业的发展。为此，一是要进一步加强产业基础条件建设，在加快公路、铁路、机场建设的同时，改善运输组织方式，增加国内航线和航班，增设国际航班。同时加快酒店业等接待设施建设，使之能适应大旅游发展的需要。二是有机整合"吃、住、行、游、购、娱"六要素，重视地质遗迹资源旅游产品的"学、研"要素，克服过去那种只重"游"而忽视其他要素的倾向，把分散的要素整合起来，把工艺品、旅游纪念品、特色食品开发等与旅游业结合起来，特别是把资源开发和文化产业发展与旅游业结合起来，延长产业链，形成依托中心城市和旅游集散中心的大产业格局。三是注重特色和抓住比较优势，对景区景点进行深度开发，尤其应在文化开发上下工夫，提高旅游产品的文化内涵，着力打造具有较强竞争力的旅游精品，塑造品牌，提升产业质量。四是加强旅游经济内部主导行业的培育。实践证明，旅行社在旅游产业发展中越来越起着龙头的作用。应尽快改变过去过度依赖风景资源来发展旅游业的做法，适应现代旅游业发展的新特点，发挥企业的主体作用，把旅行社作为旅游经济的主导行业加以培育。目前贵州旅行社约245家，但其规模普遍较小，市场竞争力较弱，在旅游业发展中难以起到"龙头"作用。应适应客源由自然流量为主体向以竞争流量为主体转变的新变化，根据旅游业加快发展的需要，选择部分综合条件较好的旅行社进行重点扶持，使之做大做强，成为龙头产业，以合理组织旅游生产力，带动和促进其他相关行业的发展。同时，通过资源重组等途径加快培育旅游企业集团。五是加快人才队伍建设，为旅游业加快发展提供人才和智力支撑。人才是第一资源，是旅游业加快发展的关键要素。专业人才缺乏，人才队伍总体素质不高，是长期制约贵州旅游业发展的瓶颈之一。应高度重视旅游人才资源开发，支持学校办好相关专业，促使有关部门和企业加强人才培训，提高从业人员的素质，并且积极引进人才，充分发挥人才作用。

参 考 文 献

[1] 赵汀，赵逊．世界地质遗迹保护和地质公园建设的现状和展望［J］．地质论评，2005，51（3）：301～307.

[2] 陈安泽，姜建军．中国国家地质公园发展现状与展望，中国旅游绿皮书（2002～2004）［M］．北京：社会科学文献出版社，2003：620～623.

[3] 赵逊，赵汀．从地质遗迹的保护到世界公园的建立［J］．地质评论，2003，49（4）：389～399.

[4] 赵逊，赵汀．中国地质公园地质背景浅析和世界地质公园建设［J］．地质通报，2003，22（8）：620～630.

[5] 陈安泽．中国国家地质公园建设的若干问题［J］．资源·产业，2003，5（1）：58～64.

[6] 赵汀，赵逊．欧洲地质公园的基本特征及其地学基础［J］．地质通报，2003，22（8）：637～645.

[7] 郑敏，张家义．美国国家公园的管理对我国地质遗迹保护区管理体制建设的启示［J］．中国人口资源与环境，2003，13（1）：35～38.

[8] 谢洪忠，刘洪江．美国国家公园地质旅游特色及借鉴意义［J］．中国岩溶，2003，22（1）：73～76.

[9] 钱小梅，赵媛．世界地质公园的开发建设及其对我国的借鉴［J］．世界地理研究，2004，13（4）：79～85.

[10] 李晓琴，刘开榜，覃建雄．地质公园生态旅游开发模式研究［J］．西南民族大学学报（人文社科版），2005，26（7）：269～271.

[11] 辛建国，李福祥．地质公园的概念、分类、功能与建立［C］//国家地质公园建设与旅游资源开发——旅游地学论文集第八集．北京：中国林业出版社，2002：57～63.

[12] 卢志明，郭建强．地质公园的基本概念及相关问题的思考［J］．四川地质学报，2003，23（4）：236～239.

[13] 后立胜，许学工．国家地质公园及其旅游开发［J］．地域研究与开发，2003，22（5）：54～57.

[14] 毛学翠．地质公园建设与旅游资源开发探析［J］．资源·产业，2003，5（4）：11～12.

[15] 李跃军．试论浙江临海国家地质公园的旅游功能［J］．国土与自然资源研究，2004，（3）：60～61.

[16] 王清利，常捷．西峡国家地质公园的旅游开发［J］．地质找矿论丛，2004，19（2）：139～142.

[17] 黄金火，林明太，黄秀琳．濒海火山地质公园旅游产品开发问题研究［J］．北华大学学报，2005，6（3）：80～83.

[18] 武艺，吴小根．试论LAC理论在国家地质公园规划管理中的应用［J］．江西师范大学学报（自然科学版），2004，28（6）：544～548.

[19] 许珊瑜．台湾金瓜石地质公园概念性规划之研究［J］．中国地质灾害与防治学报，

2004, 15 (2): 125 ~ 131.

[20] 林鹰. 敦煌雅丹国家地质公园总体规划 [J]. 中国园林, 2005, 2: 75 ~ 78.

[21] 吴成基, 韩丽英, 陶盈科, 等. 基于地质遗迹保护利用的国家地质公园协调性运作 [J]. 山地学报, 2004, 22 (1): 17 ~ 21.

[22] 彭永祥. 地质公园保护利用协调的理论模式——以陕西省为例 [J]. 山地学报, 2005, 23 (5): 520 ~ 526.

[23] 李富兵. 基于 ArcIMS 克什克腾国家地质公园旅游信息系统的构建与实现 [D]. 北京: 中国地质大学, 2005.

[24] 何永彬, 李玉辉. 石林世界地质公园对区域社会经济的影响 [J]. 国土与自然资源研究, 2005, (2): 76 ~ 77.

[25] 郝俊卿. 洛川黄土国家地质公园与当地经济互动发展初探 [J]. 陕西地质, 2005, 23 (2): 94 ~ 100.

[26] 骆团结, 李慧, 赵逊. 世界地质公园网络回顾与展望 [J]. 国土资源情报, 2009 (1): 50 ~ 57.

[27] 孙振鲁, 郝杨杨. 从欧洲地质公园建设看我国地质遗迹的开发与保护 [J]. 台声·新视角, 2005 (9): 78 ~ 79.

[28] 陈从喜. 国内外地质遗迹保护和地质公园建设的进展与对策建议 [J]. 国土资源情报, 2004 (5): 8 ~ 10.

[29] 张志强. 区域 PRED 的系统分析与决策制定方法 [J]. 地理研究, 1995, 14 (4): 62 ~ 68.

[30] 袁旭梅, 韩文秀. 复合系统的协调与可持续发展 [J]. 中国人口·资源与环境, 1998, 8 (2): 51 ~ 55.

[31] 曾珍香, 李艳双. 复杂系统评价指标体系研究 [J]. 河北工业大学学报, 2001, 30 (1): 70 ~ 73.

[32] 王祖伟. 区域可持续发展系统研究 [J]. 天津师范大学学报 (自然科学版), 2004, 24 (1): 19 ~ 23.

[33] 冯年华. 区域可持续发展系统运行的机理分析 [J]. 江苏教育学院学报 (社会科学版), 2000, 16 (3): 37 ~ 40.

[34] 傅晓华. 协同学与我国可持续发展系统自组织研究 [J]. 系统辩证学学报, 2004, 12 (1): 50 ~ 55.

[35] 程馨, 张宁. 开放的复杂巨系统理论与人口、资源与环境经济学研究 [J]. 山东社会科学, 2006 (10): 106 ~ 107.

[36] 乔小平. 浅论综合集成方法与可持续发展系统 [J]. 华北水利水电学院学报 (社会科学版), 2006, 22 (1): 26 ~ 28.

[37] 苗东升. 系统科学精要 [M]. 北京: 中国人民大学出版社, 1998: 29.

[38] 刘大椿. 科技哲学导论 [M]. 北京: 中国人民大学出版社, 2000: 87.

[39] 杨艳琳. 资源经济发展 [M]. 北京: 科学出版社, 2004.

[40] 向吉英. 自组织理论的自然观与方法论启示 [J]. 科学技术与辩证法, 1994 (2):

11~14.

[41] 杰拉尔德·迈耶，约瑟夫·斯蒂格利茨. 发展经济学前沿：未来展望［M］. 北京：中国财政经济出版社，2003.

[42] 普利高津. 复杂性的进化和自然界的定律［J］. 自然科学哲学问题，1998（3）.

[43] 刘丽，张新安. 当代国际自然资源管理大趋势［J］. 河南国土资源，2003，11：28~30.

[44] 程鹏. 可持续发展的创新战略——协同发展［J］. 科技进步与对策，2001（8）：23~26.

[45] 罗佳明. 中国世界遗产管理体系研究［M］. 上海：复旦大学出版社，2004.

[46] 王长生. 暂缓开发——地质遗迹资源开发利用中的一个重要原则［J］. 四川地质，2005，25（3）：173~174.

[47] 于定明. 利用世界遗产发展旅游业的法学思考［J］. 经济问题探索，2007（5）：136~140.

[48] 袁光平，夏英煌，张家义. 地质公园的建设及其发展［J］. 中国国土资源经济，2005（6）：25~26.

[49] 张海金. 加拿大自然与历史文化保护地概述［J］. 经济技术协作信息，2007（32）：70~72.

附 录　黔南州十大有影响的地质遗迹

黔南州十大有影响的地质遗迹之一
独山泥盆纪—石炭纪地质剖面

　　独山泥盆纪—石炭纪标准地质剖面，是国际标准地质剖面之一。地层发育完整，出露良好，微观和宏观地反映出各类地质现象，古生物化石种群丰富，真实反映远古的地球环境时代，其研究历史久远，形成的资料详细、丰富，经过中外地质学家（者）近一个世纪的全方位调查和研究，一致认为：该剖面具有反映地球发展历史的较完整地层记录及反映生物发展进（演）化、环境因素、时间概念和全球划分对比等基础研究的生物证据，记录了近2亿年地球发展、生物进化、演化和环境变迁的历史。

　　独山泥盆纪—石炭纪标准地质剖面位于独山箱状背斜核部和西翼，剖面路线长约19km，辐射区域面积约30km²，呈东西向展布。按地层由老到新的顺序，剖面东起水岩乡的丹林—舒家坪—龙洞水—屯上—大河口—鸡窝寨—何家寨—卢家寨（早、中、晚泥盆世，距今400～355百万年）转至白虎坡—其林寨—二层坡直达平塘县卡浦桥（晚泥盆世、早、中、晚石炭世，距今360～280百万年）。

（图片来源：《黔南地质旅游》，2006）

　　在独山，可以直观地看到"大海""冰川""海洋风暴"等众多自然地质现象，可以亲手触摸古生物的复苏、演化、发展和绝灭的遗迹。图为风暴沉积遗迹。

　　风暴沉积是由风暴作用引起的强烈振荡风暴浪作用于浅海，使沉积物经搬运再沉积的产物。风暴岩沉积构造类型丰富多样，排列和组合方式均可反映风暴的强度和频度，反映当时的沉积环境。

　　大河口组剖面出露于在君峡谷下游段，为泥盆纪大河组的命名地。具有明显的沉积旋回变化，能够明显地反映当时海平面的变化。

黔南州十大有影响的地质遗迹之二
瓮安动物化石群

瓮安动物化石群，是迄今为止发现最早的动物群化石，距今 5.8 亿年，它的组成以动物卵和胚胎为主，保存了地球远古时期大量的生命信息。它所代表的时代，比澳大利亚伊迪卡拉生物群化石早 2000 多万年，比展示寒武纪生命大爆发的云南澄江动物群化石早 5000 多万年。

瓮安动物化石群个体很小，仅 0.5 ～ 0.75mm，其保存的完整程度为世界罕见，不仅保存了动物卵和胚胎的形态，而且组成动物和动物胚胎的细胞构造也保存极好。1998 年，科学家陈均远、李家维首次发现并公布该科研成果，在国际生命科学界引起轰动，填补了前寒武纪多细胞动物化石的空白，是 20 世纪演化论最重大的成就之一。它是研究寒武纪生命大爆发之前生物发生、发展和演化的重要证据，也是研究震旦纪生命大爆发的重要化石内容（陈孟莪，1999），还是研究全球性大冰期后生物复苏、辐射演化的重要证据。

贵州小春虫复原图

（图片来源：《贵州古生物化石精选》，2006）

贵州小春虫，是迄今为止已知最古老的具体腔两侧对称动物化石，个体微小，只有 0.2mm，两侧对称，产于贵州瓮安前寒武纪山陀组瓮安含磷段。这一化石的发现，首次将两侧对称动物可靠化石纪录的历史往前推到寒武纪之前的 4000 万年。

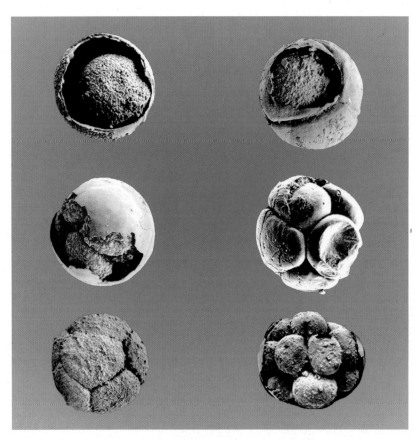

贵州瓮安新元古代陡山沱期磷酸盐化动物胚胎化石

（图片来源:《贵州古生物化石精选》，2006）

瓮安大辐射生物景观图

（图片来源:《动物世界的黎明》，2004）

黔南州十大有影响的地质遗迹之三
荔波喀斯特地貌

　　荔波喀斯特因其典型的锥状喀斯特及其演化过程、机制，以及由此形成的特殊生态过程，所保存的生物多样性等方面而成为中国"南方喀斯特"的杰出代表，其植物具有旱生、石生、喜钙等生态特征；动物成分复杂，地方特有性突出，构成典型的亚热带喀斯特生态演替系列，是同纬度地带上的类型独特、保留面积大，连续分布的喀斯特原始森林，在全球森林生态系统中占有重要地位，它展现了典型的喀斯特生态系统和生态过程，被誉为"地球腰带上的绿宝石"。2007年6月，贵州荔波被列入世界自然遗产名录，包括茂兰国家级自然保护区和荔波樟江国家级重点风景名胜区中的大、小七孔景区，总面积73016公顷。

　　樟江风景名胜区是荔波喀斯特地貌景观的缩影，被誉为"山水贵族"。这里喀斯特形态多种多样，锥峰尖削而密集，洼地深邃而陡峭，锥峰洼地层层叠叠，呈现出峰峦叠嶂的喀斯特峰丛奇特景观。这里形成了"石上森林"、"水上森林"、"漏斗森林"等奇特景观，拥有丰富独特的

珍贵动植物资源，在生物、生态、地质、水文、气候、环境等方面都极具科研价值。

　　荔波樟江风景名胜区由小七孔、大七孔、水春河峡谷和樟江风光带组成，而各景区又风格迥异。

　　小七孔景区以奇秀为特点，融山、水、林、洞、湖、瀑为一体，森林密布，怪石嶙峋，清流跳跃，瀑布飞溅，巧夺天工，浑然天成。主要景观有轻柔恬静的涵碧潭，古

风犹存的小七孔桥，飞流狂泻的拉雅瀑布，水声回荡、悠扬空谷的68级瀑布，清泉石上流的响水河，根盘错节的龟背山原始森林，林溪穿插的水上森林，林萝彩挂的野猪林，鬼斧神工的天钟洞，银练飞溅的卧龙坝及静谧幽深又生意盎然的鸳鸯湖。

大七孔景观以峻险神奇，气势磅礴著称，以原始森林、峡谷、伏流、地下湖为主体，尤其是风神洞、恐怖峡、地峨宫。洞中有瀑、瀑下有湖，湖上有窗，峡中有桥，山谷间危崖层叠，峭壁盘立，岚气缭绕，峡谷幽邃。极富惊险性、神秘性、奇特性。最引人驻足的天生桥，桥宽50多米，长100多米，高达百米，横跨河流之上，连接峡谷两岸，宏伟壮观，被誉为"东方凯旋门"。

水春河景区是樟江上游一轴20多公里的丹青画卷，两岸险峰对峙，浓荫蔽日，峭石突兀，江流如练。在水平如镜的河面，宁静清幽，富有诗情画意，泛舟清水白云间，宛如在画中游；在飞湍浪卷的急流险滩，喧闹、惊险、刺激，景色秀丽，野趣无穷。

荔波喀斯特遗产地拥有地球上保存完好的最壮观的锥状山峰。锥状喀斯特由两坡对称、坡度平均45°、相对高度几十米到百余米的锥状石峰组成。基部相连的锥峰组成绵延起伏的峰丛，勾勒出动感的、极富层次的天际线。数千峰林比肩接踵，气势磅礴，被比喻成"巨大城池的城垛"。而锥峰底部却变化万千。洼地、谷地中繁茂的植被，幽静而深远。锥峰形体整齐、两腰对称，神奇的金字塔形对称结构是自然界追求的永恒，具有无限上升的动感和稳定感。连绵不断的锥状山峰，气势恢弘而内秀。

黔南州十大有影响的地质遗迹之四
"大贵州滩"

"大贵州滩"位于罗甸县北部至平塘县西部一带，包含惠水县南部部分地区，东西长约70km，南北宽约10km，是高耸于深海盆地内的一个三叠纪孤立碳酸盐岩台地，也是世界上最大的三叠纪孤立碳酸盐岩台地。

在中三叠世末，其顶面高于盆地海底2000m左右，周边为灰黄色砂泥质浊积岩突然抵触的悬崖，两者界限分明。它最可贵的特点是以单一的浅海岩层序连续记录了二叠纪末期生物大灭绝事件和早－中三叠世生物复苏过程；并完整地保存了世界上最大的三叠纪孤立碳酸盐岩台地从诞生到消亡全过程的岩石记录；是世界上研究二叠纪末期生物大灭绝事件和三叠世生物复苏，以及三叠纪台盆演化最经典的地区。

罗甸三叠纪板庚滩是"大贵州滩"的核心区域，三叠纪地层构造的经典剖面所在，三叠纪物种大灭绝和生命重新复苏的地质历史遗迹，其古沉积地层规模为世界罕见，当今世界绝无仅有的，具有十分重要的地位，是约2亿年前地球环境的一个再现。展示在世人面前的是一幅美妙奇特的地质画卷，是全球范围内研究三叠纪生物复苏的最理想地区之一。

板庚滩究竟在什么地方？从罗甸县城坐车15km左右到干田坳，站在坳口向西北眺望，眼前是一片山地土坡，土坡的北面和东面，耸立着一派高山峻岭，这大山岭横跨在板庚乡和边阳镇交界处，西至逢亭蒙江，北连边阳镇兴隆村，东含板庚乡的板庚村、红岩村和旧寨村，方圆大约10km，这就是板庚滩，滩何以是大山岭呢？板庚滩不是露天河滩、沙滩，而是一个埋藏在地表下尚未揭开神秘面纱的暗滩。

海陆变迁遗留的古喀斯特遗迹

动荡的海水形成的波痕遗迹

黔南州十大有影响的地质遗迹之五

罗甸关刀剖面

罗甸关刀剖面，位于贵州罗甸县北部边阳镇的东部，地处"大贵州滩"北缘斜坡一盆地边缘带，牙形石生物地层、磁性地层、碳氧同位素、火山灰年龄测定等研究程度高。在全球范围内，它是目前唯一能用火山灰年龄数据直接标定下－中二叠统界线年龄的剖面，是国际卜－中二叠统划分和对比的一条重要剖面。它是世界上最好的下－中三叠统地层剖面，国际三叠系地层分会主席 Mike Orchard 实地考察后认为：关刀下－中三叠统界线剖面，有很多可作为国际的标准，又有多层可精确测定年龄的火山灰，在全球独一无二。

罗甸关刀剖面考察地

（图片来源：《黔南地质旅游》，2006）

黔南州十大有影响的地质遗迹之六

罗甸打浆剖面

罗甸打浆剖面是全球研究二叠纪生物大绝灭与三叠纪生命复苏最好的剖面。剖面起点位于贵州罗甸县边阳镇东南部的猿排村一带，为一分布在世界上规模最大的三叠纪孤立台地——"大贵州滩"台地内部的地层剖面。它最可贵的特点是以单一的浅海灰岩层序连续记录了二叠纪末期生物大绝灭事件和早－中三叠世生物复苏过程。绝灭事件在这里表现为一个像刀切一样的突变地层面，其下为"大贵州滩"底座，有充满生机、繁华似锦的晚二叠世海洋生物和大型珊瑚－海绵生物礁；其上突然变为孤寂的早三叠世波状、丘状蓝藻细菌骨架灰岩。该剖面是国际学术界研究二叠纪末期生物集群绝灭和三叠纪生物复苏的主要地区。

一块连续记录二叠纪末生物大绝灭事件的岩层，绝灭面下部岩石中化石各种类众多、数量丰富；绝灭面上部岩石中只有原始单一的细菌化石。

（图片来源：《黔南地质旅游》，2006）

早三叠世波状、丘状蓝藻细菌礁丘，位于打浆剖面中下部，是晚二叠世末生物大绝灭后最早出现的微生物沉积，是国际学术界研究二叠纪末生物集群灭绝和三叠纪生物复苏的主要对象之一，目前在全球仅见于"大贵州滩"、广西平果、德保、重庆华蓥山以及日本、土耳其等地，属于科学价值极高的珍稀地质遗迹。

黔南州十大有影响的地质遗迹之七
罗甸大小井溶洞群体

    罗甸大小井溶洞群体位于罗甸县城东 20km 的董当乡，地处"大贵州滩"的南斜坡－盆地边缘地带上，被誉为"东方洞穴博物馆"，由响水洞、狮子洞、月亮洞等近百个典型的虹吸管状大小洞穴相连，融山、水、洞为一体，形成了山中有洞，洞中有水、瀑布、地下河。溶洞大厅中，千姿百态的奇形怪石、琳琅满目的钟乳、石笋、原始森林植被等大自然赋予的独特风光，构成了一座雄伟壮丽奇异的地下宫殿。

    大井、小井是地下暗河的出水口。大小井地下暗河系统是目前已知的我国最大的地下暗河系统，流域面积约 2000km²，地下暗河总长约 100 多千米。1986 年秋，中国和德国的 21 名洞穴学家和岩溶水文地质学家，联合组织了一次洞穴科学考察，对大井洞穴系统中的响水洞、大硝洞、黑洞等作了较详细的研究。经探测，这些洞穴总长度已达 8739m。经专家学者对黑洞的测量资料证实，洞穴面积为 26600m²，其规模之大，仅次于西班牙的托尔卡—德—卡尔利斯塔洞、意大利巨人洞、德国皮埃尔丁洞维尔纳大洞厅和谢瓦也大洞厅以及墨西哥索丹诺·德·拉·库埃斯塔洞，成为世界六十大的洞厅之一。在国内，它比湖南慈利黄龙洞龙宫厅大 10000m² 以上，比川南兴文天泉洞泻玉流光厅大 6800m²，比穹庐广厦厅大 16000m²，这使它成为我国目前已经探测出的最大洞穴大厅。

    大小井溶洞四周山峦叠翠，孤峰挺拔，峭壁高耸，绿竹丛生，景色秀丽。峰丛之间随处可见形态各异、或奇或险、或峻或美的大小天坑群。大井和小井暗河出口处，动则水浪轻抚、波光粼粼，静如处子俊俏迷人，两泉合流，顺董当坝区而下，汇入红水河。

大井、小井暗河出口全景（罗政勇摄）

小井暗河出口

大井暗河出口

　　月亮洞天生桥，位于大井地下河出口处，系发育于大井地下河上、由岩溶塌陷形成的两个紧密相连的天窗间残留的岩石形成的天生桥景观。桥体高大雄伟，桥下是幽蓝的大井暗河水。

黔南州十大有影响的地质遗迹之八
贵定洛北河岩溶峡谷

洛北河地处独木河中游，属乌江水系，是贵定第一大河。洛北河岩溶峡谷系由洛北河沿龙里背斜西翼泥盆纪、石炭纪、二叠纪及三叠纪以碳酸岩为主的地层节理面深切形成的岩溶峡谷景观。峡谷全长约20km，相对高差300m左右。分为洛北河漂流景区和独木河峡谷两段峡谷。

洛北河漂流景区位于洛北河岩溶峡谷地貌上段峡谷，南起卡腊，北止洛北河长江村，全长约10km。峡谷内洛北河水清澈纯净，水质上上乘，河床宽处达80余米，窄处20余米。惊浪，险滩，激流与静谧的流水分布均衡。动中藏静，静中蕴动，有惊无险，扣人心弦。漂流沿线人迹罕至，富有浑厚的山野气息，原始的自然特征令人心旷神怡，流连忘返。

独木河峡谷位于洛北河下游，峡谷从江边窑起到红岩止长约7km，峡谷切割深度300余米，河道平直。峡谷两岸风景各异，峡谷东侧谷壁陡立，悬崖陡壁连绵不绝；峡谷西岸山缓坡斜，奇峰怪石掩映其间，让人目不暇接。峡谷两岸分布有十里画廊、杨家寨布依山寨、白龙洞、玉柱峰等景观。

洛北河漂流

（图片来源:《黔南地质旅游》，2006）

红籽岛河心洲

（图片来源:《黔南地质旅游》，2006）

　　由于岛上长满红籽而得名。自上游峡谷中携带了大量泥砂奔流而来的河水，在这里由于河面加宽、河道变缓、水动力降低，而使大量泥砂沉淀下来形成了河心洲。

黔南州十大有影响的地质遗迹之九
平塘打岱河天坑群

距离平塘县城 92km 的平塘县塘边镇，由打岱河天坑、安家洞猫底陀天坑、倒陀天坑、瑶人湾天坑、音洞天坑、打赖河天坑等大大小小 12 个天坑组成，范围约 20km²，其深度均超过 300m 以上，天坑四周悬崖绝壁，底部原始森林茂密，草木丰盛，珍稀动植物繁多，在世界自然景观中，具有稀少、奇特、险峻、壮丽、秀美的特点，奇特的喀斯特地貌，记载了海洋向陆地变化的全过程，是除峰林、峰丛、石林、地下河之外的又一特色岩溶景观。天坑群以其规模数量大，天坑地貌发育完整，凹陷深邃，被地质专家称为自然"天坑博物馆"和"世界岩溶圣地"。

其中打岱河天坑最为深邃、壮美，坑顶最高海拔 1137m，坑底最低海拔 548m，南北走向直径约 1800m，东西走向长度约 1700m，底部面积 800000m²，气势磅礴，是迄今为止世界上发现的最大天坑。此外，打岱河一带均为喀斯特地貌，峰峦涌翠，山石屹立，其原始森林茂密，洞穴、暗河等景观十分壮丽。

黔南州十大有影响的地质遗迹之十
平塘掌布"救星石"

　　平塘县掌布河谷有一块巨石从石壁上坠落而下后分为两半，相距可容两人，两石各长 7m 有余，高近 3m，重一百余吨，右边巨石裂面上凸现酷似"中国共产党"五字列成一排，大小相当，分布匀称，平均高 25.2cm，平均宽 17.8cm，字体较石壁突出 0.5～1.2cm，与其并列的五个字的两端还有似字非字的突显痕迹——这便是震惊世界的世界地质奇观"藏字石"。

　　"藏字石"上所现"中国共产党"多由生物化石组成，组成的生物有海绵、海百合茎、腕足类等，从组成字的痕迹中可以清晰地看到有许多椭圆形和柱状结构，正是这些无序的化石堆积物，在这个节理破开的断面上就十分巧合地组成了有序的五个大字。构成字体的矿物成分是方解石，化学成分是碳酸钙，与巨石的成分是一致的，其结构与基岩略有差异，结构较为致密。五个字浑然天成，其成因是在沉积时和生物遗体顺层堆积，在这一层中化石相对富集，在成岩阶段，通过交代作用，碳酸钙交代了生物遗体中原有成分，形成生物化石，由于结构与原岩石有所差别，在坠落到地面，沿节理面裂开时显得突出，同时抵抗风化的能力又强于基岩，因而更加突显出来。

　　掌布河谷是槽渡河上游的一条支河，流水下切形成约 10km 长的峡谷。两岸多悬崖峭壁和奇峰异石，溶洞密布，喀斯特岩溶特征明显，地质奇观独特，沿峡谷藤竹弥漫，水中吻人鱼游荡，自然景观迷人。

后　记

　　贵州省黔南布依族苗族自治州（以下简称黔南州）成立于 1956 年 8 月 8 日，辖 2 市、9 县和 1 个水族自治县，总面积 26197km²，人口 323 万，其中少数民族（布依、苗、水、侗、瑶、回、彝、壮、土家、亿佬等）占 55.92%。

　　黔南州地处云贵高原东南部向广西丘陵过渡的斜坡地带，地势西北高，东南低，平均海拔 997m，97% 以上的面积为山地、峡谷和丘陵，其喀斯特地貌发育完整、地质构造类型多样、地质遗迹丰富多彩、沉积地层典型性强、古生物化石科学价值高，禀赋的地质遗迹资源在全国乃至世界都十分有影响。

　　本书课题研究最后成书阶段（2011 年 5 月～2012 年 10 月），笔者在黔南州国土资源局、贵州省有色金属和核工业地质勘查局物化探总队、黔南州各县市国土资源局的支持、帮助下，同国土摄影人罗政勇实地考察研究了黔南州大量的地质遗迹，并多次组织黔南州国土系统和物化探总队热衷公益保护生态环境人士开展地质旅游活动，因此也夯实了研究的基础资料。是黔南大地和这片土地上的人们激励着我坚持到最后，故特在本书出版之际编辑"黔南州十大有影响的地质遗迹"以示感恩之情。衷心感谢一路走来指导我、关爱我、帮助我、支持我的老师、亲人、同学和朋友，以及参考文献中的所有学者和那些没有提及的各位同仁，正是因为有了你们，我才能登高、望远。

　　值本书完稿之际，正逢所在工作单位——贵州省有色金属和核工业地质勘查局物化探总队建队五十周年。五十年峥嵘岁月，五十年励精图治，物化探总队一代又一代"地勘人"以"献身地质事业无上光荣"的豪迈气概，风餐露宿，不怕艰辛，找矿立功，诠释着"特别能吃苦、特别能忍耐、特别能战斗，特别能奉献"的地勘精神，足迹遍及云贵高原，累计探明各类矿产资源量上亿吨，为地方经济发展与社会进步，为我国地质事业做出了显著贡献。衷心祝愿贵州省有色金属和核工业地质勘查局物化探总队在新的征途上再创辉煌！

2012 年 9 月 2 日，黔南州国土摄影沙龙赴贵州平塘国家地质公园打岱河天坑群考察

　　黔南州国土摄影沙龙由黔南州国土系统摄影爱好者组成，他们是矿产资源、土地资源、地质环境的探索者和守护者，以摄影抒发国土情怀、地勘情结……